U0194287

阳台种菜种花种香草

白虹 编著

图书在版编目（CIP）数据

阳台种菜种花种香草 / 白虹编著 . — 北京：北京联合出版公司，2015.7（2022.3 重印）

ISBN 978-7-5502-5843-3

Ⅰ . ①阳… Ⅱ . ①白… Ⅲ . ①蔬菜园艺②花卉—观赏园艺 Ⅳ . ① S63 ② S68

中国版本图书馆 CIP 数据核字（2015）第 175056 号

阳台种菜种花种香草

编　　著：白　虹
责任编辑：孙志文
封面设计：韩　立
内文排版：刘欣梅

北京联合出版公司出版
（北京市西城区德外大街83 号楼9 层 100088）
德富泰（唐山）印务有限公司印刷　新华书店经销
字数436千字　710毫米 × 1000毫米　1/16　20印张
2015年9月第1版　2022年3月第2次印刷
ISBN 978-7-5502-5843-3
定价：68.00元

前言

花草植物从来都是我们的朋友，身处钢筋水泥的都市里，对自然的向往便成了现代都市人的一个共同追求。其实想亲近自然在家里也可以做到——小小的阳台经过我们的精心打理，就可以变成一个充满欢乐与健康的乐园。

不需要庭院，只需要容器、种子（或幼苗）、一些土、一点肥料、一些简单工具，然后借助水、阳光和空气，你的阳台就会成为一片充满生机的绿色海洋。从种子到幼苗，再由幼苗变成一棵茁壮的植株，然后开花、结果，这一切的过程都会在你的精心培育下一点点地发生，让你由衷感叹生命的奇妙，尽情领略生活的美好。阳台上的那一抹绿色是人与自然和谐共生的最好见证，拥有了这方美丽的小天地，就仿佛置身于大自然的怀抱之中，那些世俗的烦恼真的会变得不再重要。

你有没有品尝过自己亲手种的菜？纵然没有超市里的漂亮包装，但是品尝自己亲身劳动而获得的果实，心里那种成就感和满足感是不言而喻的；而每天看着阳台上自己种的菜不断地长高、变大，又是一份妙不可言的喜悦与激动。

当进入家门，姹紫嫣红映入眼帘，醉人的花香扑面而来，你心中的烦恼与压力定会随之一扫而空吧？阳台种花，收获更多的是一种恬淡的心境，一种乐观积极的生活态度，一种生活品质的提升。

种植香草近年来渐成时尚。香草具有很多神奇功效，如净化空气、治疗疾病、美容养颜、制作美食等，而那自然纯粹的清香更是让人着迷。有香草“美人”相伴，那份惬意舒爽自不必多说。

本书从种菜、种花、种香草三个方面教你如何打造私人小农场，相关知识均来自职业园艺师的经验总结，实用性很强。从选种、选土、选工具到施肥、除虫、浇水，从播种、间苗、培土到搭架、摘心、收获，手把手教你在阳台栽培植物的基本要点。具体到每种植物的分步操作，从适合的种植季节、光照条件、浇水量，到种苗选育、种植、培育、收获四个阶段的详细过程，都会事无巨细地予以全程指导。采用手绘插图和实物照片结合的方式详细讲解，直观明了、简单易学，即使毫无基础的初学者也能轻松获得丰收！

嫩芽冒出时的惊喜，抽枝展叶时的愉悦，采摘收获时的满足……在阳台种菜种花种香草的日子里，尽是幸福的瞬间，平凡的岁月从此有了甜蜜的期盼，普通的阳台因此变得生机勃勃、绿意盎然。感受拥抱大自然的快乐，在快节奏的生活中呼吸独有的清新，这样的生活就在眼前，你还在等什么！

目录

第一篇 打造一个美丽的阳台，给DIY植物安个家

第一章 在种植之前，要做些什么

第二章 种植过程中，要怎么做

第三章 室内植物常见问题及解决办法

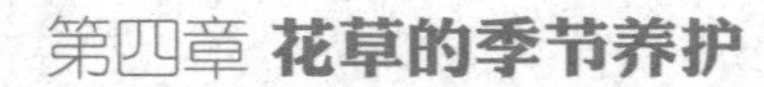

第四章 花草的季节养护

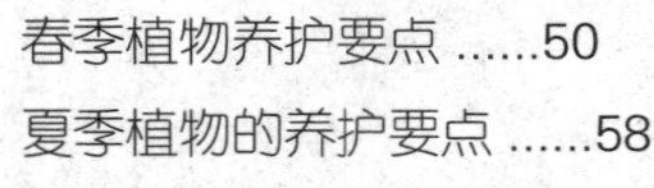

第五章 植物种植小创意

第二篇 种菜，有机蔬菜自己栽

第一章 果实类蔬菜

第二章 叶类蔬菜

第三章 根茎类蔬菜

第四章 蔬菜种植小创意

第三篇 种花，打造家中的好风景

第一章 观花花卉

第二章 观叶花卉

第三章 观果花卉

第四章 阳台种花小创意

第四篇 种香草，让室内多一缕幽香

第一章 易种植香草

第二章 功能多香草

第三章 香气浓香草

第四章 香草妙用小创意

1 第一篇

打造一个美丽的阳台，给DIY植物安个家

第一章

在种植之前，要做些什么

容器，植物的幸福小屋

我们在打造自己的植物园之前，首先要规划好种些什么植物，因为对于不同的植物而言，对容器的要求也是不尽相同的。

不同植物，不同选择

一般来说，蔬菜的植株较大，因此对容器的大小有一定的要求，一般会选择大型或者是中型的容器；而花卉、香草的植株一般偏小，所以对容器的要求并不是很高，可以根据栽植的数量来掌握容器的大小。如果栽植的数量少而植株又不是很大，最好选择小一些的容器，这样有利于植株根部的透气。

大小

小型

小型的容器一般指的是直径为15~20厘米的容器，比较适合种植猫薄荷、百里香、细香葱、驱蚊草等植株体积很小的香草。

直径为15~20厘米的容器

中型

中型容器一般指的是直径为20~30厘米的容器，长方形的中型容器长一般是65厘米左右。这种容器适合种植体型一般的花卉、香草，也可以种植菠菜、油菜等叶类蔬菜。

直径为20~30厘米的容器

大型

大型容器一般指的是直径为30~40厘米的容器，西红柿、茄子等果实类蔬菜的体积较大，比较适合在这种容器中种植。

直径为30~40厘米的容器

我们在选购花盆的时候，常常听到店主说 8 号花盆、12 号花盆之类的，那么花盆的号是怎么规定的呢？有一个公式可以计算一下：

花盆的号数 ×3 = 直径的厘米数

也就是说，3 号盆的直径是 9 厘米，6 号盆的直径是 18 厘米，8 号盆的直径为 24 厘米，10 号盆的直径是 30 厘米，12 号盆的直径为 36 厘米。通过花盆的号，我们就能马上掌握花盆的大小，从而以最快的速度选到合适的花盆。

在阳台上种植蔬菜，并不像在菜地里种植那么随意，像土豆、小萝卜之类食根茎的蔬菜对容器的深度也有一定的要求，一般深度要达到 30 厘米以上才可以种植，否则会影响植株的生长。如果实在找不到合适的容器，用塑料袋或者是麻袋来当作容器也是可以的。

质地

陶盆

容器在质地上的种类非常多样，如陶盆、塑料盆、釉面盆、木盆、玻璃盆。陶盆无疑是最好的选择，它具有透气、排水性好、重量轻、价格便宜等优点。玻璃容器是用来培植水培植物的最佳选择。当然，你也可以选择塑料盆、釉面盆，但是为了防止因为花盆不透气而导致的根部腐烂，最好在容器下面垫一块竹板。如果选择木盆的话，因为其超强的透气性，花草很容易干燥，所以一定要注意给植物勤浇水才可以。

配合时尚现代的装修，可使用独具风格的花盆，如图中的镀锌花盆。花盆本身就很漂亮，盆中的紫鹅绒与其交相辉映。

用吊盆种植半下垂生长的植物，比用塑料花盆更漂亮，如图中的肾蕨。

图中的瓷制工艺花盆与白色的仙客来花朵交相辉映。

苔藓编成的花篮适合某些春季观花植物，如报春花、番红花。直接将植物种在这种花盆里必须保证浇水时不淋湿花盆表面。

生活中，只要用心就常常会有意想不到的发现。图中别致的花盆居然是用干枯的菌类做的。

紫砂盆适合放在厨房里，图中紫砂盆中的“婴儿泪”和圆形的花盆浑然一体。

镶在墙上的陶瓦花盆室内外都能使用。图中的攀援喜林芋每隔数月需修剪一次，否则就把漂亮的花盆挡住了。

只要和周围环境搭配得当，图中的金属花盆就会散发出迷人的魅力。这样的花盆可填入苔藓，看上去更像悬挂式花盆。

有时老式的手工瓦盆效果也很好，盆壁上白白的灰渍有种古老的感觉。图中的两个手工瓦盆种了常春藤。

配套的托盘非常实用，可以使盆栽的整体外观更加漂亮。

商店或花店中出售各式各样的工艺花盆，你可以依照自己的品味选择。

土壤，植物的亲密爱人

什么样的土才算是好土呢

植物能否健康成长，土壤的选择很关键，好的土壤可以使植株更好地吸收养分、水分，使植株的根系健壮，这样才可以长得生机勃勃。优质的土壤必须具备四大特性，即排水性、透气性、保水性以及保肥性。

排水性 排水性好的土壤在浇水的时候，水能够迅速地融入其中，不会停留在表面。排水性差的土壤会使植物根部长时间难以干燥，容易出现烂根的现象。

透气性 透气性好的土壤微粒之间不会黏聚在一起，空气可以自如流通，为植株根系有效输送氧气和水分。

保水性 保水性是指土壤在一定时间内可以保持湿润的能力，如果土壤不具备保水性的话，土壤很快就会干燥缺水，这对植株的生长是非常不利的。

保肥性 保肥性指的是土壤可以保持肥料肥性的能力，只有保肥性好的土壤才能够让植物在营养充足的环境里茁壮生长。

认识土壤

土壤的种类千差万别，作为栽种用土，常见的主要有3种：培养土、基础用土和改良用土。

培养土 培养土主要是用于球根、宿根等植物种类的栽种，因为是根据养分比例调和好的土壤，所以非常适合初学者使用。

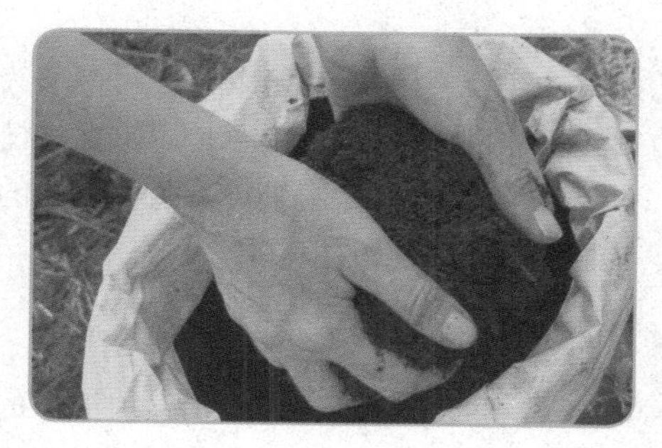

培养土

基础用土 指的是调和土壤的时候所使用的基础土，各个基础土之间的差别主要是由当地的土壤性质所决定的。

改良用土 是一种非常优质的土壤，它运用其他的有机质提高了基本用土的透气性、排水性、保水性、保肥性。其中最为人们熟知的就是腐叶土，腐叶土首先是将腐烂的阔叶树树叶弄碎，融合在基础用土之中，这样可以提高土壤中微生物的含量，有效地改善土质。

配土是一门很深的学问，作为刚刚入门的新手最好在市面上购买已经配置好的优质土，这些土壤已经配置好了腐叶土、肥料等养料，可以直接使用，非常方便。但是要注意土壤包装上的适用作物说明，不同的植物对酸碱性的要求是不同的。

腐叶土

认识酸碱性

种植蔬菜的土壤一般为弱酸的环境，而香草则喜好偏碱性或中性的土壤。而花卉对土壤的要求则比较复杂。

部分植物对盆栽土的特殊要求

少数植物对盆栽土有特殊要求，常用的盆栽土并不适用。有些植物不喜欢碱性土，如杜鹃属植物、多数秋海棠属植物、欧石南属植物、非洲紫罗兰，常用的盆栽土不利于这些植物的生长。即使以泥炭藓为基质的盆栽土，也普遍呈碱性，因为为了适应多数室内盆栽植物的需求，盆栽土中会添加少量石灰。不喜欢碱性土壤的植物，可以使用“欧石南属”植物专用盆栽土，这种盆栽土在一般花店就能买到。

凤梨科植物、仙人掌科植物和兰科植物对盆栽土也有特殊要求，可以从专业苗圃或较好的花店购买经过特殊处理的盆栽土。

肥料，植物的营养源

不施肥，植物就会显得死气沉沉的，只要正确施肥，植物就能茁壮生长，生机盎然。现代肥料让施肥变得很简单，肥效也更长，因而不需要经常添加。

氮肥滋养茎叶

磷肥滋养果实花朵

钾肥生长根部

各种肥料对植物的不同作用

认识肥料

按照肥料的成分来划分，可以分为磷肥、氮肥、钾肥这三种肥料。磷肥主要是用来促进植物花朵和果实的生长，氮肥主要是用来促进植物叶子的生长，钾肥可以有效地滋养植物的根部。

肥料的量

肥料是植物生长的粮食，挨饿中的植物自然是很难长好的，但是暴饮暴食对于植物的生长也并不是好事，所以和人类讲究合理膳食一样，给植物施肥也要根据植物的特点，讲究适度。

追肥

植物在刚刚栽种到土壤中的时候，土壤中是含有一定量的肥力的，但是这些肥力会随着植物的生长而慢慢消耗殆尽，因此盆栽植物在生长过程之中要进行适当追肥。

制作肥料

鱼骨

大豆

海带

事实上，一般性的肥料我们并不需要特意在市场上购买，用生活中腐败的食物制成的有机肥就是植物最好的营养品。发霉的花生、豆类、瓜子、杂粮等食物中含有大量的氮元素，将它们发酵后可以用作植物的底肥，也可以将其泡在水中制成溶液追肥时使用。

鱼骨、碎骨、鸡毛、蛋壳、指甲、头发中含有大量的磷元素，我们可以加水发酵，在追肥中使用。

海藻、海带中的钾元素比较多，是制作钾肥最好的原材料。另外，淘米水、生豆芽的水、草木灰水、鱼缸中的陈水等含氮、磷、钾都很丰富，可以在追肥中使用。

环境，我家的阳台合适吗

在不同朝向的阳台中，朝南或者朝东的阳台，一般光线比较充足，对于植物的生长也是比较理想的。但是家里的阳台不是这样的朝向怎么办呢？不用担心，一些植物即便在阳光不是很充足的环境下也是可以茁壮成长的。

阳台不同，使用方法不同

我们常见的阳台一般有三种，即墙壁式、栅栏式、飘窗式。因为各自不同的特点，在种植植物时需要注意的方面也不尽相同。

墙壁式

墙壁式的阳台是开放式的阳台，阳台上部的通风很好，但是下部就比较差。我们最好将植物放在架子上，这样可以增强植物的光照，改善通风情况。另外，夏天时的阳光直射会使温度过高，所以一定要注意遮阳保护花草。不要将植物悬挂起来，也不要摆放在阳台边缘，以免掉落砸伤路过的行人。

栅栏式

栅栏式阳台也是开放式阳台，通风非常好，但是遇到大风的天气就会对植物造成伤害，放置植株的时候最好在栅栏内放置一块挡板，以免植物受到伤害。和墙壁式阳台一样，也需要注意夏季太阳对植物的直射。千万不要将植物悬挂起来，以免吹落砸伤行人。

飘窗式

飘窗式阳台是封闭式阳台，由于受外界温度影响比较小，所以一年四季都可以种植植物，但是通风性比较差，需要经常开窗让植物呼吸新鲜空气。因为阳台是封闭的，所以可以随便装饰我们的小农场，不用担心砸伤行人了！

把植物园装饰得更美观

阳台的空间有限，怎么能让我们的植物园看起来丰富多彩，而又不显凌乱呢？我们有一些小妙招告诉你。

打造小小“梯田”

我们可以在阳台中搭建一个立体置物架，看似简单的架子会将我们的阳台空间划分出多个层次，这样既可以扩大种植面积，又可以增加喜阳植物的采光，可谓一举两得。

搭建种植槽

阳台上的空间有限，栏杆或檐口部分往往浪费了一块空间，我们可以在这个位置上悬挂一个种植槽，放置一些体积比较小的植物，但要注意，种植槽一定要安置在阳台内侧，如果掉落，很容易发生危险。

把植物吊起来

小型的植物可以利用小巧精致的花盆种植，再放到吊篮中悬挂在阳台的天花板上，这样就可以把阳台空中的空间利用起来，又显得错落有致。注意的是，吊篮的质量一定要有保证，否则有可能伤到人。

工具，栽种时候的小帮手

要将自己的小农场打理成专业级的水平，专业的工具是必不可少的，那么我们应该准备哪些工具呢？

剪刀

可以用来修剪植物，也用来收获果实。

喷壶

用来给植物浇水。

小耙子

这是给植物松土的必备工具。

水桶

自来水是不可以直接浇花的，所以我们要把自来水盛放在水桶里，在空气中放置 2~3 天，让水温和含氧量都达到适宜的程度。

铲子

在移苗和铲土的时候用。

麻绳

如果植物需要支杆，就需要用麻绳来固定植物。

支杆

如果是长得高的植物，或者是喜欢攀爬的植物，我们就需要立起个支杆，以便植物可以更好地生长。

第二章 种植过程中，要怎么做

温度和阳光

光照的选择

植物有的喜阴，有的喜阳，我们可以将喜阳的植物置于置物架的高处，让它们充分接受阳光的沐浴；喜阴的植物则置于低处，避免阳光的曝晒。

即便是喜阳的植物，面对夏季炎炎的烈日，也会打不起精神来，所以当夏季来临时我们最好在阳台上搭建一个遮阳板，避免阳光的直接曝晒。

阳光下的植物

早晚的时候，阳光多为散射光线，对于植物来说是一天中最好的时光，这样的光照特别有利于植物的生长，这个时候就让植物多晒晒太阳吧。

防寒

阳台温度随着气温的变化而变化，冬季来临，一定要将不耐寒的植物搬入室内，温度要保持在5℃以上；即便是耐寒的植物放在室外也要设置挡风板、覆盖草帘或塑料薄膜等保温设施，以免植物被冻伤。当气温降到0℃以下，一定要将植物搬入室内。冬季的夜晚，也要将植物搬入室内，以防止霜冻的侵袭。

降温

阳光的曝晒对植物的生长非常不好，我们除了要给植物遮阳之外，还要给植物适时地降温，如在植物的根部覆盖一些木屑、稻草、树皮等以保持植物的水分，防止土壤干燥。也可于早晚在植物的叶子上喷洒一些水来降温，如果阳光太强，则最好将植物搬入室内。

香草的特殊光温需求

香草和其他的植物不太一样，可以分为长日照和短日照两种，但大部分香草都喜欢阳光充足、通风较好的环境，日照不足会导致植株徒长，直接影响到植物花芽的分化和发育。由于不同香草对光照的要求不尽相同，所以需要我们根据香草的生长习性来调节日光的照射量。

长日照香草 长日照型香草每天的日照时间必须要控制在12小时以上才能现蕾开花，如果光照时间不足，香草就不会现蕾开花。

短日照香草 短日照型香草每天的日照时间不可以超过12小时，日照时间过长香草就不会现蕾开花。

中日照香草 所谓中日照香草就是香草中最好养活的那一种，它对日照时间并不敏感，不论长日照还是短日照，都可以很好地生长。

施肥也要讲求方法

家庭养花常用什么肥

家庭种养花草时经常使用的肥料一般可以分成有机肥与无机肥两个大的类别。

1. 有机肥：分为动物性有机肥与植物性有机肥。

动物性有机肥包含人类的粪尿，禽畜类的羽毛、蹄角及骨粉，鱼、肉、蛋类的抛弃不用部分等。

植物性有机肥包含豆饼和其他饼肥、芝麻酱的渣滓、中草药的残渣、酒糟、树木的叶子、各种野草、草木灰及绿肥等。

植物为什么需要施肥

图中的两株植物购买时植株大小相同，种植时间也相同。左边那盆植物经常施肥，并移植过一次；右边那盆植物买回后从未施过肥，呈现典型的缺肥症状。

有机肥的长处是营养成分比较齐全，肥的效力持续时间较长，可以改善土壤结构，增强土壤的保水性、保肥性及透气性；其欠缺之处是肥的效力发挥比较缓慢，为迟效性肥料，且无法直接被根系摄取，一定要完全发酵腐熟之后才可以使用。在发酵期间，有机肥会产生很多热能，会损伤到植物的根系；与此同时，它还会放出氨气等有害气体，其恶臭的气味容易引来蝇蛆，使环境受到污染。如果沤制时没有充分腐熟，其中的各种细菌、病毒和寄生虫等都容易危害人体的健康。有机肥里的氮、磷、钾的含量和比例不能确定，故不可用于无土培育的所有观赏花草。

2. 无机肥：即化学肥，是指使用化学合成的方法制成的或由天然矿石经过加工而成的含有丰富的矿物质营养元素的肥料，通俗的叫法是化肥。

无机肥分为氮肥、磷肥及钾肥。氮肥包括尿素、碳酸铵、氨水、氯化铵、碳酸氢铵及硝酸钙等，能促使花草的枝叶生长旺盛；磷肥包括过磷酸钙、钙镁磷等，经常被用来做基肥添加剂，其肥效较为缓慢，而磷酸二氢钾和磷酸铵则是浓度较高的速效肥，而且含有氮及钾肥，能用来做追肥，可促使花艳果大；钾肥包括氯化钾、硫酸钾、硝酸钾、磷酸二氢钾等，其肥效都比较迅速，能用来做追肥，可令花木的枝干和根系生长得健康、茁壮。

无机肥营养成分含量较高、肥效比较迅速、干净卫生、便于施用。但其肥分单一、肥性较猛、肥效持续时间短，除磷肥外，通常把无机肥用做追肥，或将无机肥和有机肥结合起来施用。

怎样判断花草营养不良

缺钾：主要体现在老叶上。当双子叶植物缺少钾的时候，叶片上就会呈现出色彩相杂的缺绿区，之后沿叶片边缘及叶尖形成坏死区，叶片卷皱，最终变黑、焦枯。

缺钙：表现为顶芽受到损伤，致使根尖坏死、鲜嫩的叶片褪绿、叶片边缘卷皱焦枯，还会导致不能结果或结果很少。

缺铁：症状是新生叶首先发黄，之后扩展至全株，且植株根茎的生长也遭到抑制。

缺硫：表现为植株叶片的颜色变浅，叶脉首先褪绿，叶片变得又细又长，植株低矮、弱小，开花延后，根部变长。

缺镁：症状和缺铁类似，但先由老叶的叶脉间发黄，逐渐扩展至新叶，新叶叶肉发黄，但叶脉依然为绿色，花朵变白。

施底肥

缺硼：表现为鲜嫩的叶片褪绿，叶片肥大宽厚且皱缩，根系生长不良，顶芽及幼根生长点死亡，而且花朵和果实均过早凋落。

缺锰：症状是叶片褪绿，出现坏死斑。但应先排除细菌性斑点病、褐斑病等情况。

怎样施肥

施肥要在适合的时间进行，傍晚或者是阴雨天进行是最好的选择。施肥之前首先要松松土，在花草根部的四周挖开一条环形浅沟，然后放入肥料，用土填平。值得注意的是，液态肥不要撒在花叶和茎上，这样会对植物造成损伤。

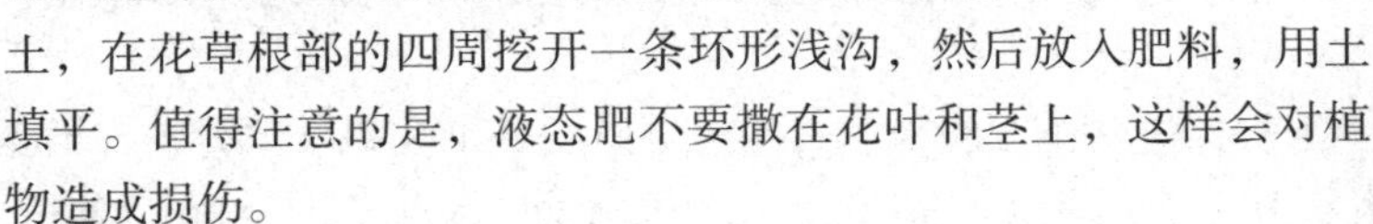

追肥

施肥的次数

施肥的次数要根据花草的习性和生长情况而定，一般来说10~15天施肥一次是最合适的，秋季可以每隔30天施肥1次，冬季植物处于休眠期，则不需要施肥。

施肥要领

春夏季节最好施液肥，夏末以后则要使用干性肥料，并且以薄肥为主，配比按照 7 份水、3 份肥的比例进行。施肥次日要浇水，并且浇透，松土也要及时，这样才更有利于植物的根系吸收营养。

切忌施肥过度

* 肥料有利于植物生长，但并不意味着施肥越多越好。施肥不应超过厂家的建议用量，否则植物会枯死。因为肥料中的盐分会在盆栽土中不断累积，影响植物吸收水分和养料，加上过多的肥料会刺激植物生长，导致植物早衰。

追肥

如果使用在市场上买来的肥料追肥，就要根据说明来稀释一下。拿到肥料之后，要在根的外围挖一圈浅沟，注意浅沟不要离根太近，否则容易烧根，也不要伤及根系。将肥料均匀地倒入沟内，再盖上土，然后浇水。浇水的目的一是可以稀释肥料，防止烧根；二是方便肥料下渗，这样营养会比较容易被植物吸收。

施肥之前一定要注意不要施未经腐熟的生肥，这样肥料在土壤中发酵会产生过多的热量，容易“烧死”植物。如果因为施肥造成了叶片枯萎、倒挂，那么要多浇水，以稀释肥料。

给植物补充水分

怎样判断盆花是否缺水

在种养花草的过程中，为花草浇水是一件时常需要做的事情，因此了解盆花是否缺少水分是非常必要的。主要有以下几种方法来判断：

1. 敲击法：就是以木棒或手指的关节轻敲花盆上中部的盆壁，如果声音较清晰悦耳，说明盆土已经干燥，需马上浇水；如果声音低且沉闷，说明盆土还较为湿润，可以暂时不用浇水。

2. 目测法：就是通过眼睛来察看盆土表面的颜色有没有变化，如果颜色变淡或为灰白色，说明盆土已经干燥，应当给其浇水；如果颜色深或为褐色，说明盆土仍比较潮湿，可以暂时不必浇水。

3. 指测法：就是把手指轻插进盆土 2 厘米左右的地方感觉一下，如果觉得较为干燥或土质粗糙且坚硬，说明盆土已经干燥，应马上浇水；如果稍觉得有点湿润、细腻、疏松，说明盆土还较为潮湿，短时间内可以不用浇水。

4. 捏捻法：就是以手指略捻一下花盆内的土，如果土壤呈现粉末状，说明盆土已经干燥，需马上浇水；如果土壤呈现片状或团粒状，说明盆土还较湿润，短时间内可以不必浇水。

5. 掂重法：就是用手掂量一下花盆，如果比正常情况下轻许多，说明盆土干了，需马上浇水。

6. 观察花卉法：如果花草缺少水分，植株看上去就会了无生机，新生的枝叶会蔫垂，叶色比平常暗淡，或出现黄叶；如果恰处于花期，可能还会出现花朵凋落、萎蔫的情况。

若花卉出现上面的情况，说明盆花已缺少水分，需马上浇水。

上述几种方法只可判断出盆土干湿的大致状况，如果要精准得知盆土的干湿程度，可以买一支土壤湿度计。测试的时候，把湿度计插进盆土里，便能见到刻度上呈现出“干燥”或“湿润”等字样，这样就可以很清楚地知道什么时候应该给花卉浇水了。

浇花用什么样的水好

1. 根据所含盐类的多少，可以把水分成硬水与软水。硬水含有比较多的盐类，若用其浇灌花草，常常会令花草的叶片表面出现褐斑，影响美观，因此浇花适宜用软水。

2. 在软水里，用雨水来浇灌花草最好。这是由于雨水是一种近于中性的水，不含有矿物质，且含有很多空气，非常适合用于浇花。如果条件允许，可以在雨季用雨水来浇花，这样有利于促进花草的同化作用，能延长花草的生长年限、增强花草的观赏性。特别是喜爱酸性土壤的花草，更适合用雨水浇灌。所以，在雨季应当多贮备一些雨水用来浇花。

3. 在我国东北地区可以用雪水来浇花，效果也较好。需注意的是，冰雪融化后应该放置到水温与室温接近的时候才能使用。

4. 若无雨水或雪水，可以用河水或池塘中的水来浇花；如果没有河水或池塘水，也可以使用自来水，但必须先用桶或缸把自来水敞口存放一两天，待水里的氯气挥发后再浇花，这样做有利于花卉的生长。

5. 不能用含有肥皂或洗衣粉的洗衣水来浇花，也不可使用有油渍的洗碗水。

6. 仙人掌类等喜欢微碱性土壤的花草，不适合使用微酸性的剩茶水等来浇灌。

7. 浇花水的水温也很重要。不管是夏天还是冬天，如果浇花水的温度和气温的温差大于5℃，就极易伤到花卉的根系。因此，应先把浇花用的水放在桶里或缸里晾晒一天，待水温与气温接近时再用为宜。

浇水时间学问多

夏季浇水要选择上午8点前或者下午日落后进行，春秋季节浇水选择在中午进行是最好的，冬季浇水的时间要在全天温度最高的午后2点左右，冬季浇水时适量添加一些温水也是可以的。

一天要浇多少次

春秋季节每隔1~3天要浇水1次，夏季每天都要进行浇水，冬季每5~6天浇水1次

播种期浇水

浇水要一次浇透

喷水

就可以了。浇水也要根据天气的情况来决定，天气燥热干旱就多浇水，在阴雨连绵的时候就少浇水。植物处在不同的生长周期需水量也是不同的，长叶和孕育花蕾的时候要勤浇水，开花时节要缓浇、少浇，休眠时期则要尽量控制浇水量。最为主要的是，要掌握植物的习性，了解植物是喜湿的还是耐旱的，一定要区分清楚。

浇水技巧

植物的不同时期，以及不同的植物之间浇水的方法也是不同的。当植物处在幼苗期的时候，浇水要用细孔喷壶，轻而微量地按照顺时针的方向喷洒。浇水之前一定要确认盆土不干不湿，并且没有积水。土壤的表面变干就是需要浇水的信号，耐旱的植物可以在盆土表面完全干透后再进行浇水，而喜湿的植物则要在盆土表面干透之前。浇水要缓缓地进行，直到水从花盆底孔渗出为止，然后将托盘中积攒的水倒掉，以免将植物的根部浸烂。

忘记浇水怎么办

如果多日忘记浇水，植物的土壤过干，水分很难在短时间内全部浸入，我们可以在土壤上面扎开一个个小孔，然后再进行浇水——需要注意的是，不要伤到植物的根部——这样就可以对植物的缺水起到一定的缓解作用。但是这只是一个应急措施，缺少水分对植物是非常不好的，所以一定要尽量避免这样的事情发生。

换盆换土，空间合适最重要

上盆

植物的小苗长大一些的时候生长空间就会变得比较局促，这个时候就需要上盆了。首先要用碎瓦片覆盖住盆底的排水孔，留出适当的孔隙，再填入四分之一的粗砂，然后填入培养土，填土的高度达到盆高的一半即可，然后将植物放到盆中，再慢慢填入培养土，在距盆口 3~4 厘米的时候停止放土。最后，轻轻提一提植物，使根部伸展不卷曲，再将土压紧，浇透水，放置在光照较弱的地方 5~7 天，再移到阳台即可。

上盆

换盆

换盆首先是将植物连土一起倒出花盆，然后去掉枯根和一半的旧土，再将花草连同剩下的原土一起装入新盆，然后再填入一些新的培养土。最后将土壤压紧，浇透水，在室内光照较弱的地方放置 3~5 天，再将植物搬到阳台就可以了。

换土

换土就是在换盆的过程中不使用原土，只加入新的培养土，目的是增加土壤的肥力。如果是自制培养土的话，最好用烘干或熏蒸的方法消毒，以减少病虫害的发生。

换盆

剪枯根

换土

无土栽培

无土栽培，也称溶液栽培，即不用土壤或盆栽土栽种植物。无土栽培的植物只需每隔几周浇一次水，每年施两次肥即可，无需花太多心思。

实验室溶液栽培利用成本较高的精密仪器解决植物供养问题，是科技含量较高的栽培方法。普通人出于个人爱好尝试无土栽培的装置设计通常较为简单，初学者也能使用。

刚开始尝试溶液栽培法栽培植物时，最好购买目前适用于溶液栽培的植物，并购买配套的花盆、砂砾和特殊的肥料。适应需要一段时间，不过一旦尝到无土栽培的甜头，很多人都乐意尝试用溶液栽培法栽培更多的植物。

日常养护

水位器显示最小数据前不能注水，就算显示最小数据也不要急着注水，一般要再等上一两天。注水时液面不能太高，不能超过最大数值——这样能保证有足够空气供植物呼吸，这对植物生长至关重要。

最好注入自来水，因为自来水中有各种矿物质，与肥料相互作用，可以使肥效更显著。

确保水温接近室温。因为无土栽培不使用盆栽土，温度较低的水会导致植物受冻，这是导致无土栽培失败最常见的原因。

施肥的时间最好作记录，每 6 个月施肥一次。可以将条状肥料嵌入花盆内，也可以用少量水溶解肥料粉注入盆中。

和传统方法栽培的植物一样，无土栽培的植物也会逐渐长大。无土栽培的植物不需要通过伸长根部来吸收更多的水分和养料，因此根系不像传统方法栽培的植物那样发达。即便如此也需要及时移植，特别是植株过大，已与花盆不协调的情况下更需要移植。

移植时通常需拿掉原来的花盆，这时要轻拿轻放，减少对植物根部的伤害，也可以直接在原来的花盆外面套上较大的花盆。如果移植时发现植物根系发达且凌乱无序，应该适当进行修剪。

适合溶液栽培的植物

有相当多的植物适合溶液栽培的，比如仙人掌和多浆植物（这两类植物无土栽培前要经历一段“干燥期”，容器中水位不宜过高），兰科植物也是。

如果你刚开始尝试无土栽培，最好选择下面这些植物种植。有一定经验后，再尝试新品种。这类植物包括：蜻蜓凤梨、亮丝草属、花烛属、天门冬属、蜘蛛抱蛋属、铁十字秋海棠、蟆叶秋海棠、仙人掌属、白粉藤属、君子兰属、变叶木属、花叶万年青属、孔雀木属、龙血树属、一品红、榕属、三七草属、常春藤属、木槿属、球兰属、竹芋属、龟背竹属、肾蕨属、喜林芋属、非洲紫罗兰、虎尾兰属、鹅掌柴属、矮小苞叶芋、黑鳗藤属、扭果苣苔属、紫露草属、丽穗凤梨、丝兰属。

无土栽培步骤

1.选择植物幼苗，洗净根部的盆栽土，注意不要碰伤根部。然后选用网状容器，放入植物。

2.在容器中填入砂砾，尽量不要碰伤根部。

3.将该容器放入更大且不透水的容器中，事先在外容器的底部铺上一层砂砾，保证内外容器间有1厘米左右的空隙。

4.在砂砾中插入水位器。如果没有，也可以使用测量植物根部湿度的仪表。

5.在两容器之间填入砂砾固定内容器和水位器。

6.在砂砾上撒上无土栽培专用肥料。

7. 浇水至水位器最大刻度处，使肥料溶解并渗入砂砾中。如没有水位器，则可加入相当于容器容量1/4的水。水位器显示干燥再浇水，最好使用自来水。

8.几个月后，盆栽植物就会开枝散叶了。

★多数仙人掌属植物都适合用无土栽培法栽培。但要注意控制容器水位，水位过高容易导致植物死亡。

无土栽培的原理

* 植物具有两种类型的根：土壤根和水下根。将插条插在水中，就会长出水下根，一旦移栽到盆栽土中，又会长出土壤根。两种栽培方法间的转换较为困难，不过一旦度过了适应期，无土栽培的植物也能长得像在盆栽土中一样茁壮。

控制营养液的量至关重要，营养液过多会影响根的呼吸，容易造成植物死亡。

外出时植物的养护

节假日人们可以尽情享受生活，而无人照料的植物却可能遭殃。若无邻居帮忙照料植物，你必须采取措施，保证外出时植物仍然有水源供应。

冬季应事先给植物充分浇水，并保证家里供暖系统的温度较低，那么即使不继续浇水，植物也能存活几天甚至一周。但夏季即使外出两三天，也必须采用特殊方法保证植物供水。

节假日短期植物养护

外出时间较短的话，可以将植物集中起来放在一个较大的浅容器里。容器中垫上湿润的毛细衬垫，以保证盆栽土湿润。外出时间较长的话，需要采用特殊供水系统维持衬垫湿润。

吸水条

将毛细衬垫剪成条状可以做成吸水条。外出前确保吸水条和盆栽土湿润，并检查花盆中吸水条是否放好了。

维持湿度

如图所示，将植物放在充气的塑料袋中，可以较长时间维持湿度，但时间太长的话可能引起叶子腐烂。另外要尽量确保塑料袋不接触叶子。

外出时，若无法保证邻居能每隔两天给植物浇一次水，就应该提前做好预防措施：

* 夏季尽可能将植物搬至室外阴凉处，将花盆齐沿儿埋入土中。在盆栽土上盖上一层厚厚的树皮碎片或泥炭藓块，这样既能提供温度较低的环境，又能维持土壤湿度。外出前充分浇水，即使不下雨，多数植物也能存活一周左右。

* 娇嫩的植物不能搬到室外，但可以放在室内阴凉、无阳光直射的地方。

* 最好将室内的植物放在盛有砂砾和水的托盘上，但要保证盘中的水不直接接触花盆底部。这样虽然不能增加盆栽土的湿度，但能增加空气温度，有利于植物生长。

* 生长受水分影响较大的植物，一定要有相应的自动供水系统。

专业供水设备

大部分供水设备在商场都有销售，而且几乎每年都会出新产品——多数是由传统供水设备改良而成的。

渗漏器：将渗漏器注满水埋入盆栽土中。水会慢慢从器壁渗出，持续供水时间从几天到一周不等。只有一两盆植物的话，短期内可以采用渗漏器供水。

陶瓷蘑菇：作用原理和渗漏器相似。但陶瓷蘑菇顶部密封，通过管子和大容量注水器（如水桶）相连。水从蘑菇柄渗出后，密封蘑菇内气压下降，外连注水器中气压增大，将水压入蘑菇。这个简单有效的装置可持续供水数周，但每个花盆都需要配备一个。

吸水条：花盆底部若有托盘，可以在盆栽土中埋入吸水条，从托盘内吸水供给植物。盆栽数量较少的话，这种方法不失为好的选择，要是盆栽较多，单是安放吸水条就让人烦不胜烦了。

滴灌装置：常用于温室和苗圃，能很好地解决供水问题，但成本较高，而且便携式袋状注水器放在家中影响美观。不过外出时不妨用用。

临时供水设备

一般的花卉商店和装修店都能买到毛细衬垫，配合浴缸或厨房的水槽使用，就成了一套实用的供水装置。

若使用水槽，需要剪一块大小合适的衬垫垫在花盆底部，这样既能挡住花盆的排水孔，又能从水槽中吸水。

可以事先在水槽里面注好水；也可以拔掉水槽塞，打开自来水龙头，往露出盆底的毛细衬垫上滴水，维持一定的湿度。采用第二种方法前要先进行试验，保证衬垫湿润的同时避免浪费自来水。

浴缸中也可以使用类似装置。浴缸注水后，在水中放几块砖，砖上放木块，再摆上衬垫和花盆，确保花盆底不会浸在水中。

瓦制花盆排水孔上盖着瓦片的话，使用毛细衬垫供水装置的效果不是很好（即使配合使用衬垫做成的吸水条，效果也不理想）。塑料花盆使用临时供水装置，不盖住排水孔的效果比较理想。

耐寒植物

多数耐寒植物在长期无人照料时可以搬到室外，选择阴凉的地方，将花盆齐盆沿儿埋入土中。给植物充分浇水，并在盆栽土上铺上一层厚厚的树皮碎片。

渗漏器

外出时间较短的话，渗漏器非常适用。事先确保盆栽土湿润，并在渗漏器中注满水。

吸水条

将吸水条埋入盆栽土，并设法使其穿过盆底的排水孔。

陶瓷蘑菇

陶瓷蘑菇供水效果很好。陶瓷蘑菇中的水渗出后，内部气压下降，外连注入器中的水进入蘑菇。较大的注水器可持续供水一周甚至一周以上。

利用浴缸制作供水装置

浴缸配合使用毛细衬垫用作供水装置，效果较好。也可以使用吸水性好的砖块代替衬垫。事先塞好浴缸塞子，确保浴缸内的水不会渗漏。

修枝剪叶和清洁植物

时常清洁和打理植物，既能保证植物外观漂亮，又能提前发现植物病虫害的迹象。

修枝剪叶和清洁既能保持植物漂亮有型，又能促进植物繁茂生长，甚至还能延长花期。

如果发现枯黄的叶子，最好立即摘除。清洁工作需每周进行一次，其他打理工作可以间隔较长时间进行一次。有规律地打理植物，既能尽早发现植物是否发生病虫害、缺乏营养，又能学习如何更好地观赏植物，可谓一举两得。

摘除枯叶

植物都会有枯叶，即使是常绿植物也会有枯叶。我们需要及时摘除枯叶，以免影响植物外观。大部分枯叶轻轻一拽就能摘下，而有些需要用剪刀剪除。

摘除植物枯花

摘除枯花能保证植物生机盎然，多数情况下还能促进开花，同时还能预防病虫害——植物真菌感染一般是从枯花开始，然后逐渐蔓延至叶子的。

生有须根的秋海棠属植物（如四季秋海棠）花型小、开花多，摘除枯花的工作比较艰巨，但不摘除的话，枯花可能落在家具或植物枝叶上，既影响环境，又破坏植物外观。

除了有穗状花序的植物，其他植物可以连同花柄一起摘除枯花。

绣球属等有穗状花序或较大头状花序的植物，可以在花全部盛开之后剪除整个枯萎的花序。

打理植物所需工具

* 家庭常备的日用品完全可以胜任打理室内盆栽的工作，但有人还是会购买专业的园艺工具，其实普通海绵或柔软的布和厨房使用的剪刀也很合适。

最好有专门的工具箱收纳这些工具：

* 尖而锋利的剪刀、修枝剪或采花用的剪刀。
* 劈好的木条，用于支撑植物。
* 园艺专用线，颜色最好是绿色的，或是若干封口机上用的那种金属圈。
* 清洁光滑叶子的海绵。
* 清洁长绒毛叶子的毛刷。

叶面清洁

植物的叶子和家具一样也会落上灰尘，但只有叶面光滑的叶子才能明显看出有灰尘。叶子积有灰尘说明植物缺乏打理，灰尘会影响叶子接收阳光，不利于植物进行光合作用，提供生长所需营养。

光滑的叶子积有灰尘的话可以用柔软的湿布擦拭。有些人喜欢在水中加牛奶，令叶子更富光泽。除了牛奶，也可以使用专业叶面光亮剂令叶子恢复光泽。还可以使用喷雾型叶子清洁器，但应严格按照产品说明使用，尤其要注意喷雾距离。

以上两种清洁叶子的方法都不适用于叶面长有绒毛的植物，这样的叶子可以用柔软的毛刷清洁。仙人掌属植物也可以采用这种方法清洁。

擦拭叶子

叶面光亮剂效果明显，擦拭后叶面光泽亮丽。

用海绵擦拭叶子

橡皮树等叶面光滑的植物，通常用蘸有少量肥皂水的海绵擦拭，可以保持植物外观漂亮。

浸润清洁法

小型植株只需将叶子浸到温水中轻轻晃动即可完成叶面清洁。该方法不适用于叶面长有绒毛或较为娇嫩的植物。

摘除枯花

及时摘除枯花，既能保证植物外观漂亮，又能防止枯花滋生霉菌或其他病菌。

用毛刷清洁叶子的配图（见右）

用毛刷清洁叶子

非洲紫罗兰等叶面长有绒毛的植物，清洁时不适合用海绵擦拭，可以使用柔软的毛刷。

左图：摘心

植株较小时进行几次摘心，可以保证植物生长茂密，因为摘心可以促进植物侧枝茂盛生长。除了部分生长缓慢的植物，摘心适用于大多数植物。

植株矮小、不开花、叶子无绒毛的植物——如亮丝草属植物，可以将叶子浸入温水中，轻轻晃动，以达到清洁的目的。清洁后应自然风干残余的水珠，避免阳光直射灼伤叶子。

修剪和整形

摘心能防止多数盆栽植物新枝生长过快，促进植物分杈，有助于植物造形，植物的冠也能生长得更为茂密。凤仙花属、枪刀药属、冷水花属、紫露草属都属于这类植物。

植株较小时就要开始摘心，枝条疯长时更要如此。摘心尤其有利于蔓生植物的生长，如紫露草。紫露草枝叶茂密，叶子下垂生长，通过摘心，使枝条保持在30厘米左右最为漂亮，枝干细长的植株看起来很像野草，毫无美感。

摘心

剪枝

斑叶植物长出全绿叶子的话，需要立即摘除，否则很快整株斑叶植物就会变成一株名副其实的绿叶植物。

攀缘植物和蔓生植物需要花更多时间打理，应该及时将新抽枝条系到附着物上，并及时剪除影响植物外观的细长枝条。

植物繁殖，花盆变身小花园

播种繁殖

家中有自己播种繁殖的盆栽，可以为你迎来朋友们艳羡的目光。多年生植物很难通过播种繁殖，而且实验证明并非所有多年生植物都适合播种繁殖，而一年生植物播种繁殖基本都很容易。

如果你从未试过自己播种繁殖，最好先选择易成活的一年生植物，这样比较容易成功。但很多人都想尝试那些不易成活但充满趣味性的植物，如仙人掌、苏铁、蕨类植物（蕨类植物其实通过孢子繁殖的，并非真正的种子），以及特别受人喜爱的非洲紫罗兰。这些种子较难发芽，但或许正是由于具有挑战性，许多盆栽爱好者才会乐此不疲。

有些多年生植物生长缓慢，通过播种繁殖可能要等数年才能长成一定大小的植株。有温室或暖房的话，可以将多年生植物放在里面，等到长成大小合适的植株，再搬进室内作装饰。

种植大量植物可以使用育种盘播种，否则只需用花盆播种即可，因为花盆所占的空间较小。

移栽植物

幼苗长到一定大小，就可以移栽到其他的花盆或育种盘中，待大小合适时再单独种到花盆中。

移栽幼苗时用手提住叶子，不要提脆弱的茎干。移栽后可使用一般的盆栽土。

如何在育种盘中播种

1.盘中装入松软的播种用土（含防腐剂）——堆肥土和泥炭土适用于多数种子，忌用一般的盆栽土。一般的盆栽土营养含量高，容易滋生细菌。

2.用木板或硬纸板将土壤齐沿刮平，再用木板轻轻将土压实，保证土壤不会高出盘沿，确保土面平整。

3.将种子均匀地撒到土上。可使用折叠的纸片帮助播种细小的种子。然后用手指轻轻将种子按入土中。

微型种子播种法

* 有些种子细小得像灰尘一样，很难播种。播种时，可以先将种子和少许银粉拌匀，然后用食指和拇指将混合物撒入育种盘。只要混合均匀，种子在盘中的分布就会比较均匀。银粉有助于判断播种是否均匀。

4.除非种子较为细小，或有特殊说明播种后需要光照，通常播种后种子表面需要撒上一些盆栽土。原则上这层土不宜过厚，和种子的直径差不多就行了。一般用筛子筛土，既能保证厚度均匀，还不会有大块的土撒到盘子里。

5.浇水时，可以使用带莲蓬头的洒水壶。也可以将盘子放到盛有水的盆中，让水从盘底渗入给植物补充水分。然后将盘子放到育种箱中，或用玻璃盖住。遵照播种说明上对光照、温度等的指示，保证植物有适宜的生长环境。

如何在花盆中播种

1.在花盆中装入播种用土（含防腐剂），将土轻轻压实、压平整。

2.均匀播种。最简单的方法是用拇指和食指将种子均匀地撒到盆栽土中，就像平时烧菜时撒盐一样。除非种子很小，或有特殊说明，一般播完种后应撒上一层土，土的厚度和种子的直径差不多。

3.使用浸润法浇水。将花盆浸在盛有水的容器中，确保水面不超过花盆上缘。待盆栽土表面湿润后取出花盆，自然排出多余的水。该方法也适用于细小的种子。

4.将花盆放入暖箱中，或用玻璃盖住花盆。

防止水珠凝结

* 育种盘内壁或用来盖盘子或花盆的玻璃上可能会有水珠凝结，凝结的水珠过大可能会砸伤正在生长的幼苗。加强栽培器通风或及时擦干玻璃可以防止这种现象发生。

右图：波斯紫罗兰是最易播种繁殖的室内盆栽植物之一。春季播种，夏秋季开花，或秋季播种，来年春季开花。

扦插枝条

大部分室内盆栽可以通过扦插枝条进行繁殖，有些植物放在水中就能生根，有些植物较难生根，需要使用生长素和栽培箱。

多数室内盆栽可以在春季通过扦插幼枝进行繁殖，而多数木本花卉可以迟些时候通过扦插已长成的枝条进行繁殖。

幼枝扦插

选择春季新抽芽的枝条，在变硬之前，将梢部剪下扦插。成熟枝条扦插步骤大致相同。

水中生根的枝条

幼枝通常都能在水中生根，尤其是较易扦插的植物，如鞘蕊花属和凤仙花属植物。

在果酱罐等容器中装满水，瓶口蒙上铁丝网或钻有洞的铝箔。将剪下的幼枝直接通过铁丝网或铝箔上的洞插入水中。

要保证容器中有足够多的水，待插条生根后，就可移入花盆使用普通盆栽土种植了。但应至少一周内避免阳光直射，保证插条在盆中稳定生长。

天竺葵属植物

天竺葵属植物的插条很容易生根。马蹄纹天竺葵、菊叶天竺葵以及香叶天竺葵均可以通过扦插幼枝进行繁殖。

凤仙花属植物

凤仙花属植物通常通过播种繁殖，当然也能通过扦插幼枝繁殖。凤仙花属植物生长期间可能会出现变种，最好定期剪下一些合适的插条。

硬枝扦插的方法

1.在花盆中装入扦插用土（含防腐剂）或播种用土，轻轻压实。

2.选择本季新生枝条，在枝条变硬前，剪下10~15厘米做插条（小型植物可适当短些）。应该选择有一定韧性的插条。

3.以“节点”为切口，将枝条分为几段，用锋利的小刀削去“节点”以下的叶子，便于将枝条插入盆栽土中。

4.插条刀口处蘸取适量生根剂，若是粉末状的生根剂，要先将插条末端蘸湿。

5.用小铲子或铅笔在土中挖洞，放入插条至最底端叶子处。轻轻压实枝条周围的盆栽土。

6.浇水（水中加入真菌抑制剂可降低插条腐烂的风险），贴上标签，放到暖箱中。若无暖箱，可用透明塑料袋套住花盆，要确保袋子不碰到植物叶子。然后将植物放到光照充足的地方，但要避免阳光直射。

若暖箱或塑料袋内侧有水凝结，则要增强暖箱通风或将塑料袋翻过来，直到不再有水凝结为止。要保持盆栽土湿润。

一旦插条生根稳定，就可以移栽到更大的花盆中了。

促进生根的生长素

* 部分植物的插条不使用生长素也很容易生根，如凤仙花属和部分紫露草属植物。但某些植物的插条，尤其是硬枝插条不易生根，需要使用生根剂。生根剂有粉末和液体两种形态，既能促进插条生根，又能增加扦插植物的成活率。

扦插叶子

扦插叶子通常比扦插枝条更有趣，多数植物都可以通过这种方法繁殖，操作简单方便，下面介绍几种常见的扦插方法。最为常见的通过扦插叶子繁殖的植物有非洲紫罗兰、观叶秋海棠属、扭果苣苔属以及虎尾兰属植物。

扦插叶子时要注意以下几点：有些叶子需要保留合适长度的叶柄便于扦插；有些叶子的叶片特别是叶脉受损处会长出新植株；有些叶片不必整张扦插到盆栽土（含防腐剂）上，将叶片切成方形的小块，单独扦插就可以成活。扭果苣苔属等植物的叶子又细又长，可以将叶片切成几段进行扦插。

叶面切片扦插法

1.用锋利的小刀或刀片，沿主叶脉将叶片切成宽约为3厘米的长条。

叶柄扦插法

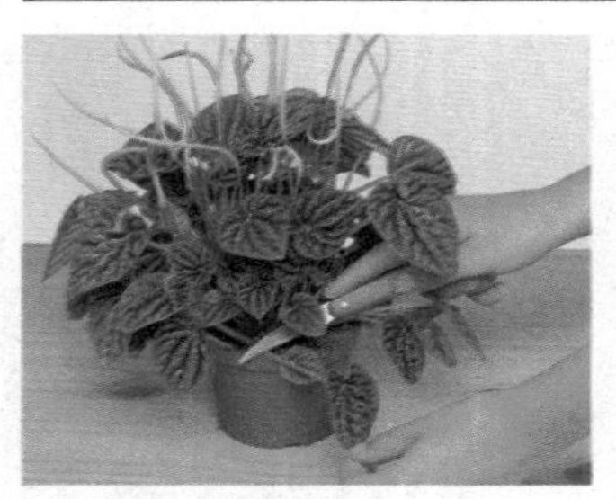

1.选择健康的成熟叶子，用锋利的小刀或刀片，将叶片连同5厘米左右的叶柄割下。

2.在花盘或花盆中装入促进生根的盆栽土（含防腐剂），用小铲子或铅笔挖洞。

3.将叶柄插入洞中，将叶片留在土壤之上，轻轻按压叶柄周围的土壤固定叶子。一个花盘或花盆中可扦插多张叶子。水中加入真菌抑制剂，适当喷洒，注意排掉多余的水分。

4.放入暖箱或用透明塑料袋套住花盆。确保叶子不接触暖箱或塑料袋，定期除去凝结的水珠。

保证温暖湿润的生长环境，光照充足，避免阳光直射。一两个月后就会长出新植株，等到植株大小合适再进行移栽。

可以扦插叶子进行繁殖的植物

* 叶柄扦插的植物
秋海棠属（除蟆叶秋海棠）、皱叶椒草、非洲紫罗兰。

* 叶面切片扦插的植物
蟆叶秋海棠。

* 叶中脉扦插的植物
南美苦苣苔属、虎尾兰属①、大岩桐、扭果苣苔属。

①使用叶中脉扦插繁殖金边虎尾兰，长出的新植株没有斑叶。

叶面切片扦插法

2.将长条形叶片切成方形小叶片。

3.花盘中放入生根盆栽土（含防腐剂），然后将小叶片插入土中，确保原来靠近主叶脉的一边朝下。

4.一两个月后，这些切片就会长成新植株。待生长稳定后再单独移栽到较大的花盆中。

中脉扦插法

1.选择生长旺盛的植物，剪下健康、未受损的叶片。

叶面纵向切片扦插法

* 好望角苣苔属植物的繁殖。
* 将叶片放在坚硬的平面上，沿主叶脉两边纵向切割，去除主叶脉，只取净叶片。
* 将切好叶片的1/3左右插入盆栽土中。

2.将叶片反过来放在坚硬、干净的平面上，如玻璃板上，切成宽度不超过5厘米的小段。

3.在花盘或较大的花盆中装入促进生根的盆栽土（含防腐剂），将叶片段插入土中大约2.5厘米。原来靠近中脉的一边朝下。叶片至少有1/3插入土中。

一段时间后，土中会长出新植株，等到大小合适、方便移栽时移到较大的花盆中。

整张叶片扦插法

1.选择健康的叶片，从叶柄末端将整张叶片割下。

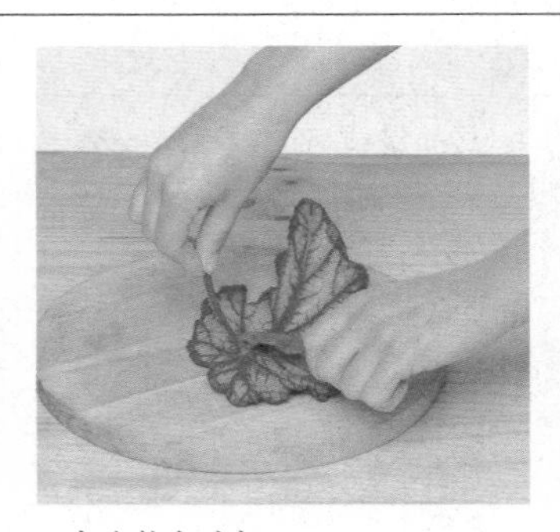

2.去除整个叶柄。

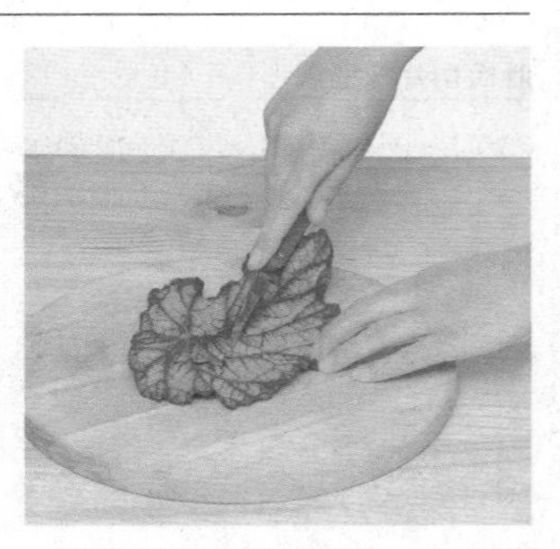

3.用锋利的小刀或刀片，在叶片反面沿主叶脉和支脉将叶子割破。每隔大约2.5厘米划一刀。

4.在育种盘中装入促进生根的盆栽土（含防腐剂），然后将叶片固定在土上，保证叶背与土壤接触。可用镀锌金属线做成U形针进行固定。

5.也可使用小石块固定叶片。

6.将育种盘放入暖箱中，或放在暖和、阳光充足的地方，但要避免阳光直射。注意保持盆栽土湿润。

一段时间后，叶片破损处就会长出新植株，生长稳定后可移到较大的花盆中。此时原来的叶片通常已经破碎，分离幼株非常方便。如果还有连在一起的纤维，可从叶片上割下新植株。

蝶叶秋海棠只能通过扦插整张叶片繁殖。

分株繁殖

分株繁殖是培育新植株最为迅速、简单的方法。该方法成活率高，适用范围广，枝叶茂密或成簇生长的植物都可以进行分株繁殖。

很多蕨类植物都能进行分株繁殖，如铁线蕨属、对开蕨属植物以及大叶凤尾蕨。竹芋属植物以及同类的肖竹芋属植物如枝叶茂密，也可以进行分株繁殖。其他能进行分株繁殖的还有花烛属和蜘蛛抱蛋属植物。

分离植物一小时前先给植物浇水。根系发达的植物，可以用锋利的小刀分离根团。

分株繁殖一般步骤

1.将植物取出花盆。植株较大、根系较发达的话，可以将花盆倒置，轻轻敲打花盆壁，用手拿住植株靠近根部的位置，将植株取出。

2.除去底部及侧面的多余盆栽土，露出一些根。

3.先将整簇植物分成两份，也可视需要多分几份。

4.分离根又粗又多的植物较为困难，如吊兰属。可先用园艺专用叉将缠绕的根部分离，再用锋利的小刀将根团分成几部分。

5.使用较小的花盆和较好的盆栽土（含防腐剂）栽种分离出的长势较好的植物。必要时用小刀削去部分较大的根，但必须保证细小的须根完整无缺。

浇水后将植物放到光照充足的位置，避免阳光直射，直到植物生长稳定。

压条繁殖

压条适用于培育少量植物。普通压条法只适用于部分植物，要繁育主干底部枝叶所剩无几的菩提树的话，最好使用空中压条法。

普通压条法适用于枝条细长柔韧的攀缘植物或蔓生植物。可以在母株附近放上花盆，直接将枝条压到新盆盆栽土中。这种方法常用于培育常春藤和喜林芋属的新植株。

空中压条法常用于大型桑科植物，如橡皮树，当然也可以用于其他植物，如龙血树属植物。通常在枝条下方不长叶的部位进行压条，若枝条有部分老叶，可将老叶剪去。

普通压条法

1.在母株周围放上几个花盆，装入适宜的盆栽土（含防腐剂）。

2.选择较长且长势较好的新枝，尽量不要和其他枝条纠结，方便压条。

用普通压条法就能成功培育攀援喜林芋（Philodendron scanden）的新植株。

3.将该枝条有“节”的部位埋在土中，并用金属丝固定。

4.压条生根后——通常4周左右开始抽新芽，此时可将压条从母株上剪下。将新生植株放到光照充足但无阳光直射的地方，浇水需特别小心，直到植物情况稳定、茁壮生长为止。

用空中压条法能培育这种橡皮树的新植株。

空中压条法

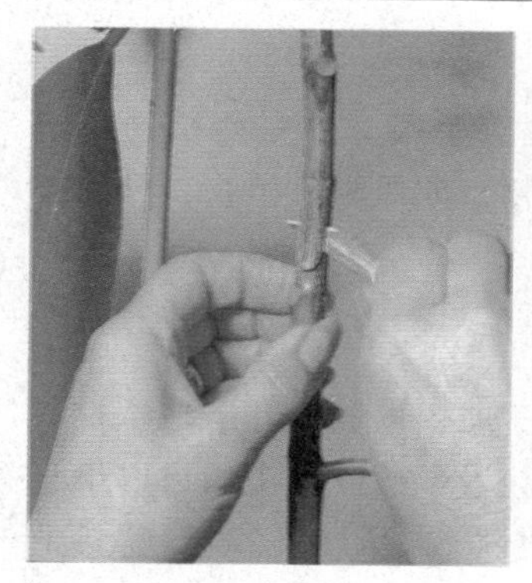

1.准备一个透明塑料套，用透明胶带固定在即将压条的位置下方。用锋利的小刀或刀片在靠近节的部位划一个长约2.5厘米的切口。确保切口深度不超过枝条直径的1/3，否则会导致主条断裂。

2.用小毛刷将适量植物生长素刷到切口处，在切口中填入一些泥炭藓块。

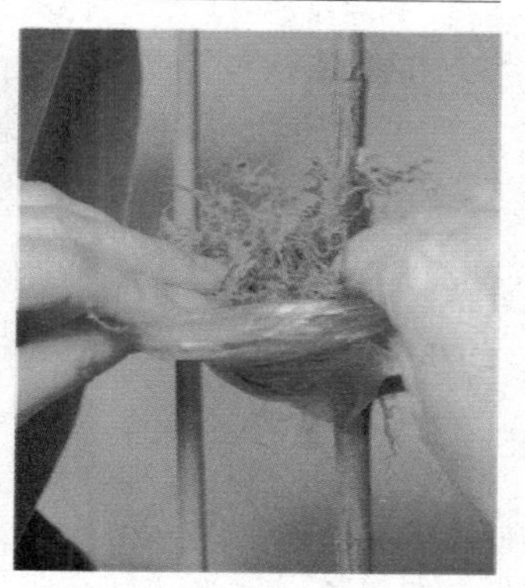

3.在切口处裹上更多泥炭藓块，卷起塑料套固定。

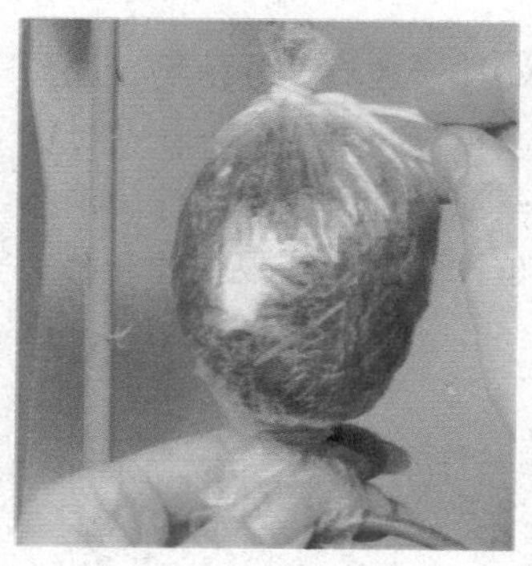

4.用透明胶带扎紧塑料套上方开口。

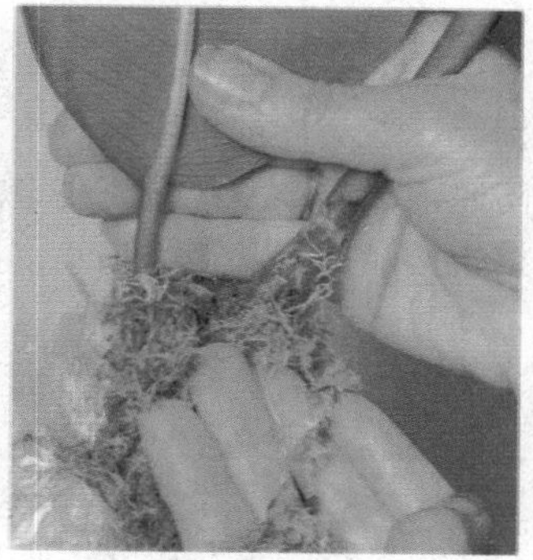

5.经常查看泥炭藓是否湿润，切口处是否已经生根。

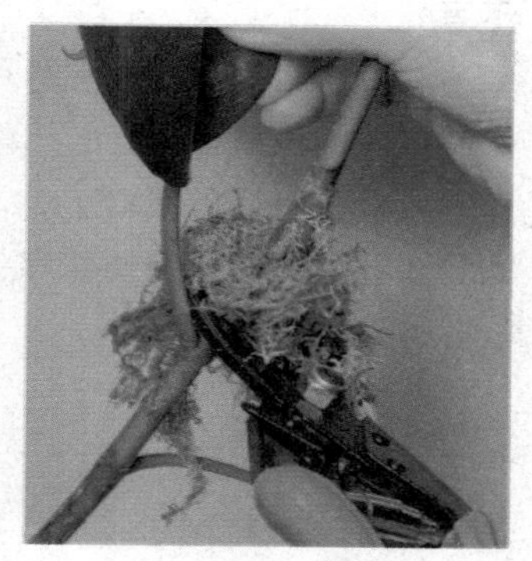

6.一旦可以透过塑料套明显看到新长出的植物根须，就可以从根须下方将枝条剪下并进行移栽。移栽时不要移除泥炭藓，只要稍微松动一下即可，因为此时植物根系还很娇嫩，泥炭藓最好多保留几周。

压条繁殖的应用

* 对于压条繁殖，其应用范围要次于种子繁殖与扦插繁殖，因为其费时繁殖效率较低。当无法用种子或扦插繁殖时，才使用压条繁殖。

压条繁殖主要应用于桂花、石榴、葡萄、梅、白兰、迎春花、樱花、玫瑰、连翘、蔷薇、八仙花、栀子花、紫檀、何首乌、茶花、薄荷、金雀花、桑、木瓜、仙丹花、吊钟、素方花、月橘、金橘、琼花、莲雾、玉兰、蔓荆子、含笑等。

利用侧枝和幼株繁殖

这种方法最为简单方便，而且不会损伤原来的植株。

少数植物可用叶子繁殖——叶子上萌生的幼株遇土就会生根。另一些植物的走茎上会长出幼株，摘下这些幼株就能培育新植株。很多植物，如凤梨科植物，母株旁边会长出莲座状的短枝，分离这些短枝就可以培育新植株。

幼株

叶子上会长出幼株的多浆植物最常见的有两种：大叶落地生根和棒叶落地生根。这些幼株长到一定程度通常会脱落，在母株旁的盆栽土中扎根生长。松土后可以小心地将幼株单独移栽到其他花盆中，也可以在幼株脱落前直接取下，轻轻插到盆栽土（含防腐剂）中。其他能在母株上萌芽的植物，如芽子孢铁角蕨，也能用同样的方法培育新植株。

千母草叶子基部会长出幼株。从母株上剪下一片这样的叶子，剪去幼株周围多余的叶片，埋入盆栽土中，但不能将整个植株埋入，否则可能造成植株死亡。

走茎

有些室内盆栽，如虎耳草，走茎上会长出发育不完全的幼株。还有一些植物，如吊兰，弯曲的枝条末端会长出幼株。这些幼株都可以用来培育新植株，方法如下：在母株周围放上装有插条栽培土（含防腐剂）的小型花盆，用金属丝或发卡将生有幼株的走茎固定在花盆中，确保幼株和栽培土接触良好。适当浇水，待植株长出足够根须并开始生长后，分离幼株和母株。

走茎

1.吊兰细长弯曲的枝条末端会长出幼株，可用这些幼株繁殖新的吊兰植株。

2.用金属丝将生有幼株的走茎固定在小型花盆中。

3.植株生根情况良好并茁壮生长后，可将幼株与母株分离。

侧枝

有些植物会长出侧枝，可分离新生侧枝单独种植——凤梨科植物通常通过这种方法进行繁殖。

多数附生的凤梨科植物（自然界中附生于树木或岩石上）开花后莲座状叶丛会枯死，枯死前叶子周围会长出大量侧枝。侧枝长到大小约为母株1/3时，就可以分离出来单独种植。分离时，有些侧枝可以直接用手掰开，较硬的可以用锋利的小刀分离。

菠萝等部分地面凤梨科植物，匍匐茎（短而与地面平行生长的茎）上会长出大量侧枝。可以从花盆中取出母株，在尽量不损伤母株的前提下剪下侧枝种植。

剪下的侧枝应立即移栽到花盆中，保证盆栽土湿润。将花盆放到光照充足但无阳光直射的地方，侧枝很快就会生根，之后只需像普通植株一样养护即可。

侧枝

1.凤梨科植物开花后，主花部位的叶子枯死前，周围会长出侧枝。侧枝高度长到母株1/3时就可以分离出来移栽到其他花盆中。

2.侧枝一般徒手就能分离，也可以使用小刀。

3.移栽侧枝。

4.将侧枝周围的土压实，放到温暖湿润的地方，避免阳光直射。

幼株

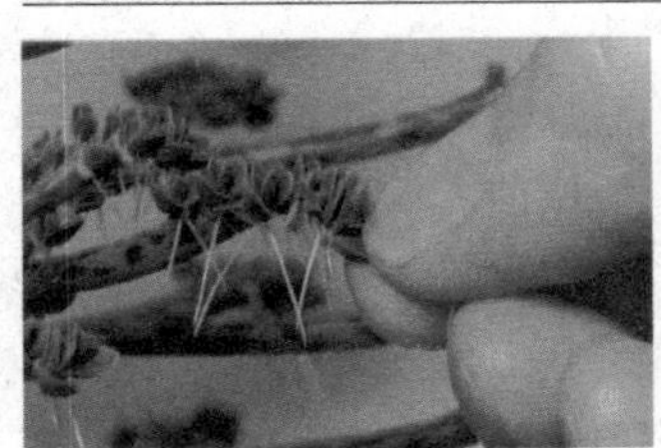

1.棒叶落地生根叶子基部会长大量幼株。轻轻取下这些幼株，避免碰伤根部。

2.将幼株种到排水良好的插条栽培土（含防腐剂）中，植株很快就会正常生长。

3.大叶落地生根叶子边缘会长出幼株。取下生有幼株的整片叶子，培育新植株的方法与棒叶落地生根相同。

4.成簇生长的植株较大后可单独移栽。

特殊的繁育技巧

特殊的繁育技巧包括茎扦插、叶芽扦插、仙人掌扦插和仙人掌嫁接。这几种繁育新植株的方法不常用，但对特定的植物却非常实用。

有些室内盆栽植物的茎又粗又直，如朱蕉属植物，龙血树属植物，以及花叶万年青属植物，可以通过茎扦插法繁殖。如果植物叶子大量脱落，枝条变得光秃秃的，就可以尝试这种繁殖方法。和压条法一样，此时最好是选用细长的茎梢。

空中压条不能繁育大量新植株，因此需要大面积繁殖时往往使用叶芽扦插。叶芽扦插还可用于单药花、龙血树属植物、麒麟叶属植物、龟背竹以及喜林芋属植物。

多数仙人掌科植物插条容易生根，扦插繁殖成功率很高。处理形状特殊的仙人掌以及这些仙人掌的针刺需要一些特殊技巧。

有的仙人掌科植物（如仙人掌）长有圆形扁平的茎，可以从分杈处将茎割下作为插条。首先将插条放置约48小时直至切口处干燥。然后将粗沙和泥炭土混合制成盆栽土，插入插条；待插条生根并开始生长后移入普通的盆栽土（含防腐剂）中。

柱状仙人掌，可以将顶部5～10厘米切下作为插条。和处理圆形扁平插条一样，扦插前需放置至切口处干燥。

昙花等茎扁平的仙人掌科植物，可以切下大约5厘米的茎作为插条，扦插前处理方法和其他仙人掌科植物相同。

茎扦插

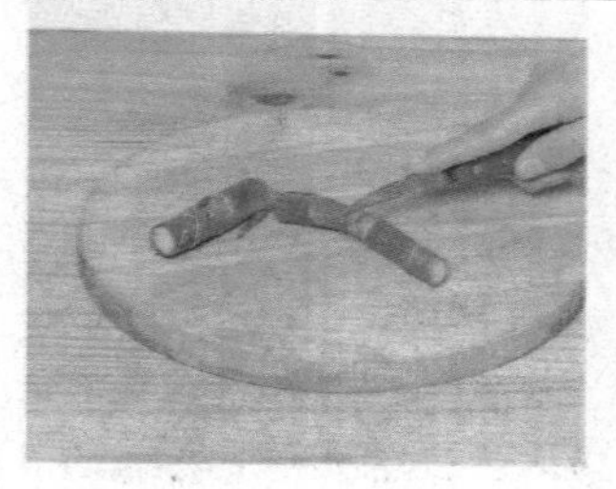

1.将较粗的茎切成长为5～7.5厘米的段，确保每段至少有一个节（两节之间长叶的部位）。

2.通常都是将插条平放于花盆中，也可将插条垂直扦插到盆栽土中，露出一半，确保叶芽朝上。

叶芽扦插

1.春季或夏季时选择新长的茎，将茎切成长为1～2.5厘米的段，每段留一张叶一个叶芽。

“流血的伤口”

* 部分多浆植物，如大戟属植物，割破时伤口处会流出乳状汁液。发生这种情况时，可以将插条切口浸入温水几秒钟，直至不再有汁液流出为止。母株切口处可以用湿布包裹一段时间。有些植物汁液具有刺激性，注意不要接近眼睛或皮肤，以免产生过敏反应。

处理带刺仙人掌的方法

* 取放仙人掌插条时往往需要轻拿轻放，可以戴一双较厚的手套，但大多情况下针刺还是会刺穿手套。可以将报纸折成宽度约为2厘米的厚条，在纸条两端留出富余量当作“手柄”，这样就能轻易拿取插条。除了报纸，也可以使用柔韧的纸板，注意纸板不能太硬，以免碰伤仙人掌的刺。

叶芽扦插

2.每段插条末端蘸取适量植物生长素，插入装有插条栽培土（含防腐剂）、高约7.5厘米的花盆中。

3.将叶子卷起用橡皮筋固定，这样既能减少叶面水分蒸发，又能节省空间。如果任由枝叶铺展的话，可将多个花盆放在一起，这样也能节省空间。

4.将花盆放在暖箱中，大约1个月后插条就会生根，此时可拿掉橡皮筋给新植株更多生长的空间。几周后将新植株移栽到普通盆栽土（含防腐剂）中。

仙人掌科植物扦插

1.仙人掌科植物扦插操作很简单，关键是选择大小合适的插条。

2.将插条放置48小时左右直至切口干燥。

3.如图所示，将插条插入盆栽土中，不需要使用植物生长素。

4.柱状仙人掌一般只有一根茎，不太可能分杈。通常可切下顶部5～10厘米的茎作为插条。扦插前放置约48小时直至切口处干燥。

5.长有扁平茎的仙人掌容易生根但不易取放，可以参考上文提到的处理带刺仙人掌的方法，取放其他带刺植物时也可用同样方法。

6.图中的两种插条分别取自柱状仙人掌（左边花盆）和长有扁平茎的仙人掌（右边花盆）。

繁育兰科植物

1.兰科植物成簇生长，需进行分株。可以分离外缘植株进行移植。有些兰科植物长有假鳞茎（不长叶的老鳞茎），可以移植假鳞茎培育新植株。

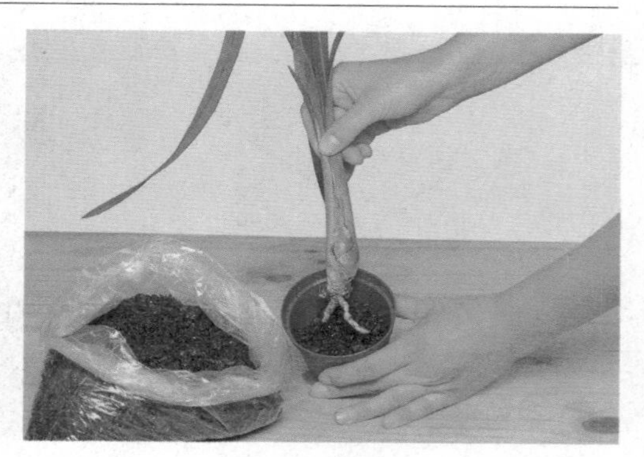

2.将分出的植株移栽到较大的花盆里，使用兰科植物专用盆栽土（含防腐剂）。移植假鳞茎的处理方法与此相同。

嫁接仙人掌

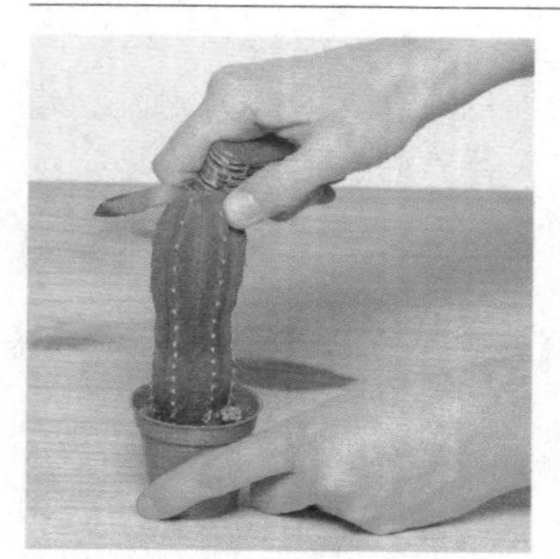

1.用锋利的小刀削去砧木①的顶部，形成一个平面。

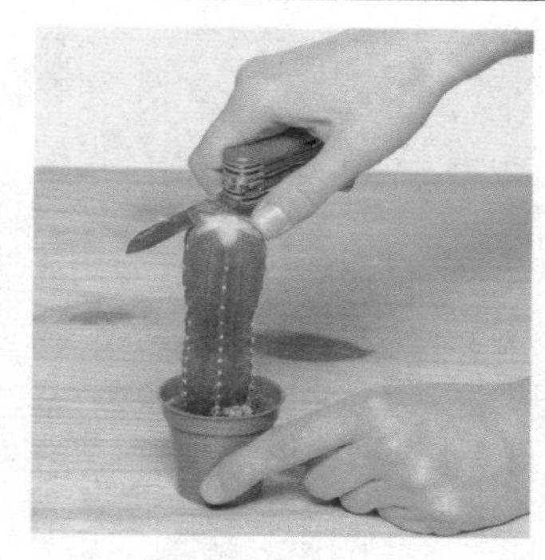

2.用小刀略微修整砧木边缘。

3.切下需嫁接的仙人掌，同样修整切口边缘。

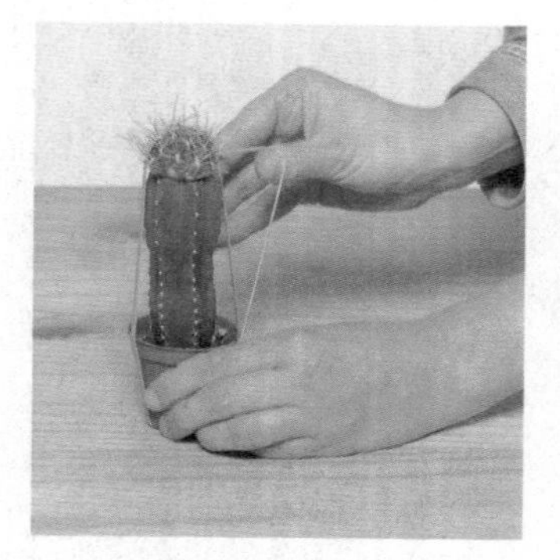

4.进行嫁接。用橡皮筋箍住嫁接好的仙人掌和花盆的底部进行固定。

5.贴上标签，放到温暖、光照充足的地方。嫁接部位长在一起后可去掉橡皮筋。

①植物嫁接时承受接穗的植株，如在酸枣上嫁接大枣，酸枣就是砧木。

1.选择较浅的花盆，装入含泥炭藓的盆栽土（泥炭土）。有时也可以在盆栽土上撒上一层薄薄的草木灰。轻轻将土壤压实、平整。

2.将孢子均匀撒入盆中。

3.用玻璃盖住花盆，放到盛有水（最好是雨水或软水）的托盘上。将花盆置于温暖昏暗的地方，确保盘内一直有水。

4.1个月左右，盆栽土表面会长出原叶体。此时一定要保持盆栽土湿润，不要拿掉玻璃。

5.两个月后，长出孢子体，就是平常见到的蕨类植株。此时可以拿掉玻璃，但仍需避免阳光直射。植株大小方便拿取时进行疏苗，将成簇植株移栽到育种盘中。

植株长到一定大小后，单独移植到合适的花盆中。

鸟巢蕨可用孢子繁殖和分株繁殖。

合栽好处多

插花是一门艺术，栽种植物也可以将插花艺术与栽种的快乐巧妙结合，合栽就是带给我们这种快乐的种植方式。合栽首先要选择一个足够大的花盆，既然是合栽，那么花盆中就不可能只栽种一种植物，因此花盆要足够大才可以。

一般来说，要选择比植株体积大两倍的花盆，这样合栽才不会影响植株的根系自如生长。选好花盆后，先用碎瓦片覆住容器底部的小孔，然后放入培养土。合栽植物要根据植株根部的大小，按照由大到小的顺序依次栽种，苗与苗之间要填满培养土，否则在浇灌的时候土壤会下沉。

合栽之前要了解清楚植物的形状、大小、颜色等特点，这样才能做成具有协调感的美丽合栽，还要根据植物的习性来选择生长环境相近的植物，这样能让植物生长得更好。

首先是决定一下主要的植物，再根据主要植物的特点来挑选能够突出其美感的辅助性植物。基本上，花朵大、草茎高，具有较强生存感的植物适合做主要植物，花朵相对较小、草茎较低的植物做辅助性植物。只有考虑草茎的高低，协调栽种，才会更具有立体感。以花卉为主要植物，以香草为辅助性植物是非常完美的搭配。另外，植物的颜色搭配也很重要，可根据主要植物的色彩来进行色彩搭配上的思考，例如，红与紫、红与橙等。

植物的生活习性主要是根据光照和水分而定的，大部分植物都是喜欢阳光的，因此对那些不喜欢光照的植物要多加关照。

合栽

清除杂草

杂草是非常聪明的、成功的植物，它们最大限度地利用着适宜它们的机会。有些植物，如蒲公英和朱草，有着修长饱满的根系，土壤中只要留有一小片，便能迅速生长。一些植物，如喇叭花，它皮革般坚韧的根系蛇行于土壤之中，缠绕的茎干生长迅速，能很快控制视野中的一切。

清除“长寿”的杂草
清除它们需要费点力气。用铁锹或泥铲恰当地掘入土中，尽可能多地刨出它们的根系。

喇叭花
这是一个着实令人讨厌的家伙，因为它能够从留在土壤中的微小根须中重新生长起来。它用缠绕的茎干攀爬，如同魔爪般令其他植物窒息。

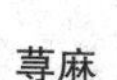

荨麻
有两种不同的类型：形态较小的品种只能存活较短时间，根系为白色；而较大的则可以存活数年，散布的茎干蔓延在土壤上，根系为黄色。小的品种可以戴手套轻松地拔出，而大的品种则需要一点耐心，来将长根和爬行的茎干全部铲除。

朱草
这种野草有着湛蓝的花朵，但在花床中它却是一个恃强凌弱的家伙，最终会独霸一方。它和蒲公英一样有着又粗又长的主根，所以较难挖出。

蒲公英
必须深挖才能把这个家伙掘出来，只要有一小团根块留在土壤中，它便能迅速繁衍。众所周知的“降落伞”就是一个种子头，会被吹散在风中。

酢浆草

有着美丽的花朵，但不要被它的外表迷惑，这是一种非常顽固的杂草。它从埋在地下的球茎中生发出来，所以球茎一定要完整地挖除，并小心地扔掉。不要把它们放在肥土堆上，否则它们会传播得更广。

苣荬菜

长在花床或菜床中，清除的最好办法就是锄掉或连根拔起。苣荬菜的种子很轻，还有绒毛，使得它们能够随风飘散。

清除“短命”的杂草

这类杂草大部分可徒手拔除，或者用锄头将根部铲断，留下上端自然枯萎死亡。这类杂草通过种子繁殖，所以要在开花前消灭它们。

山靛

这是一种子孙遍天下的杂草，轻松地拔除或者锄死就能使它们销声匿迹。

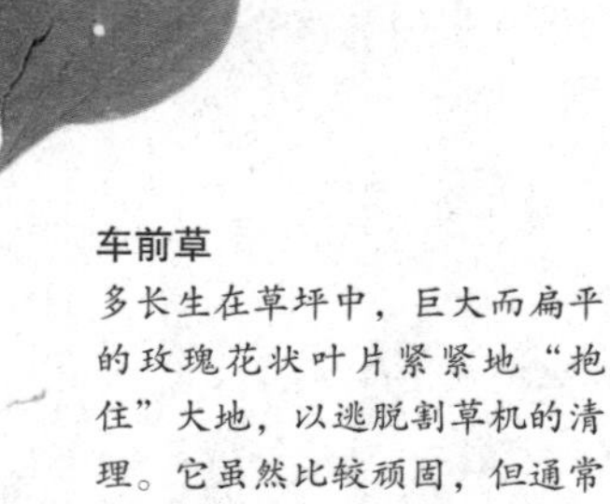

车前草

多长生在草坪中，巨大而扁平的玫瑰花状叶片紧紧地“抱住”大地，以逃脱割草机的清理。它虽然比较顽固，但通常徒手就可以拔除。

荠菜

一种生长迅速的小杂草，草籽三角形，潮湿的时候有黏性，经常蹭着靴子和农具四处旅行。每株每年能结出多达4 000颗种子，这些种子能在土壤中存活30年之久！

千里光

这是一种随处可见的植物，但它还算容易对付，一定要在结籽前把它们清理掉。

第三章 室内植物常见问题及解决办法

植物虫害

无论是刚开始种植室内盆栽的新手，还是经验丰富的人，甚至是专业人员，都不能保证所种的植物永远不发生虫害。蚜虫等害虫会给各种植物带来危害，有些害虫则更具针对性，是某些植物的大敌，或者在特定环境下才会侵害植物。一旦虫害发生，应该迅速采取有效措施消除虫害。

害虫大致可以分为三类。发现虫害时，如果不能马上识别是什么害虫，可以先根据以下内容判断害虫属于哪一类，再采取相应的措施除虫。

吸汁害虫

蚜虫是最常见也最令人头痛的害虫。它们通常多批轮番上阵侵害植物，因此成功消灭一批蚜虫后仍然不能放松警惕。

蚜虫等吸汁害虫，不仅对植物造成直接损害，还会影响植物将来的生长。植物花苞或芽苞受蚜虫之害，长出的花或叶会变形。蚜虫吸食叶脉中相当于植物“血液”的汁液时，可能会将病毒传染给其他植物。因此需要认真对付，最好在蚜虫大量繁殖前采取措施。

粉虱看上去像小飞蛾，一碰到就会扬起一阵粉尘。粉虱的蛹（幼虫）绿色偏白，形似鳞片，在孵化前转为黄色。

红蜘蛛不容易察觉，通常只能看到它们所结的精细的网，或者只能发现受害的植物叶子变黄、出现斑点。

蚜虫

蚜虫是最常见也最令人头痛的害虫，不过一经发现尽快采取行动很容易控制。

粉虱

粉虱看上去像白色的小飞蛾，搬动患病植物时常会扬起一阵粉尘。粉虱很小，但会逐渐影响植物生长，受感染植物的症状可见图中的菜豆属植物。

红蜘蛛

红蜘蛛甚小，要用放大镜才能看到，但是其危害不容小视。图中是生红蜘蛛的八角金盘，可见后果有多严重。

粉蚧

粉蚧行动迟缓，繁殖速度比蚜虫慢，却仍会影响植物生长，而且会造成大面积虫害。

防治方法：几乎所有用于室内盆栽的杀虫剂都能控制蚜虫，可以选择操作方便、药效时间合适的杀虫剂。也可以购买专杀蚜虫的杀虫剂，这种杀虫剂对益虫无害，因此不必担心会影响授粉昆虫或一些害虫天敌的生长。多数药性强的杀虫剂不适合在室内使用，可以将植物搬到室外喷洒。也可以经常使用药性较弱、药效较短的杀虫剂——这些杀虫剂常以除虫菊酯等天然杀虫物质为主要成分。

内吸式杀虫剂药效长达数周，在室内使用很方便，可以用水稀释后浇到盆栽土中，也可以装在渗漏器中插入盆栽土使用。

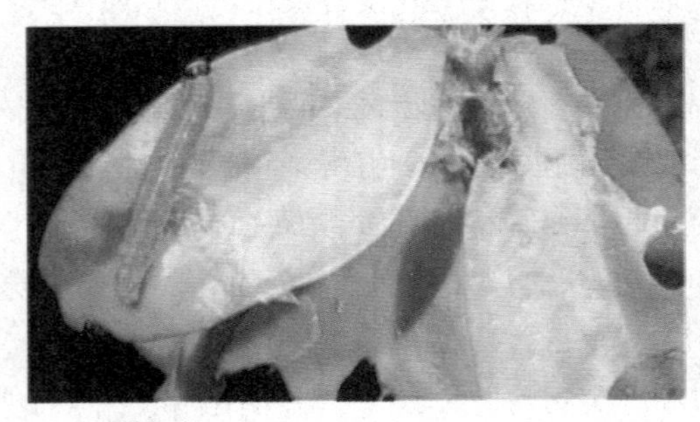

毛毛虫的危害

花园和室内的植物都可能长毛毛虫，图中的木麒麟属植物正受毛毛虫侵袭。

生物防治法

可以利用智利小植绥螨来控制红蜘蛛。如图所示，将寄生有捕食螨的叶片放到室内盆栽上。

内吸式杀虫剂

如图所示，特殊的渗漏器缓慢释放内吸式杀虫剂，供植物根部吸收，对付吸式害虫，药效可达数周。

蚜虫防治

将植物的叶子浸入水中，轻轻晃动，可防止蚜虫等害虫大量滋生。

线虫和象鼻虫幼虫

目前针对象鼻虫幼虫可以用微型寄生性线虫进行生物防治，将其与水混合后浇到盆栽土中。图中的仙客来正在用该法处理。

葡萄象牙虫幼虫

葡萄象牙虫幼虫啃噬植物根部，植物枯萎时才能被发现，因此很令人头痛。

粉虱等害虫需要重复使用普通的触杀式杀虫剂，千万不能使用一两次就觉得万事大吉了。

红蜘蛛不喜欢潮湿的环境，杀虫后可以经常给植物喷雾，这样既有助于植物生长，又能防止红蜘蛛再生。

粉蚧和其他较难杀灭的吸汁害虫，可以用棉签蘸取酒精，擦拭害虫感染的叶片表面。因为这类害虫具有能抵挡多数触杀式杀虫剂的蜡制外壳，而酒精能破坏这层外壳。除此以外，也可以使用能进入植物汁液的内吸式杀虫剂。

食叶害虫

一旦叶子出现虫洞，食叶害虫就暴露无遗了。食叶害虫体型普遍较大，容易看到，要控制也相对容易一些。

防治方法：毛毛虫、蛞蝓和蜗牛等较大的害虫，可以直接下手捉（若叶片受害严重则需剪掉整张叶片），因此室内种植时无需使用杀虫剂，温室里可以使用毒饵（家中有宠物的话用花盆碎片盖住毒饵，防止宠物误食）诱杀这些害虫。

蠼螋等晚上才出来觅食的害虫较难处理，可以使用专门的家用杀虫粉末或喷雾，在植物周围喷撒。

根部害虫

啃食根部的害虫很可能要到植物枯死时才会被察觉，但那时为时已晚，这就是此类害虫最令人头痛的地方。某些蚜虫及象鼻虫等害虫的幼虫，都属于这一类。植物出现病态，如果能排除浇水不当的原因，而且植物地上部分也没有发现害虫，就基本可以确定是根部害虫在作祟。这时，可以将植物取出花盆，抖落盆栽土，查看植物根部。若有虫卵或害虫，这可能就是引起上述情况的原因；若无害虫但根稀少或出现腐烂现象，则植物很可能感染了真菌。

防治方法：取出植物抖动根部进行检查，若有害虫，重新移植前先将根部浸到溶有杀虫剂的溶液中，杀灭害虫，然后用溶有杀虫剂的溶液将盆栽土浇透，预防害虫卷土重来。

植物病害

病害会影响植物外观，甚至可能导致植物死亡，因此必须认真对待。植物感染真菌，只摘除受感染叶片不能有效控制病情，最好尽快施用杀菌剂。植物感染病毒，最好将植株扔掉，以免病毒扩散，感染其他植物。

有时，不同真菌感染表现出的症状非常相似，很难准确判断，但这并不妨碍控制真菌感染，因为用于控制常见病症的杀菌剂几乎对所有真菌感染都能起作用。当然，不同的杀菌剂对不同病害的效果也有差异。使用前需仔细阅读标签上的使用说明，确定这种杀菌剂对哪一种病害最有效。

叶面斑点
各种真菌感染可能导致叶片出现斑点。只有少数叶片感染的话，只需摘除受感染的叶片，并给植物喷洒杀菌剂即可。

叶面斑点

各种不同的真菌和细菌都能导致植物叶面出现斑点。如果受感染的叶片表面出现黑色小斑点，可能是感染了结有孢子的真菌，此时可以使用杀菌剂。如果叶面未出现黑色小斑点，可能是细菌感染，使用杀菌剂也会有些效果。

防治方法：剪除受感染的叶片，用溶有内吸式杀菌剂的水喷洒植物，天气好的话可增强通风。

腐根

健康的植物突然枯萎很可能是由根部腐烂引起的，主要表现为：叶片卷曲、变黄变黑，然后整株植物枯萎。腐根一般是浇水过多导致的。

由真菌引起的病害
葡萄孢菌通常长在已死亡或受损的植物上，也可能是由通风不足引起的。

防治方法：根部腐烂通常没有挽救措施。不过情况不太严重的话，尽量降低盆栽土湿度或许可以控制病情。

烟霉病

烟霉病通常发生在叶片背面，有时也会长在叶片正面，看上去像成片的炭灰，对植物健康不会有直接危害，但会影响植物外观。

防治方法：烟霉以蚜虫和粉虱分泌的“蜜露”（排泄物）为食，只要消除这些害虫断绝烟霉的食物来源，烟霉自然就会消失。

烟霉

烟霉属于真菌，以蚜虫和其他吸汁害虫分泌的含糖排泄物为食。烟霉病对植物危害不大，但会影响植物外观。只要将上述害虫消除，烟霉病自然就会消失。

霉病

室内盆栽植物可能感染的霉病有很多种，秋海棠属植物最易感染霉病。一旦植株病情严重，就很难采取措施控制。杀菌剂可以用于早期防治。

霉病

植物霉病分为很多种，最常见的是粉状霉病。病症为叶片上出现白色粉状积垢，好像撒了一层面粉。开始时霉菌只感染一两块区域，但会逐渐蔓延开来，很快就能感染整株植物。秋海棠属植物最易感染霉病。

防治方法：尽早摘除受感染的叶片，使用真菌抑制剂防止病情扩散。增强通风，降低植物周围的空气湿度——直到病情得到基本控制为止。

病毒感染

植物感染病毒的主要症状有：生长停滞或变形，观叶植物的叶片或观花植物的花瓣上会出现异常的污斑。病毒可以通过蚜虫等吸汁害虫传播，也可以经未消毒的剪切插条的小刀携带传播。

目前并无有效措施控制植物病毒感染，除了需要病毒形成斑叶的部分斑叶植物，其他植物一旦感染，最好将植株扔掉，以免感染其他植物。

杀菌剂的使用方法

需要使用杀菌剂的话，可以选择室外植物专用的药剂，加水稀释后，喷洒受害植物。

长势不良

在植物的生长过程中，并非所有问题都是由病虫害引起的，有时低温、冷风或营养不良等原因也会导致植物出现问题。

只有仔细检查才能发现导致植物长势不良的真正原因。以下所列举的一些常见问题有助于你在某种程度上确定主要原因，不过需要特别留心其他可能的原因，如是否移动过植物，浇水是否适量，温度是否适宜，利用供暖设备调高温度的同时是否注意增加湿度并增强通风。分析各种可能因素，锁定直接原因，并采取相应措施避免以后出现同样的问题。

植物缺乏打理

图中的植物很明显缺乏打理，而且营养不良。

温度

多数室内盆栽能抵抗霜冻温度（0℃）以上的低温，但却不能适应温度骤变或冷风。

低温可引起植物落叶。冷天没有及时移回室内，或在搬运途中受冻的植物，通常都会出现这种现象。叶片皱缩或变得透明，植物可能冻伤很严重。

冬季温度过高也不好，可能会导致大叶黄杨等耐寒植物落叶或引起未成熟的浆果脱落。

光照

有些植物需要强度较高的光照，光照不足，叶子和花柄就会因向光生长而偏向一边，而且植物茎干会变得细长。这种情况发生时，如果无法提供充足的光照，可以每天将花盆旋转45度（可在花盆上标记接受光照的部位），以便植物各个部位都可以接受充足的光照。

充足的光照有利于植物生长，但阳光直接和透过玻璃照射植物却会灼伤叶子——灼伤部位会变黄变薄。雕花玻璃像凸透镜一样具有聚光作用，灼伤更为严重。

浇水过多的影响

植物下部叶子变黄通常是由浇水过多引起的，冬季低温也可能导致这一现象的发生。

日照引起的叶子灼伤

有些植物不适应强光，透过玻璃加强的阳光很可能会灼伤叶子。

湿度

干燥的空气可能导致娇嫩的植物叶尖泛黄，叶片变薄。

气雾剂引起的叶子灼伤

气雾剂可能导致叶子灼伤（室内盆栽专用杀虫剂使用不当也会导致这样的情况）。图中的花叶万年青属植物使用气雾杀虫剂时距离太近，以致叶片灼伤，大量脱落。

空气干燥的影响

干燥的空气会影响多数蕨类植物的生长。图中的铁线蕨表现出环境干燥的症状。

浇水

浇水不当会导致植物枯萎，这包括两种情况：若盆栽土摸起来很干，可能是缺水引起的；若盆栽土潮湿，花盆托盘中仍有水，则可能是浇水过多引起的。

施肥

植物缺肥可能导致叶片短小皱缩、缺乏生机，液体肥料可迅速解决这一问题。柑橘属和杜鹃属等植物种在碱性盆栽土中，会出现缺铁现象（叶子泛黄），用含有铁离子的螯合剂（多价螯合）施肥，移植时使用欧石南属植物专用盆栽土（尤其是专为不喜欢石灰的植物设计的盆栽土），可以大大缓解这一症状。

植物缺水

图中的山牵牛属植物表现出典型的缺水症状。若盆栽土干燥，就更能证明植物缺水。此时可将花盆浸在盛有水的盆中，持续几小时，直到盆栽土完全湿润为止。泥炭土干透后容易板结，很难浇透，在水中加入几滴温和的洗涤剂有助于泥炭土恢复吸水的功能。

花蕾脱落

根部干燥、浇水过多或刚长出花蕾就移动植物都有可能引起花蕾脱落。

花蕾脱落

花蕾脱落通常是由盆栽土或空气干燥引起的，花蕾刚形成时，挪动或晃动植物也会出现这一现象。如蟹爪兰，花蕾形成后挪动植株，由于不适应，很容易导致花蕾大量脱落。

枯萎现象

一旦植物出现枯萎或倒伏的情况，首先应找出原因，然后尽快急救让植物恢复正常。

植物出现枯萎或倒伏现象属于比较严重的问题，不注意的话，植物很可能会死亡。植物枯萎的原因通常有三个：

（1）浇水过多；

（2）缺水；

（3）根部病虫害。

前两种原因导致的枯萎通常很容易判断：若盆栽土又硬又干，可能是缺水；若托盆中还有水，或盆栽土中有水渗出，很可能是浇水过多。

若不是这两种原因，可以检查植物基部。若茎呈黑色且已腐烂，很可能是感染了真菌，这种情况下，最好将植物扔掉。

若上述原因都不是，可以将植物取出花盆，抖落根部盆栽土，若根部松软呈黑色，且已腐烂的话，可能是根部发生了病害。另外查看根部是否有虫卵或害虫，某些甲虫的幼虫，如象鼻虫，也可能引起植物枯萎。

根部病虫害的急救

根部腐烂严重的话很难恢复原状，不过可以用稀释后的杀菌剂浇透盆栽土，数小时后用吸水纸吸去多余水分。若根系受损严重，尽量去除原来的盆栽土，使用经消毒的新盆栽土，移植植物。

某些根部害虫，用杀虫剂浸泡盆栽土就可以消灭，但深红色的象鼻虫幼虫和其他一些难缠的根部害虫很难控制。这种情况下，可以抖动植物根部，撒上粉末杀虫剂，然后将植物移植到经消毒的新盆栽土中。

干枯植物的急救措施

1.如果植物叶子像图中一样打卷儿，很可能是由盆栽土过于干燥引起的。最好先摸一摸盆栽土，因为浇水过多也会引起叶子卷曲。

2.若确定是由缺水引起的，可将花盆浸在盛有水的容器中，直到水中不再冒气泡为止。

3.几小时后植物才能恢复正常。经常给植物喷水雾能加速枯萎植物复原。

4.植物恢复正常后，从水盆中取出，在阴凉处至少放置一天。

病害不严重的话，移植后只要植物重新生长，就能存活。

浇水过多植物的急救

1.先将植物取出花盆。若不易取出，可捏住植物靠近根部的地方，将花盆倒置，轻轻敲打花盆壁。

2.在根团上包上几层吸水纸，吸收盆栽土中多余水分。

3.包上更多吸水纸，将植物放在较为暖和的位置。若仍有水渗出，定期更换吸水纸。

植物枯萎的其他原因

其他原因也可能引起植物枯萎：

* 夜晚的低温，尤其是冬季夜晚的低温，可能引起植物枯萎。昼夜温差较大的话更容易出现这一现象。
* 透过窗玻璃直射的灼人强光会导致很多植物枯萎。这种情况发生时，将植物搬到阴凉处通常就能恢复正常。
* 空气干热也会引起某些植物枯萎，如娇嫩的蕨类植物。

4.直到盆栽土湿度合适，才能将植物移植到花盆中，一周后再适当浇水。

第四章 花草的季节养护

春季植物养护要点

春季换盆注意事项

盆栽植物如果栽后长期不换土、不换盆，就会导致根系拥塞盘结在一起，使土中营养缺乏，土壤性质变坏，造成植株生长衰弱，叶色泛黄，不开花或很少开花，不结果或少结果。

如何做好春节盆花的换盆工作呢？首先要掌握好换盆的时间。怎样判断盆花是否需要换盆呢？

一般地说，盆底排水孔有许多幼根伸出，说明盆内根系已很拥挤，到了该换盆的时间了。

为了准确起见，可将花株从盆内磕出，如果土坨表面缠满了细根，盘根错节地相互交织成毛毡状，则表示需要换盆；若为幼株，根系逐渐布满盆内，需换入较原盆大一号的盆，以便增加新的培养土，扩大营养面积；如果植物植株已成形，只是因栽培时间过久，养分缺乏，土质变劣，需要更新土壤的，添加新的培养土后，一般仍可栽在原盆中，也可视情况栽入较大的盆内。

上盆、换盆、移植

这三个术语常常混用，其实所指不同：

* 上盆指首次将幼苗或插条种到花盆中。

* 换盆指连同盆栽土移植植物。

* 移植指将植物移植到与原来大小相同的花盆中，并更换盆栽土。植物不适合移植到较大花盆中才采用该方法。

大量根须伸出花盆底部（如左图）说明必须将植物移植到更大的花盆中。如果大量根须沿着花盆内壁生长（如右图）也必须将植物移植到更大的花盆中。

盆套盆法

1.若使用瓦盆，可事先按照传统做法处理花盆。若使用塑料花盆并打算在盆底铺设毛细注水衬垫，则需注意不要盖住排水孔。

2.在底部铺上一层潮湿的盆栽土，嵌入旧花盆（或与旧花盆大小相同的空盆），在两盆之间的空隙中填入盆栽土，填至离新花盆顶部约1厘米处。

3.将填入的盆栽土压实，保证取出旧花盆后，盆栽土中央能形成与旧花盆轮廓相同的完整空间。

4.取出旧花盆，接着将需移植的植物连同盆栽土一起取出，放到新花盆中央的空间内。用手指轻轻按压植物根部周围的土壤，充分浇水。

更换表层土

* 有些植物种在直径为25~30厘米的大型花盆中，移植较为困难。可以用叉子松动表层盆栽土，将这些盆栽土除去，填入新的盆栽土。经常这样做，可以保证盆栽土营养充足，植物可在同一个花盆中种植数年而不需要移植。

传统方法

1.若使用瓦盆，准备比旧盆大一两个型号的新花盆，用陶片或小块树皮盖住排水孔。

2.移植前给植物浇透水。捏住植物靠近根部的位置，轻轻地左右晃动，或将花盆倒置，轻轻敲打花盆壁，即可将植物连同盆栽土一起取出。

3.在新盆底部铺上一层盆栽土，保证植物放入后高度合适。

左图：4.一边转动花盆，一边在周围空隙中填入更多盆栽土。最好使用与旧盆中相同的盆栽土。

右图：5.用手指轻轻按实盆栽土，确保盆栽土距离花盆边沿1~2.5厘米，保证留有浇水的空间，然后充分浇水。

盆栽植物换盆的两种最常用方法。

多数植物宜在休眠期和新芽萌动之前的 3 ~ 4 月间换盆为好，早春开花者，以在花后换盆为宜，至于换盆次数则依植物生长习性而定。

许多一年、二年生植物，由于生长迅速，一般在其生长过程中需要换 2 ~ 3 次盆，最后一次换盆称为定植。

多数宿根植物宜每年换盆、换土一次；生长较快的木本植物也宜每年换盆 1 次，如扶桑、月季、一品红等；而生长较慢的木本植物和多年生草花，可 2 ~ 3 年换 1 次盆，如山茶、杜鹃、梅花、桂花、兰花等。换盆前 1 ~ 2 天不要浇水，以便使盆土与盆壁脱离。

换盆时将植株从盆内磕出（注意尽量不使土坨散开），用花铲去掉花苗周围约 50% 的旧土，剪除枯根、腐烂根、病虫根和少量卷曲根。

栽植前先将盆底排水孔盖上双层塑料窗纱或两块碎瓦片，既利于排水透气，又可防止害虫钻入。上面再放一层 3 ~ 5 厘米厚的破碎成颗粒状的炉灰渣或粗沙，以利排水。然后施入基肥，其上再放一层新的培养土，随即将带土坨的花株置于盆的中央，慢慢填入新的培养土，边填土边用细竹签将盆土反复插实（注意不能伤根），栽植深浅以维持在原来埋土的根茎处为宜。土面到盆沿留有 2 ~ 3 厘米距离，以利日后浇水、施肥和松土。

春初乍暖，晚几天再搬花

初春季节，天气乍暖还寒，气候多变，此时如将刚刚苏醒而萌芽展叶的植物，或是正处于孕蕾期，或正在挂果的原产热带或亚热带的植物搬到室外养护，遇到晚霜或寒流侵袭极易受冻害，轻者嫩芽、嫩叶、嫩梢被寒风吹焦或受冻伤；重者突然大量落叶，整株死亡。

所以，盆花春季出室宜稍迟些，宜缓不宜急。正常年份，黄河以南和长江中、下游地区，盆花出室时间一般以清明至谷雨间为宜；黄河以北地区，盆花出室时间一般以谷雨到立夏之间为宜。

对于原产北方的植物可于谷雨前后陆续出室。对于原产南方的植物以立夏前后出室较为安全。根据植物的抗寒能力大小选择出室时间，如抗寒能力强的迎春、梅花、蜡梅、月季、木瓜等，可于昼夜平均气温达 15℃时出室；抗寒力较弱的米兰、茉莉、桂花、白兰、含笑、扶桑、叶子花、金橘、代代、仙人球、蟹爪兰、令箭荷花等，应在室外气温达到 18℃以上时再出室比较好。

盆花出室需要一个适应外界环境的过程。在室内越冬的盆花已习惯了室温较为稳定的环境，不能春天一到，就骤然出室，更不能一出室就全天放在室外，否则容易受到低温或干旱风等的危害。

一般应在出室前 10 天左右采取开窗通风的方法，使之逐渐适应外界气温。也可以上午出室，下午进室；阴天出室，风天不出室。出室后放在避风向阳的地方，每天中午前后用清水喷洗一次枝叶，并保持盆土湿润，切忌浇水过多。遇到恶劣天气应及时进行室内养护。

浇花：不干不要浇，浇则浇透

早春浇水也要注意适量，不可一下子浇得过多。这是因为早春许多植物刚刚复苏，开始萌芽展叶，需水量不多，再加上此时气温不高，蒸发量少，因此宜少浇水。

如果早春浇水过多，盆土长期潮湿，就会导致土中缺氧，易引起烂根、落叶、落花、落果，严重的会造成整株死亡。

晚春气温较高，阳光较强，蒸发量较大，浇水宜勤，水量也要增多。

总之，春季给盆花浇水次数和浇水量要掌握“不干不浇，浇则浇透”的原则，切忌盆内积水。

春季浇水时间宜在午前进行，每次浇水后都要及时松土，使盆土通气良好。

部分地区，春季气候干燥、常刮干旱风，所以要经常向叶上喷水，宜增加空气的湿度。

施肥：两字关键“薄”“淡”

植物在室内经过漫长的越冬生活，生长势减弱，刚萌发的新芽、嫩叶、嫩枝或是幼苗，根系均较娇嫩，如果此时施浓肥或生肥，极易使植物受到肥害，“烧死”嫩芽枝梢，因此早春给植物施肥应掌握“薄”“淡”的原则。

早春应施充分腐熟的稀薄饼肥水，因为这类肥料肥效较持久，且可改良土壤。

施肥次数要由少到多，一般以每隔 10 ~ 15 天施 1 次为宜，春季施肥时间宜在晴天傍晚进行。

施肥时要注意以下几点：

（1）施肥前 1 ~ 2 天不要浇水，使盆土略干燥，以利肥效吸收。

（2）施肥前先松土，以利肥液下渗。

（3）肥液要顺盆沿施下，避免沾污枝叶以及根茎，否则易造成肥害。

（4）施肥后次日上午要及时浇水，并适时松土，使盆土通气良好，以利根系发育。

对刚出苗的幼小植株或新上盆、换盆、根系尚未恢复以及根系发育不好的病株，此时不应施肥。

春季修剪，七分靠管

“七分靠管、三分靠剪”，是老花匠的经验之谈，说明了修剪的重要性。修剪一年四季都要进行，但各季应有所侧重。

春季修剪的重点是根据不同种类植物的生长特性进行剪枝、剪根、摘心及摘叶等工作。对一年生枝条上开花的月季、扶桑、一品红等可于早春进行重剪，剪去枯枝、病虫枝以及影响通风透光的过密枝条，对保留的枝条一般只保留枝条基部 2 ~ 3 个芽进行短截。

例如早春要对一品红老枝的枝干进行重剪，每个侧枝基部只留 2 ~ 3 个芽，将上部枝条全部剪去，以促其萌发新的枝条。

修剪时要注意将剪口芽留在外侧，这样萌发新枝后树冠丰满，开花繁茂。对二年生枝条上开花的杜鹃、山茶、栀子等，不能过分修剪，以轻度修剪为宜，通常只剪去病残枝、过密枝即可，以免影响日后开花。

在给植物修剪时，如何把握植物修剪的轻重呢?

一般地讲，凡生长迅速、枝条再生能力强的种类应重剪，生长缓慢、枝条再生能力弱的种类要轻剪，或只疏剪过密枝和病弱残枝。

对观果类花木，如金橘、四季橘、代代等，修剪时要注意保留其结果枝，并使坐果位置分布均匀。

对于许多草本植物，如秋海棠、彩叶草、矮牵牛等，长到一定高度，将其嫩梢顶部摘除，促使其萌发侧枝，以利株形矮壮，多开花。

茉莉在剪枝、换盆之前，将摘除老叶，以利促发新枝、新叶，增加开花数目。另外，早春换盆时应将多余的和卷缩的根适当进行疏剪，以便须根生长发育。

立春后的植物养护

每年立春过后，雨水将至，在这段时间里，许多花木经过严冬休眠，有的在萌动，有的在返青，有的渐渐长出嫩芽。而到清明之前的这一时段里，又是冬春之交，气候冷暖多变，因此，这时养好各种盆花，对其今后生长开花关系很大。

对畏寒喜暖的花木，应做好防寒保暖工作，如米兰、九里香、茉莉、木本夜来香、含笑、铁树、棕竹、橡皮树、昙花、令箭荷花、仙人球及众多热带观叶植物，它们多数还处在休眠时期，要继续防寒保暖。翻盆可在清明以后进行，否则有被冻坏的危险。

对正在开花或尚处在半休眠状态的盆花，如茶花、梅花、春兰、君子兰、迎春、金橘、杜鹃、吊兰、文竹、四季海棠等，应区别对待。

正在开花或处于赏果时期的花木，可待花谢果落之后翻盆换土。其他处于半休眠状态的盆花可到 3 月底前再翻盆，此时只需一般的养护即可。

对御寒能力较强、已开始萌动的花木，如五针松、罗汉松、真柏等松柏类盆景和六月雪、石榴、月季等花木，如果已栽种二三年，盆已过小，此时可开始翻盆换土。

用土上除五针松、真柏等需要一定数量的山泥外，其他均可用疏松肥沃的腐殖土。结合翻盆还可修去一部分长枝、病枝和枯根等，以利于植物保持较好的株形。

春季植物常见病虫害

春季是植物病虫害的高发期。这也是养花人最为焦虑的季节。在春天不少植物都可能受到蚜虫危害，最常受此伤害的植物有扶桑、月季、金银花等。而且，这种病虫害非常适应春季的气候，它会随着温度的逐渐回暖而日益增多。不少养花人都会发现自己的植物受到损害，而且会持续相当长一段时间。这时，可以考虑喷洒 40% 的氧化乐果或 50% 的亚胺硫磷，兑水 1200 ~ 1500 倍杀虫。还可以使用中性洗衣粉加入 70 ~ 100 倍水喷洒到植物上。

在仲春时节，茉莉、文竹、大丽花等这些植物还可能会受到红蜘蛛的危害。尤其是从 4 月上旬开始红蜘蛛活动开始活跃，为了防治红蜘蛛，要多给植物搞清洁卫生，多用清水冲洗叶子的正、背面或者喷一些面糊水，过 1 ~ 2 天再用清水冲洗掉。

白玉兰、月季、黄杨、海桐等植物在春季很容易受到介壳虫危害。这就需要养花人仔细观察，看植物是否有虫卵，可喷洒 40% 的氧化乐果，兑水 1000 ~ 1500 倍进行防治。

春天气温逐步升高，如果气温已经达到 20℃以上，并且土壤湿度较大时，一些新播种的或去年秋季播种的植物及一些容易烂根的植物，极容易发生立枯病。这时可以在植物播种前，在土壤中拌入 70% 的五氯硝基苯。另外，小苗幼嫩期要控制浇水，防止土壤过湿。对于初发病的植物，可以浇灌 1% 的硫酸亚铁或 200 ~ 400 倍 50% 的代森铵液，按每平方米浇灌 2 ~ 4 千克药水的比例酌情浇灌盆花。

在春季，淅沥沥的小雨会给人滋润的感受，但也会引发养花人的担忧。因为春季雨后容易发生玫瑰锈病，为了防治这种病，养花人要注意观察及时将玫瑰花上的黄色病芽摘掉烧毁，消灭传染病源。如果发现植物染病，可在发病初期用 15% 的粉锈宁 700 ~ 1000 倍液进行喷杀。

清明节时管养盆花的方法

每年清明时节，天气逐步变暖，许多花木进入正常生长期，家庭养护盆花又将进入一个花事繁忙的季节。

对一些原先放在室内过冬的喜暖畏寒盆花，随着天气转暖，可放到室外去养护，但在移出室外时，仍需注意“逐步”二字。如白天先打开窗户数天，或先放到室外 1 ~ 2 个小时，逐日延长放置室外的时间，使其逐步适应外界的自然环境，一星期后就可完全放在室外了。

同时，需翻盆换土的植物，此时可以进行。不翻盆换土的植物，可进行整枝、修剪、松土，并追肥 1 ~ 2 次，以氮肥为主，可为枝叶提供生长所需的营养。

对耐寒盆花，有的已萌发新芽，有的已长出枝叶，有的将进入生长旺期。对上述不同生长阶段的盆花，有的可进行一次整枝修剪，去除枯枝残叶，使之美观；有的可通过松土，追施肥料 1 ~ 2 次（每 10 天左右施 1 次）；有的仍可继续翻盆换土，但要注意去除少量旧土与老根，不能损伤嫩根。

对茶花、杜鹃花、蜡梅、君子兰等名贵花木，花已谢的植物，除君子兰外，都应放到室外去养护，并同时注意适当追施肥料。在施肥时，要宁淡勿浓，且应按盆花大小和生长状况而定，尤其在施肥时要注意浓度，以防肥害。对各类杜鹃花，均应待花谢后再施肥。

还有，对橡皮树、铁树、棕竹等畏寒观叶植物，也可逐步出室，管养方法与米兰等同。但是，对一些热带观叶植物，如散尾葵、发财树、巴西木、绿萝以及其他各种花叶万年青等，为了安全起见，宜在平均温度达 15℃以上时出室。

春季养花疑问小结

谚语“春分栽牡丹，到老不开花”有道理吗

牡丹是深受国人喜爱的观赏花卉。牡丹的繁殖方法主要有播种法、分株法、嫁接法和压条法。通常多用分株法繁殖，优点是第二年就能开花，新株的寿命也长。

牡丹分株后保证生长良好的关键是掌握好分株的时间。牡丹不能像大多数植物那样在春季分株。因为春季气温逐渐上升，牡丹萌动、生长很快，在不到两个月的时间内，就要长成新梢并孕蕾、开花，在这一阶段需要消耗大量的水分和养分，而根系因分株受到的损伤还未恢复，不能充分供应茎叶生长所需的养分和水分，只能消耗根内原来储存的营养物质。这样一来，反而减缓了根部损伤的恢复。所以，根系和茎叶都会生长衰弱，不仅不能开花，甚至无法成活，所以“春分栽牡丹，到老不开花”这句话说得很有道理。

牡丹宜在秋季分株，因为牡丹的地上部分生长迟缓，消耗养分较少，有利于根部损伤的恢复，能在上冻前长出多数新根。到第二年春季，新株就能旺盛地生长。分株的最佳时间为 9 月上旬至 10 月上旬，准确地说，应该在秋分前后。

哪些植物宜在春季繁殖

一般植物均适宜在春季进行播种、分株、扦插、压条、嫁接等。

（1）草本盆花。如文竹、秋海棠、大岩桐、报春花等，多于早春在室内盆播育苗；一年生草花，如凤仙花、翠菊、一串红、五色椒、鸡冠花、紫茉莉、虞美人等，可于清明前后盆播，也可在庭院种植。

（2）球根植物。如大丽花、唐菖蒲、晚香玉、美人蕉、百合、石蒜等一般均用分球法繁殖，在有霜的地区，宜在晚霜过后栽植。

（3）某些株丛很密而根际萌蘖又较多者，或具有匍匐枝、地下茎的种类，如玉簪、鸢尾、文殊兰、珠兰、丝兰、龙舌兰、君子兰、万年青、荷包牡丹、马蹄莲、天门冬、木兰、石榴、文竹、吊兰等均可在早春进行分株繁殖。

（4）大多数盆花，在早春可剪取健壮的枝或茎（如扶桑、月季、茉莉、梅花、石榴、洋绣球、菊花、倒挂金钟、金莲花、天竺葵、龟背竹、变叶木、龙吐珠、五色梅、樱花、迎春、仙人掌、贴梗海棠、丁香、凌霄等）、根（如宿根福禄考、秋牡丹、芍药、锦鸡儿、紫薇、紫藤、文冠果、海棠等）、叶（如蟆叶秋海棠、虎尾兰、大岩桐等）进行扦插繁殖。

（5）有些植物如蜡梅、碧桃、西府海棠、桂花、蔷薇、玉兰等，可用枝接法进行繁殖。枝接一般宜在早春树液刚开始流动、发芽前进行。

（6）枝条较软的花木，如夹竹桃、桂花、八仙花、南天竹等，可采用曲枝压条法。

枝条不易弯曲的花木，如白兰、含笑、茶花、杜鹃、广玉兰等则可用高枝压条法进行繁殖。

春节过后，如何管理盆栽金橘

春季期间，摆放几盆金橘在家里，喜庆祥和的气氛一下子就变浓了。那么，要想让金橘一直美丽喜人需要采取怎样的管理措施呢？

（1）疏果剪枝。为避免植株过多地消耗养分，应及时将果实摘去，并进行整枝修剪，剪去枯枝、病弱枝，短截徒长枝，以促发新枝。

（2）翻盆换土。清明以后，将盆橘移至室外，并重新翻盆换土，换盆时去掉部分旧土，剪去枯枝、过密根。盆土可用普通的培养土，下部加施骨粉、麻油渣等基肥。

（3）浇水施肥。春季出室后，视盆橘干湿情况可每天浇 1 次水，保持盆土湿润。在开花坐果的 7、8 月份，盆土稍干，忌湿，并忌雨后积水，以防落花落果。

换盆时除施足基肥外，每日还可追施 1 次液肥，孕蕾坐果期加施磷钾复合肥 1 ~ 2 次，以便有充足的养分促进果实生长。

在春季，如何养护芦荟呢

春季是芦荟生长的最佳时间，这时的管理工作也非常繁忙，如芦荟的分株、扦插繁殖在春季进行是最佳时期。此时，还是芦荟的换盆、翻种的最适宜时间。芦荟在此期间生长速度快，因此肥水也要紧紧跟上，松土、除草要及时进行。

由于春季温度不断升高，杂草开始发芽、生长，所以要注意及时除去杂草，否则会与芦荟争夺营养，而影响芦荟的生长。有的人愿意盆中长些小草，美观，当然种芦荟为了观赏，可以保留。

（1）施肥。从 3 月份开始温度逐渐升高，这时，芦荟生长速度会加快，每 15 天施 1 次腐熟有机肥，而且各种有机肥应轮流施用。施肥方法可采用肥水混合浇施，这样有利于芦荟对营养吸收。对盆栽芦荟浇肥水时不要使其从盆底流出，特别是 3 月份，阳台无加温设备，更不应使水流出来。5 月份可根据天气的情况适当增加浇肥水量。

（2）转移。盆栽芦荟放入卧室的，可在 4 月中旬或 5 月初移到阳台，使其充分接触阳光，增加光合作用的强度，促其生长发育。庭院盆栽的芦荟在 4 月中旬或 5 月初可从室内搬到院中，摆放在阳光下，使其接触阳光的照射，提高盆土温度，增加光合作用的强度。

（3）通风。根据阳台的温度及天气情况，应经常开窗通风。在 5 月份，除风雨天外，阳台窗户或温室的通风孔均应打开。

（4）浇水。根据天气，土盆干湿情况浇水，一般春季 3 ~ 5 天浇 1 次水，同样，不要使水从盆孔流出。

（5）换盆。一般肥水合适、养护精心，5 ~ 6 个月就应给芦荟更换大号的花盆。此

时原花盆的容积已不能容纳芦荟植株根系的生长，若不及时换盆会影响芦荟的生长及药性的提高，芦荟一年四季均可换盆，但家庭栽培的芦荟在春季的4 ~ 5月和秋季的9月换盆为好。

芦荟的换盆方法：在浇完肥水的第2 ~ 3天，用手掌或木棒轻轻拍打盆壁或盆沿，使盆土与盆壁产生离层，这时一手托住芦荟的基部，使植株朝下，另一手把花盆取下，如果取不下来，再用拳头打几下盆底，或用手指从盆孔向下指压，可使花盆与株土脱离，取下花盆。

如果是大花盆，需要2 ~ 3人合作，使株土与花盆脱离，特别是3 ~ 5年的美国芦荟，必须合作完成。换盆时，可根据芦荟的品种和植株的大小不同，选择合适的花盆。

给芦荟换盆时，不要动原栽种的芦荟土团，只把下部的根去掉一部分即可。换好的盆应放置在遮阴处7 ~ 10天，见心叶长出后，再放置在阳光下，进行正常的管理。

夏季植物的养护要点

花儿爱美，炎炎夏日也要防晒

阳光是植物生长发育的必要条件，但是娇嫩的鲜花也怕烈日曝晒。尤其是到了盛夏季节，也需移至略有遮阴处。

一般阴性或喜阴植物，如兰花、龟背竹、吊兰、文竹、山茶、杜鹃、常春藤、栀子、万年青、秋海棠、棕竹、南天竹、一叶兰、蕨类以及君子兰等，夏季宜放在通风良好、荫蔽度为50% ~ 80%的环境条件下养护，若受到强光直射，会造成枝叶枯黄，甚至死亡。

这类植物夏季最好放在朝东、朝北的阳台或窗台上。或放置在室内通风良好的具有明亮散射光处培养；也可用芦苇或竹帘搭设遮阴的棚子，将花盆放在下面养护，这样可减弱光照强度，使植物健康成长。

降温增湿，注意通风

植物对温度都有一定的要求，比如不同植物由于受原产地自然气候条件的长期影响，形成了特有的最适、最高和最低温度。对于多数植物来说，其生长适温为20 ~ 30℃。

中国多数地区夏季最高温度可达到30℃以上，当温度超过植物生长的最高限度时，植物的正常生命活动就会受阻，造成植物植株矮小、叶片局部灼伤、花量减少、花期缩短。许多种植物夏季开花少或不开花，高温影响其正常生长是一个重要原因。

原产热带、亚热带的植物，如含笑、山茶、杜鹃、兰花等，长期生长在温暖湿润的海洋性气候条件下，在其生长过程中形成了特殊的喜欢空气湿润的生态要求，一般要求空气湿度不能低于80%。

若能在养护中满足其对空气湿度的要求，则生长良好，否则就易出现生长不良、叶缘干枯、嫩叶焦枯等现象。

在一般家庭条件下，夏季降温增湿的方法，主要有以下4种：

喷水降温

夏季在正常浇水的同时，可根据不同植物对空气湿度的不同要求，每天向枝叶上喷水2～3次，同时向花盆地面洒水1～2次。

铺沙降温

为了给植物降温，可在北面或东面的阳台上铺一层厚粗沙，然后把花盆放在沙面上，夏季每天往沙面上洒1～2次清水，利用沙子中的水分吸收空气中的热量，即可达到降温增湿的目的。

水池降温

可用一块硬杂木或水泥预制板，放在盛有冷水的水槽上面，再把花盆置于木板或水泥板上，每天添1次水，水分受热后不断蒸发，既可增加空气湿度，又能降低气温。

通风降温

可将花盆放在室内通风良好且有散射光的地方，每天喷1～2次清水，还可以用电扇吹风来给植物降温。

施肥：薄肥勤施

植物夏季施肥应掌握"薄肥勤施"的原则，不要浓度过大。一般生长旺盛的植物每隔10～15天施1次稀薄液肥。施肥应在晴天盆土较干燥时进行，因为湿土施肥易烂根。

施肥时间宜在渐凉后的傍晚，在施肥的第二天要浇1次水，并及时进行松土，使土壤通气良好，以利根系发育。施肥种类因植物种类而异。

盆花在养护过程中若发现植株矮小细弱，分枝小，叶色淡黄，这是缺氮肥的表现，应及时补给氮肥。

如植株生长缓慢，叶片卷曲，植株矮小，根系不发达，多为缺磷所致，应补充以磷肥为主的肥料。

如果叶缘、叶尖发黄（先老叶后新叶）进而变褐脱落，茎秆柔软易弯曲，多为缺钾所致，应追施钾肥。

修剪：五步骤呈现优美花形

有些植物进入夏季后常出现徒长，影响开花结果。为保持植物株形优美花多果硕，应及时对植物进行修剪。

植物的夏季修剪包括摘心、抹芽、除叶、疏蕾、疏果等。

摘心

一些草花，如四季海棠、倒挂金钟、一串红、菊花、荷兰菊、早小菊等，长到一定高度时要将其顶端掐去，促其多发枝、多开花。一些木本植物，如金橘等，当年生枝条长到 15 ~ 20 厘米时也要摘心，以利其多结果。

抹芽

夏季许多植物常从茎基部或分枝上萌生不定芽，应及时抹除，以免消耗养分，扰乱株形。

除叶

一些观叶植物应在夏季适当剪掉老叶，促发新叶，还能使叶色更加鲜嫩秀美。

疏蕾、疏果

对以观花为主的植物，如大丽花、菊花、月季等应在夏季疏除过多的花蕾。对观果类植物，如金橘、石榴、佛手等，当幼果长到直径约 1 厘米时要摘掉多余幼果。此外，对于一些不能结籽或不准备收种子的植物，花谢后应在夏季剪除残花，以减少养分消耗。

整形

对一品红、梅花、碧桃、虎刺梅等植物，常在夏季把各个侧枝做弯整形，以增加植物的观赏效果。

休眠植物，安全度夏

在夏季养护管理中，必须掌握植物的习性，精心管理，才能使这些植物安全度夏。

夏季休眠的植物主要是一些球根类植物。球根植物一般为多年生草本植物，即地上部分每年枯萎或半枯萎，而地下部球根能生长多年。

然而在炎热的夏季，有些球根植物和一些其他的植物，生长缓慢，新陈代谢减弱，以休眠的方式来适应夏季的高温炎热，如秋海棠、君子兰、天竺葵等。休眠以后，叶片仍保持绿色的称为常绿休眠；而水仙、风信子、仙客来、郁金香等植物，休眠以后，叶片脱落，称为落叶休眠。

通风、喷水

入夏后，应将休眠植物置于通风凉爽的场所，避免阳光直射，若气温高时，还要经常向盆株周围及地面喷水，以达到降低气温和增加湿度的目的。

浇水量应合适

夏眠植物对水分的要求不高，要严格控制浇水量。若浇水过多，盆土过湿，植物又处于休眠或半休眠状态，根系活动弱，容易烂根；若浇水太少，又容易使植株的根部萎缩，因此以保持盆土稍微湿润为宜。

雨季进行避风挡雨

由于夏眠植物的休眠期正值雨季，如果植株受到雨淋，或在雨后盆中积水，极易造成植株的根部或球根腐烂而引起落叶。因此，应将盆花放置在能够避风遮雨的场所，做到既能通风透光，又能避风挡雨。

夏眠植物不要施肥

对某些夏眠的植物，在夏季，它们的生理活动减弱，消耗养分也很少，不需要施肥，否则容易引起烂根或烂球，导致整个植株枯死。

此外，在仙客来、风信子、郁金香、小苍兰等球根植物的块茎或鳞茎休眠后，可将它们的球茎挖出，除去枯叶和泥土，置于通风、凉爽、干燥处贮存（百合等可用河沙埋藏），等到天气转凉，气温渐低时，再行栽植。

植物夏季常见病虫害

在夏天，气温高、湿度大的气候环境下，植物易发生病虫害，此时应本着“预防为主，综合防治”和“治早、治小、治了”的原则，做好防治工作，确保植物健壮生长。

植物夏季常见的病害主要有白粉病、炭疽病、灰霉病、叶斑病、线虫病、细菌性软腐病等。夏季常见的害虫有刺吸式口器和咀嚼式口器两大类害虫。前者主要有蚜虫、红蜘蛛、粉虱、介壳虫等；后者主要有蛾、蝶类幼虫、各种甲虫以及地下害虫等。

夏季气温高，农药易挥发，加之高温时人体的散发机能增强，皮肤的吸收量增大，故毒物容易进入人体而使人中毒，因此夏季施药，宜将花盆搬至室外，喷施时间最好在早晨或晚上。

夏季养花疑问小结

夏季盆花浇水应该注意什么

夏季天气炎热，盆花水分散失快，浇水成为盆花管理的重要工作之一。为满足盆花的水分需要，又不能因浇水时间和方法不当而影响植物的生长和欣赏，浇水时应注意以下 5 个问题：

1. 忌浇“晴午水”

夏日中午酷热，盆土和花株温度都很高，若在此时浇水，花盆内骤然降温，会破坏植株水分代谢的平衡，使根系受损，造成花株萎蔫，影响植物的正常生长，使其观赏价值大大降低。因此，盆花夏季浇水应在清晨或傍晚进行。

2. 忌浇“半截水”

夏季给花浇水要浇透，若每次浇水都不浇透，浇水虽勤，同样会因根部吸收不到水分而影响正常生长。长期浇半截水，还会导致根系部分土壤板结，不透气而影响植物生长，或因根系干枯而导致整株死亡。

3. 忌浇“漏盆花”

盆花浇水要恰到好处，浇到盆底根系能吸收到水分为佳。若每次都浇漏盆水，会使盆内养分顺水漏走，导致花株因缺养分而萎黄。为了恰到好处地浇水，可分次慢浇，不透再浇，浇透为止。

4. 忌浇“漫灌水”

若因走亲访友，或出差旅游，造成盆花过于失水而萎蔫，回来后，不可立刻漫灌大水。因为这种做法会使植物细胞壁迅速膨胀，造成细胞破裂，严重影响盆花的正常生长。正确的做法是对过于干旱的盆花进行叶面喷水，待因干旱萎黄的盆花恢复正常状态后，再循序渐进地浇水。

5. 忌浇“连阴水”

如果遇到连续阴雨天气，则应该停止给盆花浇水。因为哪怕是绵绵细雨，也能满足盆花的生长需要。若认为雨量过小而仍按常规给盆花浇水，往往会因盆土过湿而导致烂根，使整株植物受重创或死亡。

在雨季，植物如何养护

我国属于季风性气候，夏季有一个比较长的雨季，在雨季期间的管理也是盆花管理中的一个重要环节。在这一时期的管理中应该注意以下问题：

1. 防积水

置于露天的盆花，雨后盆内极易积水，若不及时排除盆土水分易造成根部严重缺氧，对植物根系生长极为不利，特别是一些比较怕涝的品种，如仙人掌类、大丽花、鹤望兰、君子兰、万年青、四季秋海棠以及文竹、山茶、桂花、菊花等，应在不妨碍其生长的情况下，在雨前先将盆略微倾斜。一般不太怕涝的品种，可在阵雨后将盆内积水倒出。如遭到涝害，应先将盆株置于阴凉处，避免阳光直晒。待其恢复后，再逐渐移到适宜的地点进行正常管理。

2. 防雨淋

秋海棠、倒挂金钟、仙客来、大岩桐、非洲菊等植物会在夏季进入休眠或半休眠状态，盆土不能过湿；有的叶片或花芽对水湿非常敏感，叶面不能积水，若常受雨淋，容易出现烂根和脱叶，因此，下雨时要将其置于避雨处或进行适当遮挡。

3. 防倒伏

一些高株或茎空而脆的品种，如大丽花、菊花、唐菖蒲、晚香玉等遇暴风雨易倒伏折断，因此，在大雨来临前要将盆株移到避风雨处，并需提前设立支架，将花枝绑扎固定。

4. 防窝风

雨季温度高空气湿度大，若通风不良，植株极易受病虫危害导致开花延迟，影响授粉结果。因此，要加强通风。若发现植物遭受蚜虫、红蜘蛛或出现白粉病、黑斑病等病虫害，应及时采取通风措施，并用适当方法进行除治。

5. 防徒长

雨季空气湿度大，加之连续阴天光照差，往往造成盆花枝叶徒长。因此，对一些草本、木本植物可控制浇水次数和浇水量（俗称扣水），以促使枝条壮实。

6. 防温热

盆栽花木在炎热天气下遇暴风雨，最好在天晴之后用清水浇 1 次，以调节表层土壤和空气的温度，减轻湿热对植物的不良影响。

如何做好君子兰的夏季养护

君子兰喜凉爽、湿润、半阴环境，适宜生长的温度为 15 ~ 25℃，若温度高于 26 ~ 28℃，会呈休眠或半休眠状态。若温度再高，会发病甚至死亡。因此，君子兰的夏季养护至关重要。可采取以下措施保证君子兰安全度夏：

1. 防阳光直射，勿曝晒

夏季的君子兰每天清晨利用太阳光照晒一会儿，即可满足植株对光合作用的需求。

2. 防高温、高湿，勿干燥

君子兰夏季的适宜温度是 18 ~ 25℃，夏季君子兰放在装有空调器的室内最好，阳台遮光通风处也较理想。浇水时必须用晒过 2 ~ 3 天的自来水，每天下午 6 点后浇 1 次，不要使盆土过干或过湿。

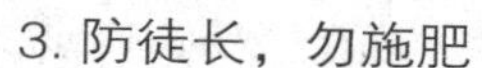

3. 防徒长，勿施肥

夏季是君子兰的休眠期。应停止施肥，适度浇水，控制温度。若盆土已施肥或肥效较大，应将花盆上半部分的土倒出，换上掺入 1/3 ~ 2/3 的沙子拌匀装回盆，不仅降低肥效，还能起到降温作用。

4. 防粉尘污染，勿浇脏水

君子兰叶面应保持清洁，每周用细纱布蘸清水拧干轻擦 1 次。勿浇脏水，因脏水会造成根叶腐烂变黄。

5. 防盆土板结，勿用黄土上盆

君子兰适宜在疏花、透气、渗水、肥沃、pH 值在 7.0 左右的腐殖土中栽培。

6. 增加君子兰的抵抗力

在春季生长的后期，根据苗情适当减少氮肥的施用，而增加磷、钾肥的用量。从 3 月份开始，每 10 天根灌 1 次 1% ~ 3% 的磷酸二氢钾或过磷酸钙。在进入“梅雨”季前 1 个月用 1% 磷酸二氢钾进行根外追肥 3 ~ 4 次，用以增加植株对不良环境的抵抗能力。

7. 修剪

君子兰在夏季如抽箭，不仅开不出好花，且会消耗养分，影响冬季的正常开花，所以要及时剪除花箭。

8. 防病害，勿感染

给君子兰换盆或擦叶片时，手要轻，防止根叶破伤，流出汁液，引发感染造成溃烂。

夏季怎样养护仙客来

仙客来以其花型别致而深受人们喜爱，但也因其越夏困难而阻碍了仙客来的广泛种植。5月中下旬，仙客来花期结束后，应停止浇水，使盆土自然干燥。待叶片完全脱落后，将枯叶去掉，放在室内通风阴凉处，使其完全休眠。

整个夏季停止浇水，8月中下旬可逐渐给水并逐渐移至散射光下，2周后进行正常管理，给以适当的肥水，春节期间就可正常开花。若想使其“五一”开花，可延迟1个月左右再浇水，就可以让仙客来按时开花。

秋季植物的养护要点

凉爽秋季，适时入花房

进入秋季之后，天气开始变凉，但是有时阳光依然强烈，所以有“秋老虎”的说法。这对植物而言也是个威胁，所以在初秋时节，植物的遮阴措施依然要进行，不能过早拆地除遮阴帘，只需在早晨和傍晚打开帘子，让植物透光透气即可。到了9月底10月初再拆除遮阴物也不迟。

到了深秋时节，气温往往会出现大幅降温的情形，有些地区甚至出现霜冻，此时植物的防寒成为重要工作，应随时注意天气预报，及时采取相应措施。北方地区寒露节气以后大部分盆花都要根据抗寒力大小陆续搬入室内越冬，以免受寒害。

秋季植物入室时间要灵活掌握，不同植物入室时间也有差异。米兰、富贵竹、巴西木、朱蕉、变叶木等热带花木，俗称高温型花木，抗寒能力最差，一般常温在10℃以下，即易受寒害，轻则落叶、落花、落果及枯梢，重则死亡。所以此类花木要在气温低于10℃之前就搬进室内，置于温暖向阳处。天气晴朗时，要在中午开窗透气，当寒流来时，可以采用套盆、套袋等保暖措施。当温度过低时，要及时采取防冻措施。

对于一些中温型植物，比如康乃馨、君子兰、文竹、茉莉及仙人掌、芦荟等，在5℃以下低温出现时，要及时搬入室内。天气骤冷时，可以给植物戴上防护套。

山茶、杜鹃、兰花、苏铁、含笑等植物耐寒性较好，如果无霜冻和雨雪，就不必急于进房。但如果气温在0℃以下时，则要搬进室内，放在朝南房间内，也可安全渡过秋冬季节。而对于耐寒性较强的植物可以不必搬进室内，只要将其置于背风处即可。这些植物一旦遇上严重霜冻天气，临时搭盖草帘保温即可。五针松、罗汉松、六月雪、海棠等植物都属此类，它们是典型的耐寒植物。

入室后，要控制植物的施肥与浇水，除冬季开花的君子兰，仙客来、鹤望兰等在早春开花的植物之外，一般1 ~ 2周浇1次水，1 ~ 2月施1次肥或不施肥，以免肥水过足，造成花木徒长，进而削弱植物的御寒防寒能力。

施肥：适量水肥，区别对待

秋天是大多数植物一年中第二个生长旺盛期，因此水肥供给要充足，才能使其茁壮生长，并开花结果。到了深秋之后，天气变冷，水、肥供应要逐步减少，防止枝叶徒长，以利提高植物的御寒能力。

对一些观叶类植物，如文竹、吊兰、龟背竹、橡皮树、棕竹、苏铁等，一般可每隔15天左右施1次腐熟稀薄饼肥水或以氮肥为主的化肥。

对1年开花1次的梅花、蜡梅、山茶、杜鹃、迎春等应及时追施以磷肥为主的液肥，以免养分不足，导致第二年春天花小而少甚至落蕾。盆菊从孕蕾开始至开花前，一般宜每周施1次稀薄饼肥水，含苞待放时加施1 ~ 2次0.2%磷酸二氢钾溶液。

盆栽桂花，入秋后施以磷为主的腐熟稀薄饼肥水、鱼杂水或淘米水。对一年开花多次的月季、米兰、茉莉、石榴、四季海棠等，应继续加强肥水管理，使其花开不断。

对一些观果类植物，如金橘、佛手、果石榴等，应继续施2 ~ 3次以磷、钾肥为主的稀薄液肥，以促使果实丰满，色泽艳丽。

对一些夏季休眠或半休眠的植物，如仙客来、倒挂金钟、马蹄莲等，初秋可换盆换土，盆中加入底肥，按照每种植物生态习性，进行水肥管理。

北方地区10月份天气已逐渐变冷，大多数植物就不要再施肥了。除对冬季或早春开花以及秋播草花等可根据实际需要继续进行正常浇水外，对于其他植物应逐渐减少浇水量和浇水次数，盆土不干就不要浇水，以免水肥过多导致枝叶徒长，影响花芽分化和降低植物抗寒能力。

修剪：保留养分是关键

从理论上讲，入秋之后，平均气温保持在20℃左右时，多数植物常易萌发较多嫩枝，除根据需要保留部分枝条外，其余的均应及时剪除，以减少养分消耗，为植物保留养分。对于保留的嫩枝也应及时摘心。例如菊花、大丽花、月季、茉莉等，秋季现蕾后待花蕾长到一定大小时，仅保留顶端一个长势良好的大蕾，其余侧蕾均应摘除。又如天竺葵经过一个夏天的不断开花之后，需要截枝与整形，将老枝剪去，只在根部留约10厘米高的桩子，促其萌发新枝，保持健壮优美的株形。

菊花进行最后一遍打头，同时多追肥，到花芽出现后随时注意将侧芽剥去，以保证顶芽有足够养分。而对榆、松、柏树桩盆景来说是造型、整形的重要时机，可摘叶攀扎、施薄肥、促新叶，叶齐后再进行修剪。

播种：适时采播

采种

入秋后，如半支莲、茑萝、桔梗、芍药、一串红等，以及部分木本植物，如玉兰、紫荆、紫藤、蜡梅、金银花、凌霄等的种子都已成熟，要及时采收。

采收后及时晒干，脱粒，除去杂物后选出籽粒饱满、粒形整齐、无病虫害并有本品种特征的种子，放入室内通风、阴暗、干燥、低温（一般在 1 ~ 3℃）的地方贮藏。

一般种子可装入用纱布缝制的布袋内，挂在室内通风低温处。切忌将种子装入封严的塑料袋内贮藏，以免因缺氧而窒息，降低或丧失发芽能力。

对于一些种皮较厚的种子如牡丹、芍药、蜡梅、玉兰、广玉兰、含笑、五针松等，采收后宜将种子用湿沙土埋好，进行层积沙藏，即在贮藏室地面上先铺一层厚约 10 厘米的河沙，再铺一层种子，如此铺 3 ~ 5 层，种子和湿河沙的重量比约为 1 ： 3。沙土含水量约为 15%，室温为 0 ~ 5℃，以利来年发芽。

此外，睡莲、王莲的种子必须泡在水中贮存，水温保持在 5℃左右。

及时秋播

二年生或多年生作 1 ~ 2 年生栽培的草花，如金鱼草、石竹、雏菊、矢车菊、桂竹香、紫罗兰、羽衣甘蓝、美女樱、矮牵牛等和部分温室植物及一些木本植物，如瓜叶菊、仙客来、大岩桐、金莲花、荷包花、南天竹、紫薇、丁香等，以及采收后易丧失发芽力的非洲菊、飞燕草、樱草类、秋海棠类等植物都宜进行秋播。牡丹、芍药以及郁金香、风信子等球根植物宜于仲秋季节栽种。盆栽后放在 3 ~ 5℃的低温室内越冬，使其接受低温锻炼，以利来年开花。

秋季植物病虫害的防治

秋季虽然不是病虫害的高发期，但也不能麻痹大意，比如菜青虫和蚜虫是植物在秋季易发的虫害。

在秋季香石竹、满天星、菊花等植物要谨慎防治菜青虫的危害，菊花还要防止蚜虫侵入，以及发生斑纹病。

非洲菊在秋天容易受到叶螨、斑点病等病虫害。月季要防止感染黑斑病、白粉病。香石竹要防止叶斑病的侵染。

桃红颈天牛是盆栽梅花、海棠、寿桃、碧桃等植物在秋季容易受到侵害的虫害之一。如果发现植物遭受桃红颈天牛的侵害，可以通过施呋喃丹颗粒进行防治。但要注意：呋喃丹之类药物只适用于植物，对果蔬类植物并不适用。使用时需要按严格的剂量规定，不能随意喷洒，以免威胁人体健康。

总之，秋季植物的病害以预防为主，注意通风，降低温室内空气湿度，增施磷钾肥，以提高植株抗病能力。

秋季养花疑问小结

为什么植物要在秋天进行御寒锻炼

御寒锻炼就是在秋季气温下降时将植物放置在室外，让其经历一个温度变化过程，形成对低温的适应性。

御寒锻炼主要是针对一些冬季不休眠或半休眠的植物而言的，冬季休眠的植物不需要进行御寒锻炼。

具体方法是在秋季末降温前将植物放置在室外，让其适应室外的环境。在室外温度自然下降时，不要将其搬回室内，让其在气温的逐步下降中适应较低的温度。在进行御寒锻炼时要注意以下4点：

（1）气温下降剧烈时，应将植物搬回室内，防止气温突降对其造成伤害。

（2）下霜前应将植物搬至室内，遭霜打后叶片易出现冻伤。

（3）抗寒锻炼是有限度的。植物不可能无限度地适应更低的温度，抗寒锻炼也不可能使植物突破自身的防寒能力，经过抗寒锻炼的植物只是比没经过抗寒锻炼的植物稍耐冻一些。

（4）不是每种植物都能进行抗寒锻炼，如红掌、彩叶芋等喜高温的植物在秋季气温未下降前就应移至室内培养。

秋季如何养护仙客来

入秋后，要对仙客来进行秋季养护。可采取如下养护措施：

（1）更换盆土。仙客来进入秋季的首要养护任务是换盆。对早春播种的幼苗与繁殖的新株，应带部分旧土，更换大一号盆。对开过花夏季休眠的老株，则将球茎从盆中磕出，用清水洗净泥土，剪去2 ~ 3厘米以下的老根，在百菌清或多菌灵溶液中浸泡半小时晾干后，栽于大一号盆中。培养土一般用腐叶土、田园土各4份，河沙2份。上盆后浇透水，放于荫蔽处，无论老株或幼株，都不能深栽，以球茎露出1/3 ~ 1/2为宜，以防浇水过多致使球茎腐烂。

（2）浇水施肥。由于秋季气候多变，晴天与雨天蒸发量不同。为使盆土有良好的透气性，每次都要浇透水。浇水时间以上午为好，既可避免因午间高温导致植株萎谢，又可避免下午浇水温差太大造成新陈代谢失调。随着气温的不断下降，仙客来生长速度逐步加快，植株所需养分相应增多。因此，除换盆时在培养土里混入迟效复合肥或在盆底施农家肥外，在换盆缓苗之后，应每半月施1次稀薄液肥，且随着植株生长速度的加快，施肥的间隔时间要逐渐缩短，浓度逐渐加大。现蕾之后还需增施磷钾肥，以使花多色艳。

观叶植物如何秋季养护

（1）增加光照。在室外遮阴棚下生长的观叶植物，可以适当地除去部分遮阴物，放置在室内越夏的观叶植物可以移至光照合适处。

（2）肥水要充足。秋季观叶植物长势旺盛，应施以氮肥为主的肥料（如腐熟的饼肥液等），肥料充足，叶片才会繁茂有光泽。由于观叶植物的叶片多，水分蒸发量极大，浇水也应及时，缺水易使植物下部的老叶枯黄脱落，形成“脱脚”。因秋季空气干燥，浇水的同时还要向其四周洒水，洒水可提高空气湿度，保持叶片的光泽度，防止叶缘枯焦。

（3）秋末养护措施的变化。秋末室外气温逐步降低，要停止施氮肥，适当灌施2 ~ 3次磷、钾肥，以利于养分积累和提高抗寒性。

由于气温低时植物耗水量不大，应减少浇水次数，使盆土偏干。少浇水不仅可以预防根部病害，还可以提高植物的抗寒力。

株形较大的观叶植物如铁树可在室外用防寒物包裹越冬，不能在室外越冬的观叶植物如榕树可修剪后移到室内，以免挤占过多的空间。

观叶植物还应定期喷药，防治病虫害的侵染。

冬季植物的养护要点

寒冬腊月，防冻保温

各种植物的越冬温度有所不同。植物的生长都是有温度底线的，尤其是在寒冷的冬季，要采取合理的保暖措施。

有些植物在冬季进入休眠期，让这些植物顺利越冬，就要控制室内温度在5℃左右。另外，如有需要，可以用塑料膜把植物植株包裹起来放到阳台的背风处，也可以安全过冬。比较常见的此类植物有石榴、金银花、月季、碧桃、迎春等。

对于那些在冬季处于半休眠状态的植物，如夹竹桃、金橘、桂花等，越冬时要把室内温度控制在0℃以上，这样可以确保其安全过冬。

对于一些对寒冷抵抗能力较差的植物，比如米兰、茉莉、扶桑、凤梨、栀子花等，则要求室内温度在15℃左右，如果温度过低，就会导致植物被冻死。而像四季报春、彩叶草、蒲包花等草本植物，室温要保持在5 ~ 15℃之间。

对于文竹、凤仙、天竺葵、四季海棠等多年生草本植物，室内温度应该保持在10 ~ 20℃。榕树、棕竹、橡皮树、芦荟、鹅掌木、昙花、令箭等，最低室温宜在10 ~ 30℃。芦荟冬天最低温度不能低于2℃。君子兰在冬季生长的适宜温度是15 ~ 20℃。

水生植物如何越冬呢？冬天零下的温度，水结冰是否会危害到水生植物的安全呢？要让水生植物安全过冬，应该在霜冻前及时把水放掉，将花盆移至地窖或楼道过厅，温度保持在5℃左右，盆土干燥时要合理喷水，加以养护。如荷花、睡莲、凤眼莲、萍蓬莲等水生类植物均需要采取以上保护措施，方可安全越冬。

适宜光照，通风换气

植物到了初冬，要陆续搬进室内，在室内放置的位置要考虑到各种植物的特性。通常冬、春季开花的植物，如仙客来、蟹爪兰、水仙、山茶、一品红等和秋播的草本植物，如香石竹、金鱼草等，以及喜强光高温的植物，如米兰、茉莉、栀子、白兰花等南方植物，均应放在窗台或靠近窗台的阳光充足处。

喜阳光但能耐低温或处于休眠状态的植物，如文竹、月季、石榴、桂花、金橘、夹竹桃、令箭荷花、仙人掌类等，可放在有散射光的地方。其他能耐低温且已落叶或对光线要求不严格的植物，可放在没有阳光的阴冷之处。

需要注意的是，不要将盆花放在窗口漏风处，以免冷风直接吹袭受冻，也不能直接放在暖气片上或煤火炉附近，以免温度过高灼伤叶片或烫伤根系。

另外，室内要保持空气流通，在气温较高或晴天的中午应打开窗户，通风换气，以减少病虫害的发生。

施肥、浇水都要节制

进入冬季之后，很多植物进入休眠期，新陈代谢极为缓慢，相对应的，对肥水的需求也就大幅减少了。这是很正常的现象。植物和人一样经过一年的努力同样需要休养生息。除了秋、冬或早春开花的植物以及一些秋播的草本盆花，根据实际需要可继续浇水施肥外，其余盆花都应严格控制肥水。处于休眠或半休眠状态的植物则应停止施肥。盆土如果不是太干，则不必浇水，尤其是耐阴或放在室内较阴冷处的盆花，更要避免因浇水过多而引起烂根、落叶。

梅花、金橘、杜鹃等木本盆花也应控制肥水，以免造成幼枝徒长，而影响花芽分化和减弱抗寒力。多肉植物需停止施肥并少浇水，整个冬季基本上保持盆土干燥，或约每月浇1次水即可。没有加温设备的居室更应减少浇水量和浇水次数，使盆土保持适度干燥，以免烂根或受冻害。

冬季浇水宜在中午前后进行，不要在傍晚浇水，以免盆土过湿，夜晚寒冷而使根部受冻。浇花用的自来水一定要经过1 ~ 2天日晒才能使用。若水温与室温相差10℃以上很容易伤根。

格外留心增湿、防尘

北方冬季室内空气干燥，极易引起喜空气湿润的植物叶片干尖或落花落蕾，因此越冬期间应经常用接近室温的清水喷洗枝叶，以增加空气湿度。另外，盆花在室内摆放过久，叶面上常会覆盖一层灰尘，用煤炉取暖的房间尤为严重，既影响植物的光合作用，又有碍观赏，因此要及时清洗叶片。

畏寒盆花在搬入室内时，最好清洗一下盆壁与盆底，防止将病虫带入室内。发现枯枝、病虫枝条应剪去，对米兰、茉莉、扶桑等可以剪短嫩枝。进室后，在第一个星期内，不能紧关窗门，应使盆花对由室外移至室内的环境变化进行适应，否则易使叶变黄脱落。

如室温超过20℃时，应及时半开或全开门窗，以散热降温，防止闷坏盆花或引起徒长，削弱抗寒能力。

如遇室温降至最低过冬温度时，可用塑料袋连盆套上，在袋端剪几个小洞，以利透气调温，并在夜间搬离玻璃窗。

遇暖天，不能随意搬到室外晒太阳，以防植物受寒受冻。

冬季植物常见病虫害

冬天气温急剧降低，植物抗寒能力弱或者下降就会容易发生真菌病害，如灰霉病、根腐病、疫病等。

为了保证植株强健，提高其抗寒能力，就要降低盆土湿度，并辅之以药剂。冬季虫害主要是介壳虫和蚜虫。当然，冬季病虫害相对较少，这时候要做好防护工作。在冬季可以在一些植物的枝干上涂白，不仅能有效地防止冬季花木的冻害、日灼，还会大大提高花木的抗病能力，而且还能破坏病虫的越冬场所，起到既防冻又杀虫的双重作用。

配制涂白剂方法是把生石灰和盐用水化开，然后加入猪油和石硫合剂原液充分搅拌均匀便可。

要注意，生石灰一定要充分溶解，否则涂在植物枝干容易造成烧伤。

冬季养花疑问小结

冬季哪些植物应该入室养护

冬季温度低于0℃的地区，室内又没有取暖设施的，室内温度一般只能维持在0 ~ 5℃。这类家庭可培养一些稍耐低温的植物，如肾蕨、铁线蕨、绿巨人、朱蕉、南洋衫、棕竹、洒金、桃叶珊瑚、花叶鹅掌柴、袖珍椰子、天竺葵、洋常春藤、天门冬、白花马蹄莲、橡皮树等。

室内温度如维持在8℃左右，除可培养以上植物外，还可以培养发财树、君子兰、巴西铁、鱼尾葵、凤梨、合果芋、绿萝等。

室内温度如维持在10℃以上还可培养红掌、一品红、仙客来、瓜叶菊、鸟巢蕨、花叶万年青、变叶木、散尾葵、网纹草、花叶垂椒草、爵床、紫罗兰、报春花、蒲包花、海棠等。这些植物在10℃以上的环境中能正常生长，此时最好将植物置于有光照的窗台、阳台上培养，以保证充足的光照，盆土见干后浇透，不能缺水。浇水的同时应注意洒水以补充室内的空气湿度。少量施肥，以液态复合肥为主。

冬季养护金盏菊要注意什么

金盏菊的花有单瓣和重瓣之分，色泽有淡黄、黄色、金黄色等。冬天温度低，光照时间短，强度弱，对花色的深浅影响很大，淡黄色或黄色受上述条件影响，花色相对较淡，甚至趋于白色，所以，金盏菊的冬季管理很重要。

金盏菊是喜光植物，入室后，应放在阳光充足的地方，室内温度不能低于5℃，10 ~ 20℃为最适宜生长的温度。温度偏低，生长慢，开花少，所以，室内温度要尽量高一些。金盏菊开花时间长，每次浇水要浇足。每10 ~ 15天追1次肥，以稀薄的饼液肥为主，适当施化学肥料。

金盏菊在冬季室内栽培，其环境条件较地栽差，为使其多开花，不能任其自由生长，要进行株形整理。对过密枝、交叉枝、弱枝要及时剪掉。在一般条件下，每株只能保留3 ~ 5个侧枝。若室内温度条件好，光照充足，水肥施用及时，每株可保留8 ~ 9个侧枝，甚至再多留几枝。管理得好每天可开20朵花。

冬栽金盏菊主要是赏花，不采种，对开过花的空枝，花落后即从基部剪掉，促使其他枝条生长良好，枝繁叶茂，鲜花盛开不断。如果想延长花期，可在植株基部保留 1 ~ 2 个部位萌芽，待其长出 5 ~ 6 片真叶时，将原植株从基部剪掉，同时给以充足的水肥，很快发育成新株，花期可延至夏天。

如何让瓜叶菊安全过冬

瓜叶菊的冬季管理是至关重要的，只要管理得当，就能在恰逢元旦、春节期间繁花竞艳，可添浓浓的喜庆气氛。主要管理措施如下：

1. 光足丰花

瓜叶菊为短日照喜光植物，故要置于阳光充足处，可使叶片厚实油绿，花色鲜艳，否则植株生长虚弱、花色暗淡。一般播种后 130 天左右正值花芽分化期，这时给以良好的短日照有利于花芽分化，而当花芽分化充分完成后，则应延长光照时数，以促进孕蕾，因而冬季应防光照不足。补光除注意时数外，还应注意光强、光质。另外，瓜叶菊应每周转动一次，即把背阳的一面转到向阳的一面，防止因光照不均造成株形偏斜，保证株姿匀称端正。随着株龄增大，花盆间距应定期增大，以求互不遮光、合理摆放、充分利用光能。

2. 冷冻孕花

瓜叶菊喜冷凉环境，其生长适温为 8 ~ 10℃。若播种晚可控温为 10 ~ 13℃，不可超过 15℃，高温会引起植株梗弱柄长。为矮化强壮植株，可浇施 15% 的可湿性多效唑粉剂 2000 倍液，按直径 17 厘米盆浇施 500ppm 的比久溶液进行叶面喷施，每周 1 次，同时利用晴天中午开窗换气。对于留种的瓜叶菊盆株最好控温在 6 ~ 8℃之间，这样“蹲苗”，长势强壮，同化产物积累多，将来种子饱满。但温度不可低于 0℃，否则易遭冻伤。在花蕾显色时，若使瓜叶菊花期提前，可提高温度至 13℃；若想花期延缓，可控温在 5 ~ 7℃。

3. 保证叶片鲜绿繁茂

在生长期间，应保持见干见湿、润而不渍，防止因水分多寡导致叶片徒长或萎蔫。一般在叶片稍有垂挂时即浇透水，每隔 4 天左右向盆株叶面喷洒 0.2% 的尿素 1 次，保证叶鲜绿润泽，这在花芽分化前尤为重要。

4. 用肥料促进花芽分化

栽培养护期间每 7 ~ 10 天浇 1 次充分腐熟的以有机肥为主的稀薄肥液。栽后 100 天，与浇施有机肥一样间隔追施 5% 的全元素复合肥，同时结合叶面喷水喷施 0.2% 的磷酸二氢钾或光合微肥液，可促进花芽良好分化，花期花色艳正。

5. 提高观赏性

定植后的瓜叶菊主茎下部 4 节以下的低节位腋芽（或倒芽），应随时除去，以使养分集中，生长旺盛。除此以外的腋芽保留其成蕾开花，将来含腋芽在内的主茎上可抽出 20 ~ 40 个花枝，而每花枝上各节位又抽生 3 ~ 4 个副花枝，这样多的花枝应有计划地疏除，保留 15 ~ 30 个生长分布均匀、势强的花枝。这样避免生殖器官的养分被无端消耗而降低，且克服了拥塞之弊，还可达到群体花期集中、花现于叶冠之上的最佳观赏效果。

冬季如何养护君子兰

15 ~ 25℃为君子兰的最佳生长温度。搬入室内过冬时，应按照住房的朝向和光照等不同进行养护。如果住房是朝南向阳的，可以放置在室内窗门边，保持室温在 0℃以上，就能安全过冬。

通常情况下，入冬时，室温较高一些，多数君子兰在室内仍在生长，这时可以继续追施肥料，这对生长枝叶和今后孕蕾开花都有好处。如果室内装有加温设备，恒温在 10℃以上，整个冬季君子兰都能继续生长。垂笑君子兰通过 7 天追施 1 次肥料，还能提前开花。

如果室温降至 10℃以下，应暂停施肥，因为这时的君子兰已处在生长缓慢期或休眠期，多施肥不但根系难以吸收，反而有害。

如果住房是朝北的，虽整个冬天室内照不到阳光，但只要室内不出现 0℃以下温度，放置在房间里比较暖和的地方，吹不到冷风，盆土偏干不过湿，君子兰也能经历漫长的寒冷天气安全无恙，而且春后移出室外的大棵君子兰，还能开出美丽的花朵。

至于小棵的君子兰，在向阳的室内过冬时，用塑料薄膜袋连盆一起套上，仍能继续生长新叶。放置在朝北无阳光的室内，并套上塑料袋的话，同样能安全度过冬季。

冬季如何养护四季秋海棠

四季秋海棠喜温暖怕冻，20℃左右气温最适合生长。入冬以后，气温逐渐降低，生长受到抑制，可于 11 月上、中旬入室，置窗前向阳处培育，室温在 15℃以上时，仍继续生长，开花不绝。12 月份后，进入休眠状态，新枝绿叶不发，花朵也很稀少。

当室温低于 5℃时，夜间应将盆移至离窗口较远处，防止玻璃上寒气和窗缝中冷风侵袭而受冻，第二天再移至窗口有阳光处。当窗温降低至 0℃时，可用透明塑料袋连盆罩住，在盆口处扎好以保暖。当袋内有较多水珠时，可另换新袋，借此换气和防止叶片腐烂。不能将盆置于取暖炉边，否则温度过高，叶片会受熏烤灼伤，影响休眠。

四季秋海棠在室内越冬时，因气温低、蒸发量少，冬季浇水要慎重，盆土干了才能浇水，做到干透浇透，一般 10 天左右才浇水 1 次。休眠期中不能施肥，当植株叶面积尘多时，可在风和日丽的晴天，配合浇水冲洗叶面。到4月初，夜间气温不低于10℃时，可移盆于阳台养。

冬季修剪月季应注意哪些问题

为了使月季生长茂盛，开花多，冬季重度修剪是重要一关。所谓重度修剪就是指把月季过多的、不必要的枝条，全部进行短截修剪，以便集中营养生长发育，并多孕蕾和开花。如果冬季不进行上述短截重度修剪，使枝条长得既高又多又乱，不仅负担过重，消耗和浪费营养，对次年的生长和开花也不利。如果用两棵月季作比较，一棵做冬季重度修剪，而另一棵不做此种修剪，就会得出两种截然不同的结果，修剪过的生长旺盛、孕蕾和开花多，未修剪过的，长得又高又瘦，而摇摇曳曳地少孕蕾和少开花。由此可见，修剪对月季花的重要性。

那么为什么要在冬季做上述的重度修剪呢？其原因是冬季月季已落叶休眠，剪去过多的枝条，不会造成剪口的伤流。也就是说，不会很多地损耗伤口处流出来的营养。反之，如果在生长期进行重度修剪，会过多地造成伤流，从而影响月季的生长和开花。同时，通过冬剪可防治病虫害。

冬季重度修剪的时间，宜在入冬后落叶时至第二年2月底前。修剪方法：将根基部起15厘米左右以上处的枝条全部剪去，只留芽眼、生长健壮、无病虫害的枝条3 ~ 5枝就可以。剪的切口应在枝条芽眼1厘米以上处，剪后所留枝条成为碗状形，并扒开土，施入一定数量的基肥。

第五章 植物种植小创意

制作彩绘花盆

彩绘的花盆制作起来既便宜又有趣，而且非常有用。它们也是展示园艺成就的绝佳作品。一般可采用黏土花盆，它们质量上乘，而且有弹性。马口铁罐也能产生同样好的效果。

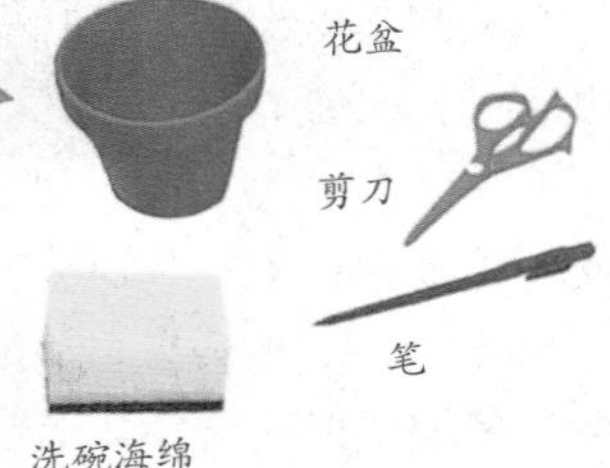

制模卡纸

花盆

洗碗海绵

剪刀

笔

陶瓷颜料

白色基底颜料

画笔

1.在花盆的外沿上涂白色基底颜料(这样能防止黏土吸收其他颜色，帮助突出色彩)。然后晾干。

2.在制模卡纸上绘出简单的树叶和花瓣的图样。

3.小心地镂空图样，制成模板。

4.用剪刀把洗碗海绵剪成小块。

5.把模板放在花盆边沿上。在海绵的边角上蘸一些陶瓷颜料，轻轻地在模板上拍打。小心地提起模板，围绕花盆重复进行。

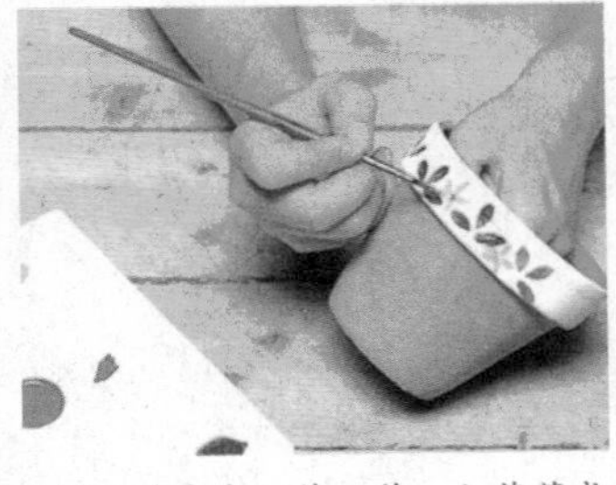

6.用画笔完成细节工作，如花蕊或叶柄即可。

建造沙漠花园

如果你梦想着炎热的沙漠和不需要经常打理的植物，那么种植仙人掌和肉质植物再合适不过了。把这盆“沙漠花园”放在阳光充足的窗台上，在夏季要充分浇水，冬季几乎不用浇水。经过这个冬天的休息，一盆仙人掌也许会开出美丽的花朵，给你一个惊喜！

1.找一只不要太深的花盆，但开口要宽阔，盆底必须有排水的洞。在底部放一些鹅卵石。用特制的仙人掌堆肥填满花盆。

2.在花盆中放置两大块岩石。

3.用折好的报纸条包住仙人掌，以防扎到手指，围绕岩石种好。

4.用沙砾盖住土壤表面。在春天和夏天像普通家庭植物一样浇水，但是入冬后，大约每个月浇水1次。

建造微缩花园

就算没有真正的花园，你也能成为一个很棒的花园设计者，制造出完美的景观——微缩模型。这要比实际的花园少许多工作，但乐趣只增不减。

1.在种子盘中填满花盆堆肥（土壤），然后开始安置一些永久性装饰：一个锡箔馅饼碟可以做成一个美丽的池塘，假山用小石块来代替吧。

2.做一个自然风格的围栏，用枯枝围成网格，用酒椰叶纤维系在一起。围栏上攀一些常春藤，这样看起来会很漂亮，而且它们自己会落地生根。

3.如果你能找得到，高山植物也是很值得引入花园的。它们娇小的身躯对于这个微缩花园再完美不过了。

4.用苔藓铺一块奢华的草坪。在户外阴凉潮湿的地方可以找到它们，或者尝试自己种植苔藓地衣——在一个装有水的小种子盘中撒一些干的苔藓就可以了。

5.用粗沙铺成道路和院子。

6.把所有你在家中能找到的零碎小玩意儿都点缀上去，制成各类花园家具和装饰物。最后，在花床上铺满干花，以及从各种新奇灌木上剪下的枝杈。

建一座玻璃花园

欢迎来到玻璃花园的世界，这里的植物都长在透明的广口瓶中。图中是一个迷你热带雨林，不需要浇很多水，因为水分会自然循环。几乎所有形状和尺寸的广口瓶或碗都可以变成一个玻璃花园，所以找找看你有些什么。大的糖果（蜜饯）瓶是最好的选择。

1.在瓶底放厚厚一层沙砾。

2.在花盆堆肥（土壤）中放两把木炭，然后填瓶子至1/3处。

3.开始时通常种一些较难在室内生长的精美植物。图中为一株银蕨。

4.然后加入一株切花菊和一株小非洲紫罗兰。

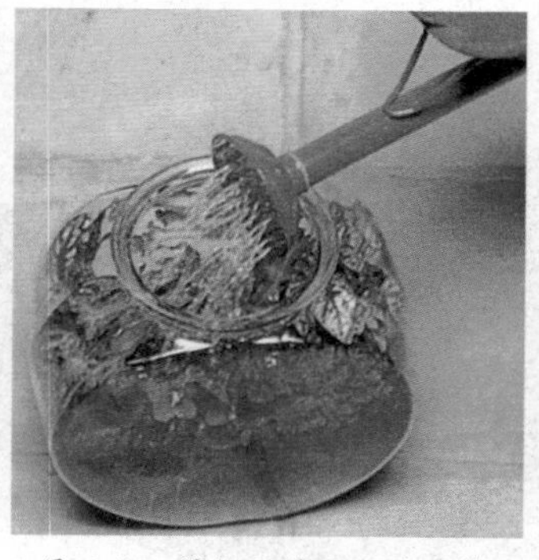

5.最后加一株粉露草和一些苔藓，就大功告成了。现在彻底地浇足水，启动水分循环。

6.在顶上放一个盘子或盖子，封住玻璃花园。

把旧靴子变成花盆

你一定以为这是一件艺术品吧？这种鲜花簇簇的美妙方法把旧靴子变废为宝。越大号的靴子效果越佳。这个例子说明，几乎所有底部带排水孔的容器都可以用来种植花草。试试旧球鞋，运动背包，或者旧帽子之类，都能为千篇一律的花盆增添些新意。

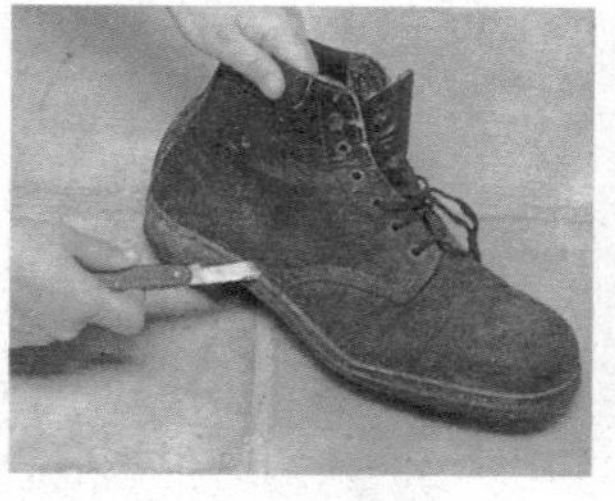

1.小心用小刀，在鞋底缝合处开一些小洞用以排水。如果鞋子上有自然气孔那就再好不过啦！

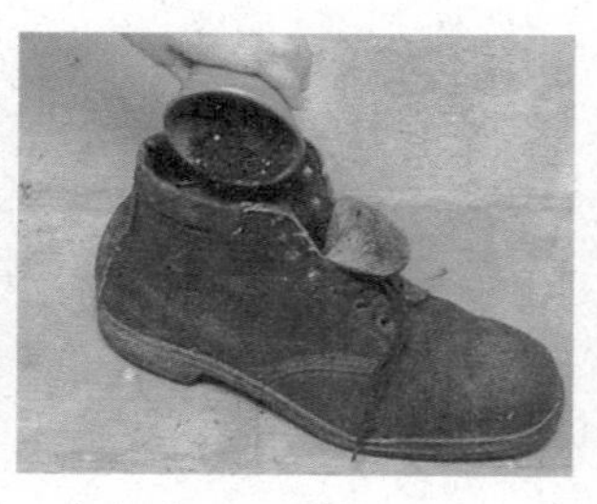

2.在靴中填满花盆堆肥（土壤），把它们压进鞋头部分。

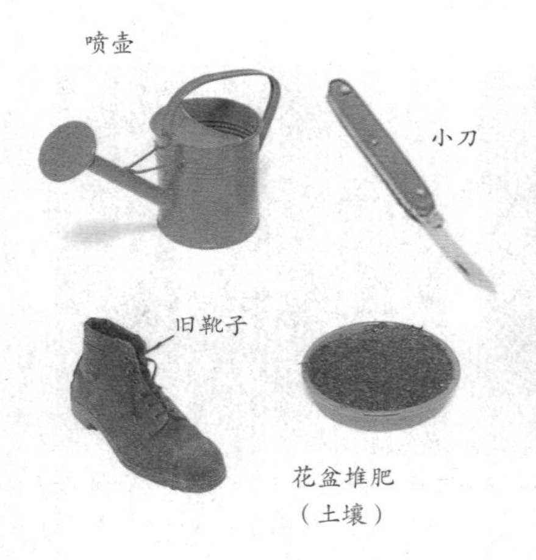

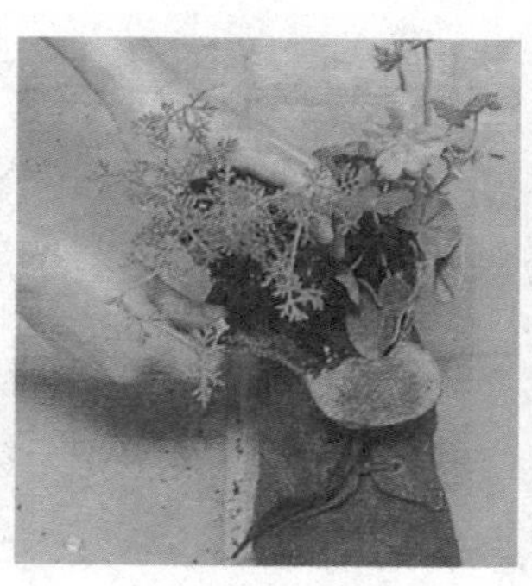

3.种上耐干旱、耐高温的植物，如天竺葵、马鞭草。它们能蔓过鞋子的边沿，蓬勃生长。

4.间植一些色彩能形成鲜明对比的三色紫罗兰和蔓生的半边莲属植物。半边莲可以生长在很小的空间中，会铺满整个边沿，散落出来，十分精致。

5.夏季的时候要每天给花靴浇水，如果你每星期浇一次溶有化肥的营养水，它们就会茁壮成长，开得更加旺盛。

把旧靴子变废为宝
变成花盆。

布置迷你池塘

没有哪个花园离得开水声和水景。在一个阳光照耀的、炎热的日子里嬉水会是多么美好啊，这个迷你池塘对于鱼儿来说是有点小，但是对于口渴的鸟儿来说却是一个很好的饮水点。任何一个大的容器都可以用做迷你池塘，只要它不漏水就行。洗碗盆有一点太浅，但在紧要关头还是顶用的。像图中这个较深的玩具箱是最理想的。所以，利用一些宝宝不玩的玩具，布置一个迷你池塘吧！

1.在容器底部铺一层沙砾。

2.容器中注满水，大约与边沿平齐。

3.把水生植物（当你买的时候，应该已经装在网兜里）慢慢地沿着容器的边沿放入水中。

4.在制氧水草的根部系一片从酒瓶盖上取下的铅条，固定它们的重心。

5.将束好的水草装入普通花盆中，在表面铺上沙砾。

6.将花盆沉入迷你池塘的底部，然后添一些漂浮植物，如水莴苣和水蕨。把你的小池塘放在花园中的坑洞里，这样才能保持阴凉。

制作草娃娃

种一个满头绿色长发的酷哥，或者按时修剪，种一个干净整洁的帅哥。制作它们几乎不要什么花费，作为礼物送给朋友也非常有原创性，当然，如果你舍得送给别人的话。

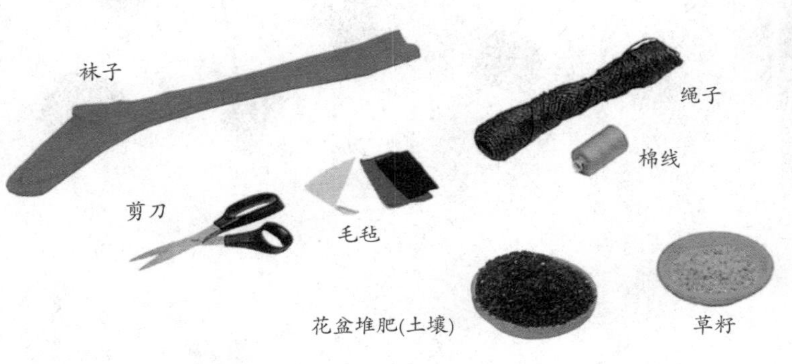

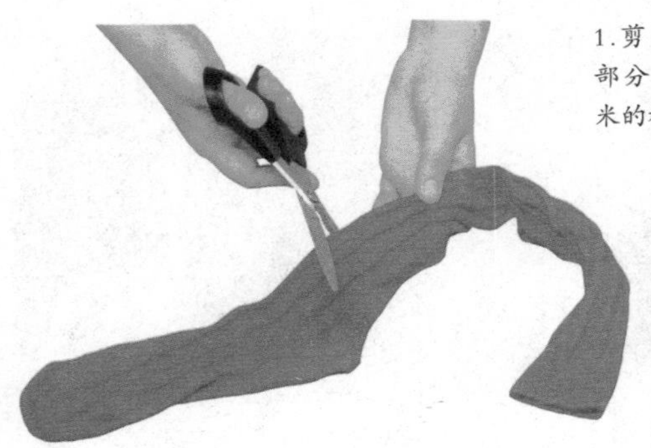

1.剪下袜子的脚底部分，留下约10厘米的袜腰。

2.在脚趾顶端放入一大把草籽，把它压成厚厚一层。

3.把脚趾部分填满花盆堆肥（土壤），每把都要压实，这样你就得到了一个形状良好的头部，而且非常结实。尺寸看你的需要定，但是越大越好。

4.像系气球一样系住末端，用绳子或结实的棉线扎紧开口也可以。在中间揪起一团，底部用皮筋扎住，形成鼻子。

5.用毛毡剪出眼睛、嘴巴、小胡子或络腮胡子。用织物胶将它们粘在合适的位置上。放置一夜，晾干。第二天早晨，把头部安放在一个装满水的纸杯中。

建自己的室内花园

蕨类植物生长在石缝间隙和林地中潮湿的地方。你可以把它们种在一个大广口瓶或水瓶中。自己做一个室内蕨类花园。

1.在瓶子的底部放一层粗沙。

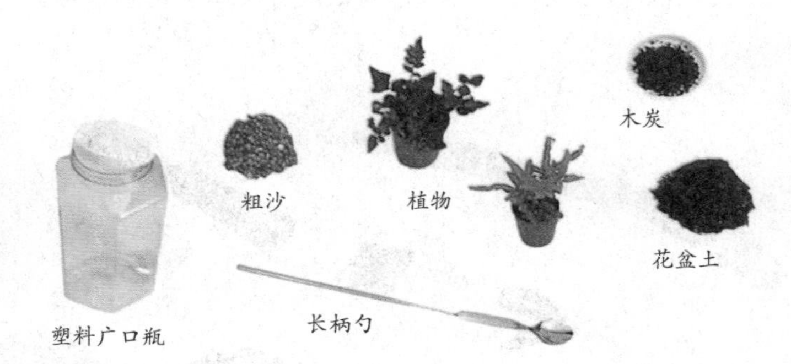

2.上面再铺一层木炭。

3.盖上一层花盆土。利用长柄勺，让土面变得平整、光滑。

4.再次使用长柄勺，植入蕨类和其他植物。

5.轻轻地加入足够的水，使土壤润湿。

6.盖上盖子。湿气会被保留在瓶子中，所以植物很少需要浇水。

2
第二篇
种菜，有机蔬菜
自己栽

西红柿

口味独特，营养丰富

西红柿是营养价值非常高的蔬菜，还可以当作水果生食。

西红柿的品种在大小上差异很大，初学者在栽种的时候应该选择更容易栽种的小西红柿。

栽种时要注意选择排水性好的土壤，光照充足的位置以及花朵授粉时的方法。

别名	番茄、洋柿子、六月柿、喜报三元
科别	茄科
温度要求	阴凉
湿度要求	湿润
适合土壤	中性排水性好的肥沃土壤
繁殖方式	播种、植苗
栽培季节	春季
容器类型	大型
光照要求	喜光
栽培周期	2 个月
难易程度	★★★

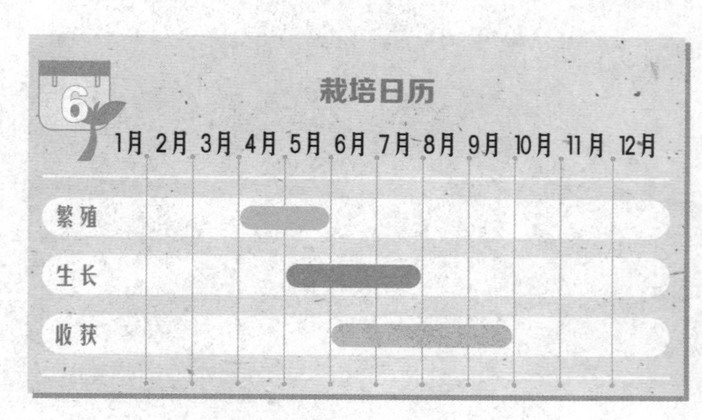

开始栽种

第1步

首先选择长有7~8片叶子的苗，茎部结实粗壮。将小苗放置在容器中挖好的土坑中。选取一根70厘米长的支杆，插入泥土中，注意不要伤到植物的根部，用麻绳将植物茎与支杆捆绑在一起。

为什么要嫁接呢？

在所有品种的幼苗中，嫁接苗的抗病性最强，虽然价格比较贵，但是比较适合初学者，所以我们在种植幼苗的时候最好选择嫁接苗。注意的是，栽种时嫁接处不要埋在土里。

第2步

植株生长1周后，将植株所有的侧芽都去掉，只留下主枝。

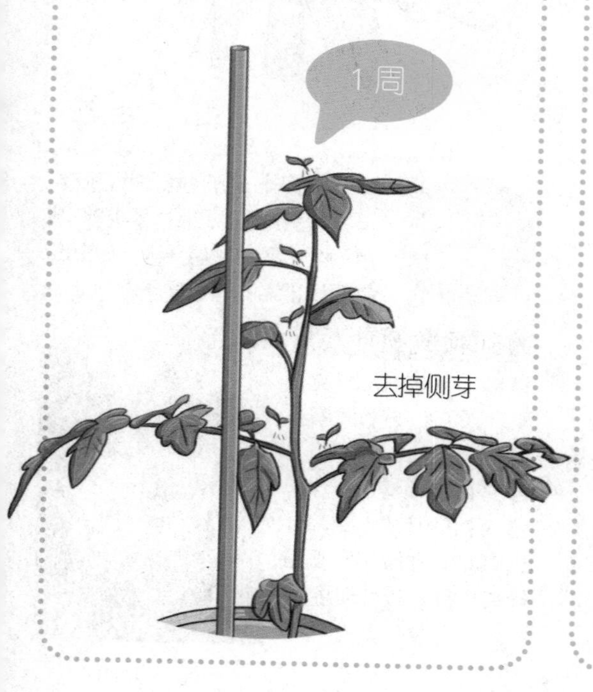

第3步

3周后选取3根2米长的支杆，插入到容器中，将植株顶端与支杆进行捆绑。当第一颗果实大约长到手指大小的时候，进行追肥，以后每隔2周进行一次追肥。

第4步

8周的时间西红柿就应该红了，将果实从蒂部上端采摘下来。

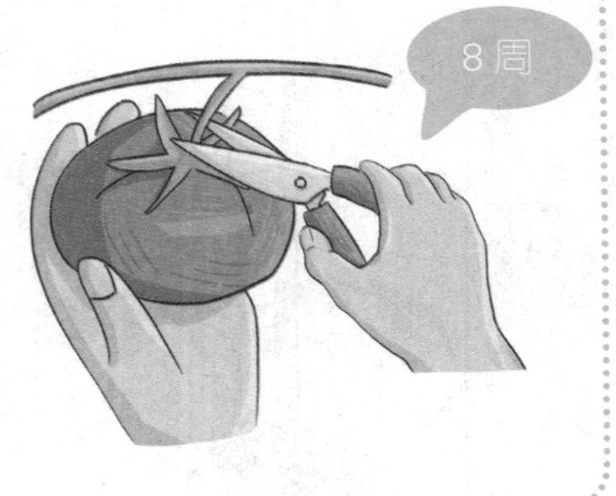

第5步

当植株长到和支杆一样高时，将主枝上端减去，让植株停止往上生长。

注意事项

◎为什么花朵授粉在西红柿栽种中如此重要？

如果西红柿的花朵不进行授粉的话，就会造成只长茎而不生长叶子的情况。这个时候我们需要做的就是轻轻摇动花房，进行人工授粉，这样才可以收获美味的果实。

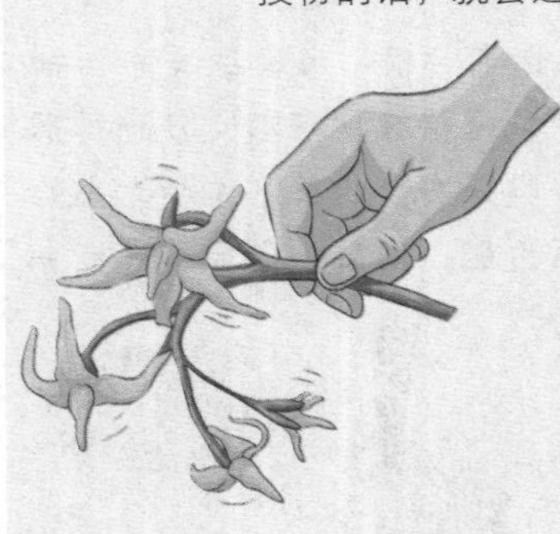

◎果实出现裂缝是怎么回事？

成熟了的果实如果被雨淋了，就会导致果实的内部膨胀出现裂缝。所以要将容器移动至避免淋雨的位置，这样才能保证果实不受伤害。

美食妙用

刚摘下来的西红柿口味纯正，酸甜可口。西红柿中含有丰富的维生素和膳食纤维，热量低，是瘦身排毒的理想食品。

西红柿酸奶汁

材料：西红柿200克，酸奶200克，蜂蜜适量。

做法：

❶ 将西红柿清洗干净。❷ 将西红柿放入到榨汁机中并倒入酸奶和适量蜂蜜。❸ 榨成汁即可。

黄瓜

口感爽脆、生长迅速

黄瓜古称胡瓜，由西汉张骞从西域带到中原，由此而得名。黄瓜生长非常迅速，一般植苗后1个月左右便可以收获。适宜温度为18~25℃，不耐寒，春天要等到气温显著回升后再进行栽培。

别　　名	胡瓜、青瓜
科　　别	葫芦科
温度要求	温暖
湿度要求	湿润
适合土壤	中性排水性好的肥沃土壤
繁殖方式	播种、植苗
栽培季节	春季
容器类型	大型
光照要求	喜光
栽培周期	2个月
难易程度	★★

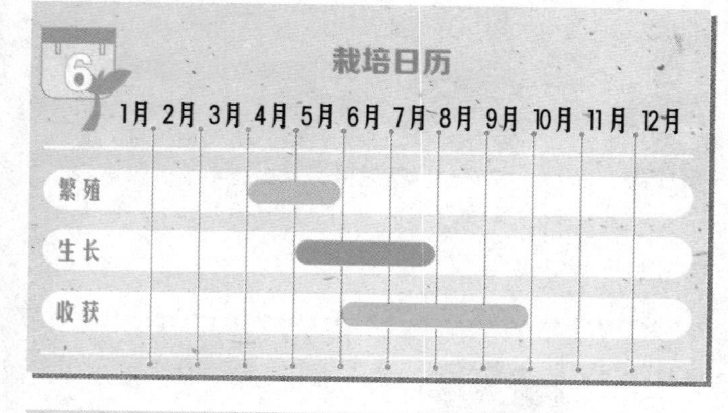

黄瓜大部分是由水组成的，生吃不仅清脆爽口，味道清香，还保留了黄瓜中大部分的营养，因此黄瓜生吃的好处是大于熟食的。

酸奶黄瓜酱

材料： 酸奶500克，黄瓜1根，蒜2瓣，薄荷20片，盐、胡椒粉适量。

做法：

❶ 将蒜捣成蒜泥。❷ 将黄瓜用刨丝器刨成细丝，并将黄瓜丝中的多余水分按出。❸ 将黄瓜丝和酸奶放入碗中，再混入蒜泥、盐、胡椒和薄荷，在冰箱里冷却即可。

开始栽种

第1步

首先选出色泽好、枝干结实的幼苗。用手夹住幼苗，放到已经挖好坑的土壤中，轻轻覆土。注意嫁接品种要将嫁接处露在土外。在泥土中插入支杆，注意不要伤到植株根部。

发芽期

播种至第一片真叶出现，一般5~7天，此阶段生长速度缓慢，需较高的温、湿度和充足的光照，以促进及早出苗及出苗整齐，防止徒长。

第2步

1周后选择3根支杆间隔地插入泥土中，在支杆顶部进行捆绑。用麻绳将蔓与支杆进行捆绑，捆绑力度要放松。然后进行追肥，撒在植株根部并与泥土混合的地方，以后每2周追肥1次。

幼苗期

从第1片真叶展开至第4~5片真叶展开，一般需要30天左右。此阶段开始花芽分化，但生长中心仍为根、茎、叶等部分。管理目标为促控相结合，培育壮苗。

第3步

当第一茬果实长到15厘米长的时候要及时收获，这样可以使植株更好地生长。此后当果实长到18~20厘米的时候收获即可。

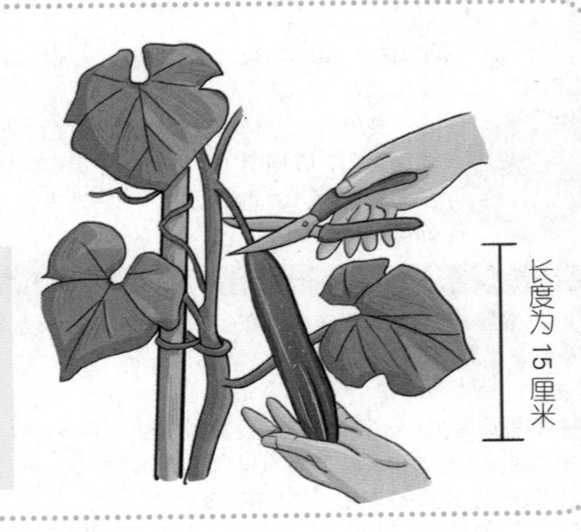

结瓜期

从第一个雌瓜坐瓜至拉秧，持续时间因栽培方式不同而不同。此阶段植株生长速度减缓，以果实及花芽发育为中心。应供给充足的水肥，促进结瓜、防止早衰。

第4步

当植株长到与支杆一样高的时候，将主枝的上部剪掉，使侧芽生长。剪枝一定要选择在晴天进行，以防止淋雨。

为何会出现畸形瓜？

主要症状有蜂腰瓜、尖嘴瓜、大肚瓜、弯瓜、僵瓜等。形成原因是栽培管理措施不当，如水肥管理不当造成植株长势弱；温度过高、过低造成授粉受精不良；高温干旱、空气干燥。另外，土壤缺微量元素时也可形成畸形瓜。

注意事项

◎植株的间距是怎样的？

黄瓜苗与苗之间的距离要保持在30厘米以上，否则就会影响植株的生长。

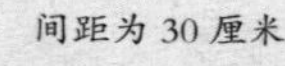

间距为30厘米

◎选什么样的苗最合适？

选购种苗的时候最好选择嫁接的品种，黄瓜嫁接品种的抗寒性、抗病性比一般植株都要好。

选择嫁接的品种

◎黄瓜弯曲是怎么回事？

黄瓜弯曲是由于肥料不足、温度过高所导致的，但是弯曲的黄瓜并不比直的黄瓜口感差。如果想要培育出直的黄瓜，那么就要认真地浇水、施肥。

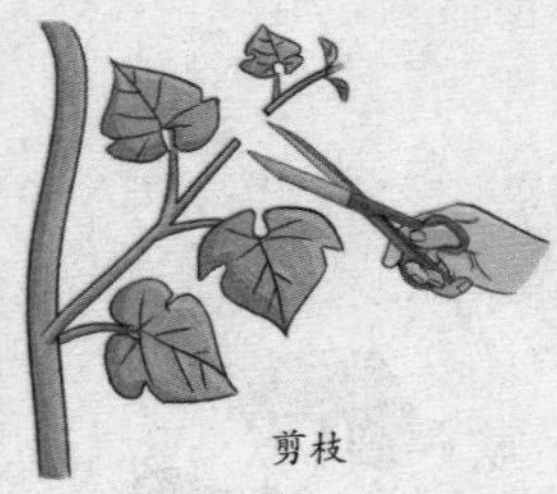

剪枝

◎剪枝是为了什么？

黄瓜剪枝主要是为了增加果实的收获量。这样植株就更容易将营养输送到枝芽，从而使果实长得更多更好。

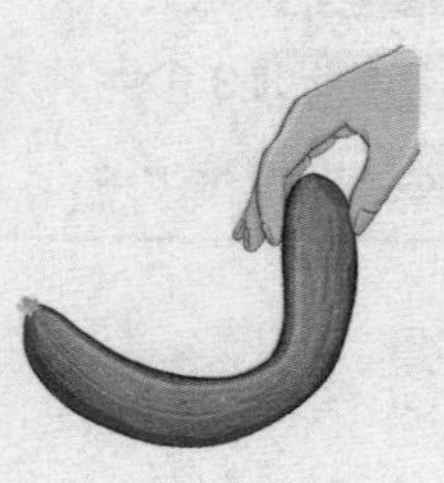

黄瓜弯曲

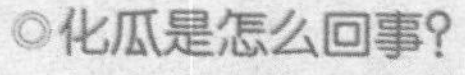

◎化瓜是怎么回事？

化瓜是指花开后当瓜长到8～10厘米时，瓜条不再伸长和膨大，且前端逐渐萎蔫、变黄，后整条瓜逐渐干枯。主要原因为：栽培管理措施不当，水肥供应不足；结瓜过多；采收不及时；植株长势差；光照不足；温度过低或过高等。

迷你南瓜

生命力强，容易培植

南瓜的种类很多，不过培育方式大致相同，盆栽栽种出的南瓜重量一般是400~600克。南瓜摘取后，放置一段时间后口味更甜更可口。南瓜不易腐坏，切开后即便放置1~2个月，营养和口感也不会变差。

- 别　　名 麦瓜、番瓜、倭瓜、金冬瓜、金瓜
- 科　　别 葫芦科
- 温度要求 耐高温
- 湿度要求 耐旱
- 适合土壤 中性排水性好的肥沃土壤
- 繁殖方式 播种、植苗
- 栽培季节 春季
- 容器类型 大型
- 光照要求 喜光
- 栽培周期 3个月
- 难易程度 ★★★

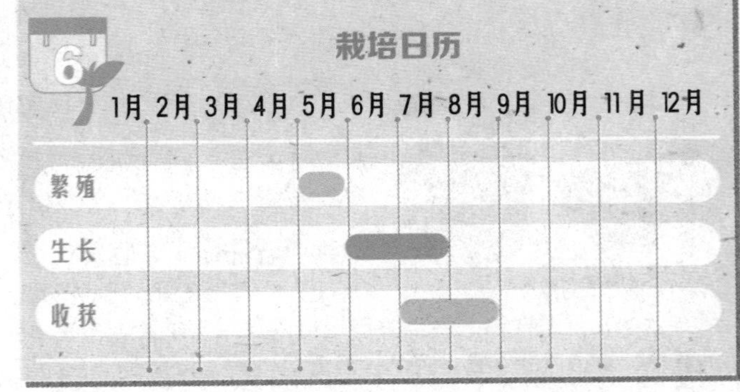

开始栽种

南瓜的品种很多，南瓜蔓长的品种需要较大的栽种面积，因此要根据自己的实际情况选择合适的容器以及种植品种。用手按住苗的底部，将苗的根部完整地放入已经挖好坑的容器中，埋好土后轻轻按压。

第2步

3周后留下主枝和2个侧枝，将其余的芽全部去掉。

第3步

开花后，将雄花摘下，去掉花瓣，留下花蕊，将雄花贴近雌花授粉。注意，带有小小果实的是雌花。

第4步

选择3根支杆，用麻绳将蔓与支杆进行捆绑。当最初的果实逐渐变大时，进行一次追肥，以后每隔2周追肥一次。

每2周追肥一次

第5步

南瓜蒂部变成木质、皮变硬的时候就可以收获了。

注意事项

◎必须要人工授粉吗？

南瓜的雌花如果不进行授粉，就会造成只长蔓而不结果的情况，在大自然中这种时候蜜蜂等昆虫往往会帮忙，但是在阳台上种植就无法实现了，人工授粉是确保成功结果的最好方式。

◎光长蔓不结果时怎么办？

南瓜对氮肥的需求量并不多，施用过多人工授粉会导致只长蔓不结果的情况出现，因此一定要控制好肥料的使用，以免收获不到果实。

草莓

酸甜可口，样子可爱

草莓外观呈心形，鲜美红嫩，果肉多汁，有着特别而浓郁的水果芳香。但是草莓不耐旱，即使是在休眠期的冬季也不要忘记时常浇水。高温多湿的环境容易让草莓患上白粉病或灰霉病，所以夏季一定要注意通风。

别　　名 红莓、洋莓、地莓、土多啤梨
科　　别 蔷薇科
温度要求 温暖
湿度要求 湿润
适合土壤 酸性排水性好的肥沃土壤
繁殖方式 播种、植苗
栽培季节 秋季
容器类型 中型
光照要求 喜光
栽培周期 7个月
难易程度 ★★

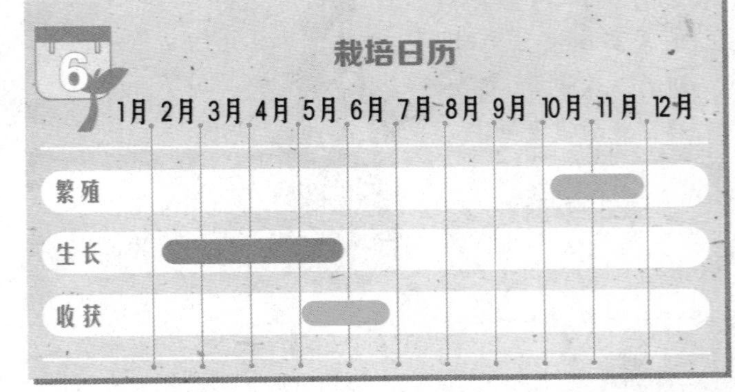

开始栽种

第1步

草莓叶子根部膨胀起来的部分叫作齿冠，齿冠长得粗壮，草莓才会长得好。在一个中型容器中至多挖3个坑，间距为25厘米，然后将草莓种苗埋入坑中，土要略覆盖齿冠部分，用手轻轻按压后浇水。

第2步

3个月的时候进行第一次追肥，一株施肥10克左右，撒在草莓底部。

第3步

当新芽长出后，要将枯叶去掉，这个时候开出的花没有结果的迹象，也要直接摘除。

第4步

当果实刚刚长出来的时候，要在植株底部铺上一层草或锡纸。

第5步

种植半年左右要进行收获前的最后一次追肥，撒在底部，与土混合，一个月后就可以收获了。

注意事项

◎选择什么样的苗呢?

草莓的苗比较容易受到细菌的感染，选择脱毒草莓苗保证草莓在比较安全的前提下进行栽种，是比较保险的。

脱毒草莓苗

◎为什么要统一草莓苗的爬行茎?

草莓是通过爬行茎的生长来繁殖新苗的，果实一般生长在爬行茎的对侧。植苗的时候，最好将不同草莓苗的爬行茎的方向统一一下。

◎为什么要铺草?

草莓喜湿润，而果实接触泥土后却非常容易造成腐烂，因此在土壤表层铺草在避免土壤干燥的同时，还可以防止果实接触泥土而造成腐烂。

茄子

传统佳蔬，营养丰富

茄子是我们日常生活中最常见到的蔬菜之一，利用种子栽种不容易成活，作为初学者，最好选择成苗的植株进行栽种。每年的5~8月是收获茄子的季节，注意及时采摘。

别　名　落苏、昆仑瓜、矮瓜

科　别　茄科

温度要求　温暖

湿度要求　湿润

适合土壤　中性排水性好的肥沃土壤

繁殖方式　播种、植苗

栽培季节　春季

容器类型　大型

光照要求　喜光

栽培周期　6个月

难易程度　★★

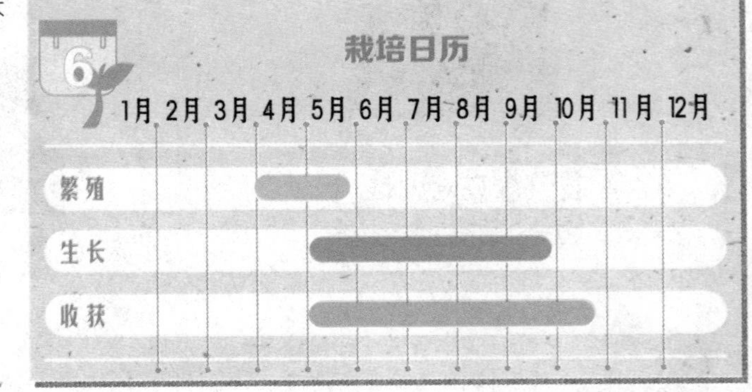

开始栽种

第1步

选择整体结实、叶色浓绿，并带有花蕾的种苗。用手夹住种苗底部将其放在已经挖好坑的容器中，准备1根长60厘米的支杆，在距苗5厘米的位置插入土壤，并用麻绳将其与植株的茎轻轻捆绑。土层表面有干的感觉时就要及时浇水。

第2步

2周后将植株所有的侧芽都去掉，只留下主枝。当出现第一朵花时，留下花下最近的2个侧芽，其余的全部摘掉。选择1根长为120厘米的支杆，插到菜苗旁边，用麻绳进行捆绑。此后每2周进行追肥。

第3步

为了让植株更好地生长，当果实长到10厘米左右的时候，即可用剪刀将果实从蒂部剪取。

第4步

7月上旬到8月下旬，将旧的枝剪去，新的枝就会长出来，接下来只要静心等待收获的到来就可以了。

注意事项

◎选择什么样的日子摘取侧芽呢？

一般来说，摘取侧芽要在晴天进行，侧芽可用手轻轻地掰掉，也可用剪刀剪掉。

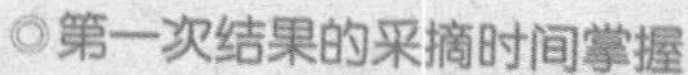

◎第一次结果的采摘时间掌握

茄子第一次结果的采摘时间一定要提前，只要茄子长得光泽饱满了就可以进行采摘，提早于标准收获期是完全可以的。

◎花朵可以告诉我们什么？

茄子的花朵会告诉你茄子的生长状况如何，如果雄蕊比雌蕊长，植株的健康状况就不好，原因可能是水分或者肥料不足，也可能是有害虫作怪。

用保鲜膜将茄子包起来

◎茄子怎么保存？

茄子的水分很容易流失，摘下果实后要用保鲜膜将茄子包起来，放在冰箱里保存可以保持茄子的新鲜度。

蚕豆

味道甘美，营养丰富

蚕豆是一种营养丰富的美食，具有调养脏腑的功效。栽种的时间一般是秋季，需要越冬，春天的时候才会发芽。当豆荚由朝上变成向下沉甸甸地悬挂在枝头的时候，就表明蚕豆就已经成熟了。

- **别　　名** 胡豆、佛豆、倭豆、罗汉豆
- **科　　别** 豆科
- **温度要求** 温暖
- **湿度要求** 湿润
- **适合土壤** 微碱性排水性好的肥沃土壤
- **繁殖方式** 播种
- **栽培季节** 冬季
- **容器类型** 大型
- **光照要求** 喜光
- **栽培周期** 7个月
- **难易程度** ★★

栽培日历

	1月	2月	3月	4月	5月	6月	7月	8月	9月	10月	11月	12月
繁殖											●	●
生长				●	●							
收获						●	●					

开始栽种

第1步

准备几个3号的小花盆，每盆中将2颗蚕豆放入土中。一定要将蚕豆黑线处斜向下放入土中，不要全埋，让一小部分种子露在土壤上面。

第2步

3周后将植株所有的侧芽都去掉，只留下主枝。当叶子长出2~3片的时候，将长势不好的小苗拔掉。然后将长势好的幼苗移植到一个大容器中，将苗放置在已经挖好坑的容器里，株间距保持在30厘米左右，然后浇水。

第3步

3个月后选数根1米左右的支杆，插在容器的边缘，将植株围绕在里边。用麻绳将支杆绑成栅栏的样子。用麻绳将植株的茎引向较近的支杆。

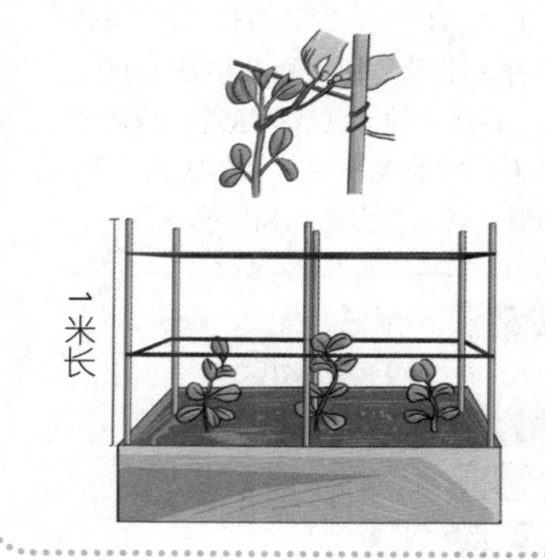

第4步

当植株长到40~50厘米长的时候，每株选取较粗的茎留下3~4根，其余的剪掉。然后追肥20克，再培培土。

第5步

植株开花后，要进行剪枝，以促进果实生长。

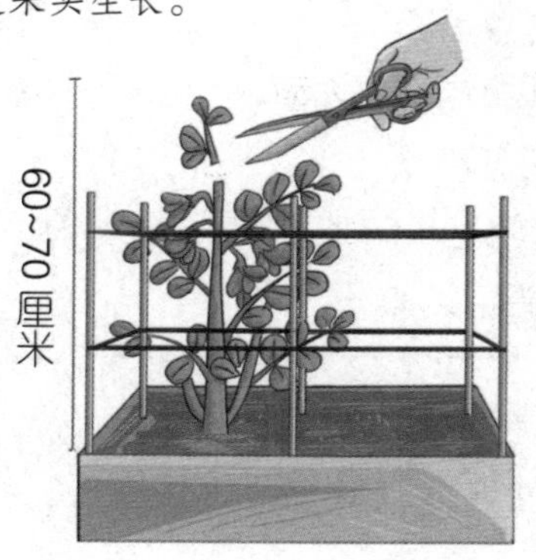

第6步

当豆荚背部变成褐色的时候，从豆荚根部用剪刀剪取。

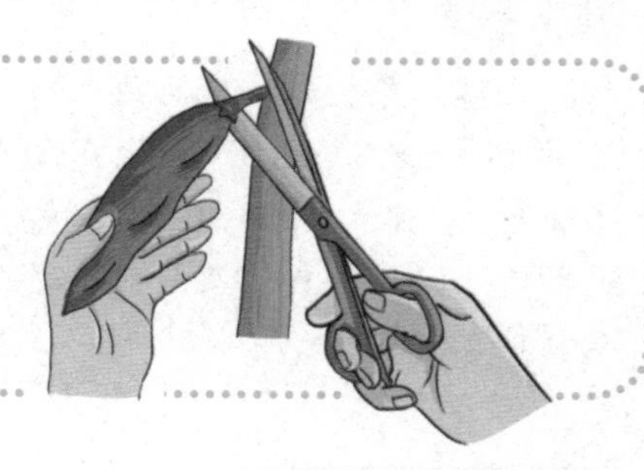

扁豆

快速成熟，营养丰富

扁豆可以分为带蔓的和不带蔓的两个品种，不带蔓的扁豆栽培期为60天左右，自己栽种建议选择这种进行栽植。扁豆不喜欢酸性土壤，果实成熟后要早些摘取，否则就会影响到口感。

别　名 南扁豆、茶豆、南豆、小刀豆、树豆

科　别 豆科

温度要求 耐高温

湿度要求 耐旱

适合土壤 碱性排水性好的肥沃土壤

繁殖方式 播种

栽培季节 春季

容器类型 中型或大型

光照要求 喜光

栽培周期 2个月

难易程度 ★

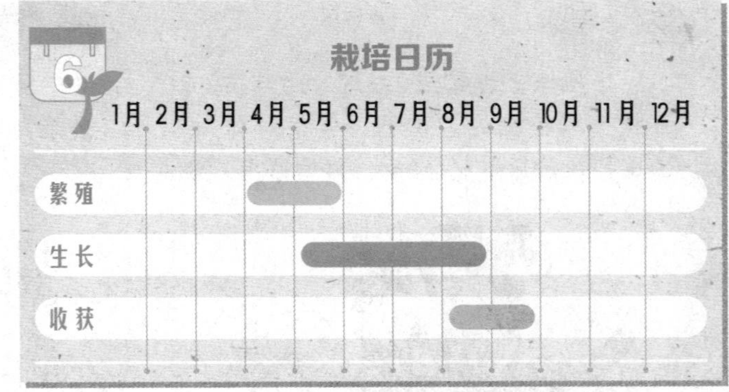

开始栽种

第1步

在容器中挖坑，株间距保持在20~25厘米。每个坑里至多放3粒种子，种子之间不要重合，然后覆土、浇水，种子发芽前一定要保证土壤湿润。

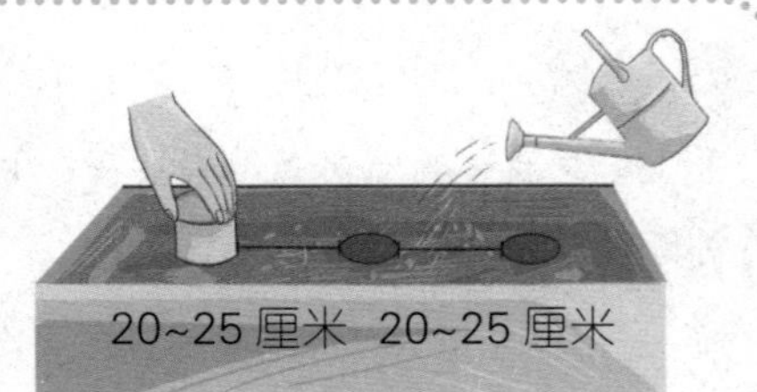

第2步

2周后将植物所有的侧芽都去掉，只留下主枝。当叶子长到2~3片时，3株小苗中选出最弱的剪掉，留下2株。然后进行培土，以防止小苗倒掉。

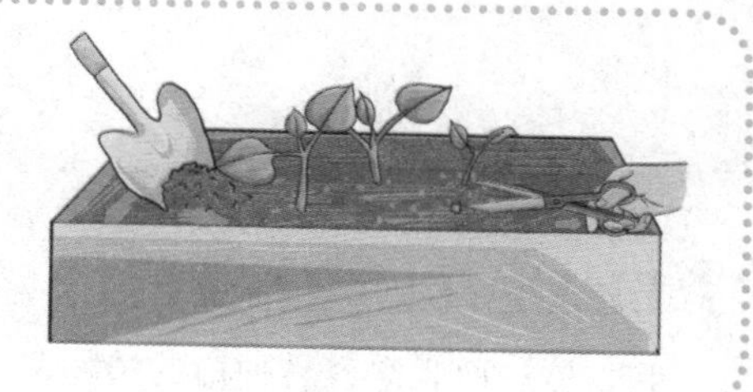

第3步

不带蔓的扁豆品种可以不立支杆，如果处在风较强的环境中，可以简单立支杆，用麻绳轻轻捆绑。当苗长到20厘米时，可追肥10克，与表层的土轻轻混合。

第4步

开花后15天左右就可以收获，扁豆尚不成型的情况下收获是最好的，会更加香嫩可口，收获晚了扁豆就会变硬。

土壤板结怎么办？

浇水会使得土壤变硬，经常松土，可以有效改善土壤板结的情况。

注意事项

◎怎样防鸟？

扁豆的嫩芽是鸟类的至爱，如果不想办法的话，扁豆嫩芽可能要被小鸟吃光，在植株上罩一层纱网可以有效抵御鸟的侵袭。

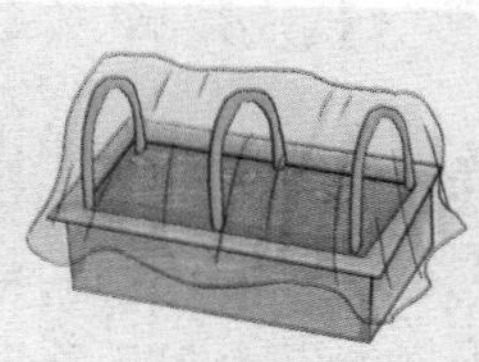

◎千万不要这么做

如果扁豆长得不好，就要及时进行处理，在处理的时候，千万不要连根拔起，这样可能会伤害到其他的植株，用剪刀从根部剪掉最好。

毛豆

口味绝佳，营养护肝

毛豆是一种非常容易种植的植物，它适应性强，生长快，从种植到收获需要不到90天的时间。但是毛豆非常讨厌氮元素含量高的土壤，因此施肥的时候一定要注意。光照好的环境更利于毛豆的生长。

- 别　　名 菜用大豆
- 科　　别 豆科
- 温度要求 温暖
- 湿度要求 湿润
- 适合土壤 中性排水性好的肥沃土壤
- 繁殖方式 播种
- 栽培季节 春季
- 容器类型 大型
- 光照要求 喜光
- 栽培周期 3个月
- 难易程度 ★★

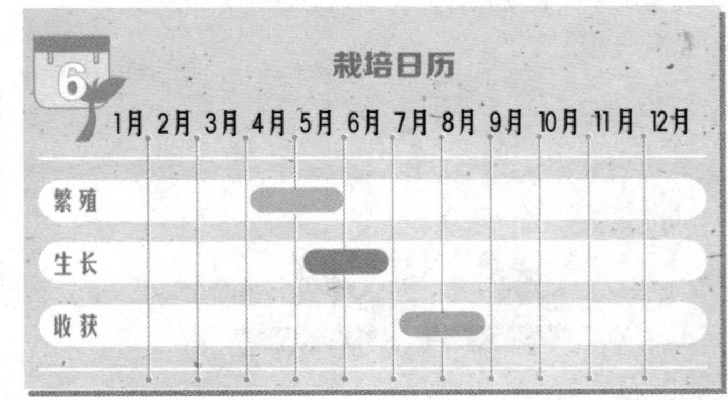

开始栽种

第1步

在容器中挖坑，每个坑里放3粒种子，注意种子之间不要重合，在种子上面盖约2厘米厚的土，然后进行浇水。种子发芽之前要保持土壤湿润。

第2步

2周后当叶子长出来，要将生长较弱的一株剪去，用手轻轻培土按压。

第3步

3~6周后进行第一次追肥，开花后6周再追肥一次，每一株施肥4克，撒在植物底部并与泥土混合。然后进行培土。

第4步

开花后8周进行第三次追肥，每株4克，撒在植物根部与泥土混合，同时立起支杆。

第5步

当植株和支杆一样高时，将主枝上端的枝条减去，让其停止生长。种植3个月就可以收获了——将植株从根部剪去即可。

注意事项

◎大豆和毛豆有什么区别?

毛豆和大豆实际上是一种植物，毛豆是在大豆较嫩的时候摘取的，比大豆含有更为丰富的维生素C。

大豆
黄豆芽
毛豆

◎何时要罩纱网?

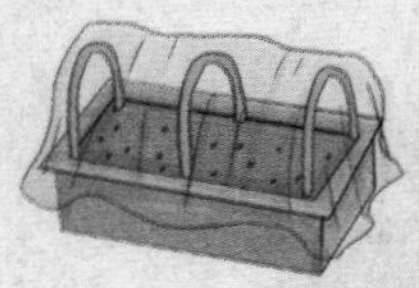

种子发芽后，为了避免嫩芽被鸟啄食，要罩上纱网。叶子长出来的时候要去掉纱网。毛豆开花的时候会受到“臭大姐”（椿象的俗名）的骚扰，因此要再次罩上纱网。

◎花为什么枯萎了呢?

一般来说，毛豆的花朵在不应该枯萎的时候出现枯萎的现象是由于缺水导致的。毛豆在开花的时候需要大量浇水，这个时期土壤的湿润程度也直接关系到果实是否长得饱满。

青椒

营养丰富，美容养颜

青椒是一种非常耐热的蔬菜，所以害虫侵扰少，培植起来比较容易。青椒中维生素C的含量非常高，是美容养颜的健康蔬菜，青椒中富含的辣椒素是一种抗氧化成分，对防癌有一定的效果。

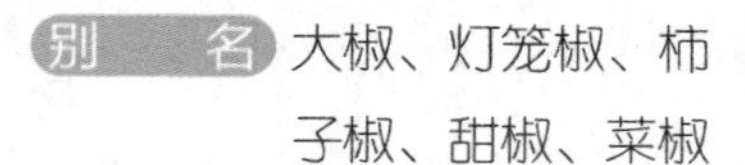

- 别　　名　大椒、灯笼椒、柿子椒、甜椒、菜椒
- 科　　别　茄科
- 温度要求　温暖
- 湿度要求　耐旱
- 适合土壤　中性排水性好的肥沃土壤
- 繁殖方式　播种、植苗
- 栽培季节　春季
- 容器类型　大型
- 光照要求　喜光
- 栽培周期　2个月
- 难易程度　★★

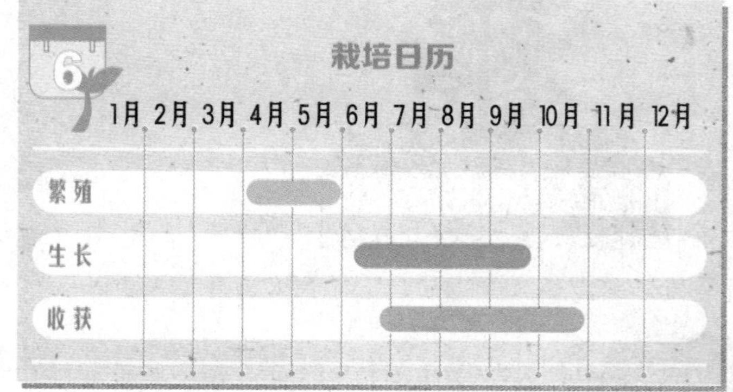

开始栽种

选择有花蕾、结实、根部土块厚实的植株。用手夹住菜苗，放入已经挖好坑的容器中，并插入支杆，用麻绳将支杆与植株轻轻捆绑。浇水，直到浇透为止。

第2步

2周后将植株所有的侧芽都去掉，只留下主枝。第一朵花开后，花朵下边最近2个侧芽留下，其余侧芽全部摘去。找1根长为120~150厘米的支杆插入容器中，在距底部20~30厘米处用麻绳捆绑，原来的支杆保持不变。

第3步

当出现小果实时进行追肥，取10克左右的肥料撒入泥土，此后每隔2周追肥1次。

每2周追肥一次

第4步

当果实长到4~5厘米时进行第一次采摘，较早收获有利于后面果实更好地生长。

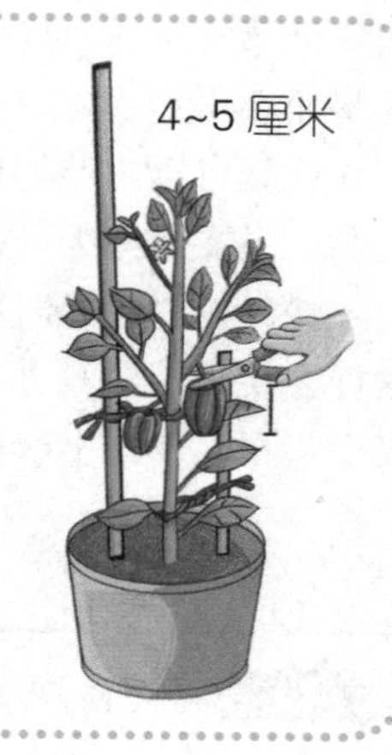

第一次采摘

第5步

青椒长到5~6厘米的时候进行第二次采摘，早些采摘可以减少青椒植株的压力。

注意事项

◎彩椒栽培时间更长

青椒的品种非常多，不仅仅是青色的，还有红色、橙色、黄色、白色、紫色等颜色，看起来非常美丽的彩椒的栽培时间比普通青椒的长，但是肉厚味甜，深受人们的喜爱。

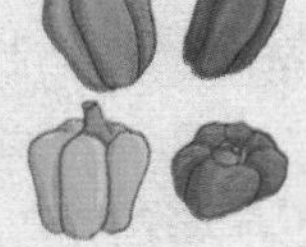

◎如果忘记施肥会怎样?

青椒在生长期间非常需要肥料的滋养，如果青椒的肥料不足的话，就会造成青椒成熟后变得非常辣。

油菜

栽种容易，口感脆嫩

油菜喜冷凉，抗寒力较强，种子发芽的最低温度为 3~5℃，在 20~25℃条件下 3 天就可以出苗，油菜不需要很多的光照，只要保持半天的光照就可以了。

撒种的时候，要注意不要栽植过密，这样会使得油菜没办法长大。油菜容易吸引害虫，要罩上纱网做好预防工作。

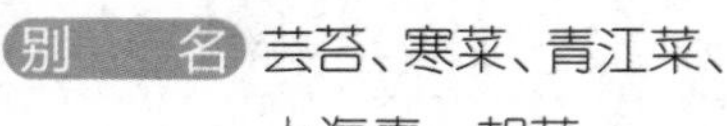

别　　名 芸苔、寒菜、青江菜、上海青、胡菜

科　　别 十字花科

温度要求 温暖

湿度要求 耐旱

适合土壤 中性排水性好的肥沃土壤

繁殖方式 播种

栽培季节 春季、秋季

容器类型 中型

光照要求 短日照

栽培周期 1 个月

难易程度 ★

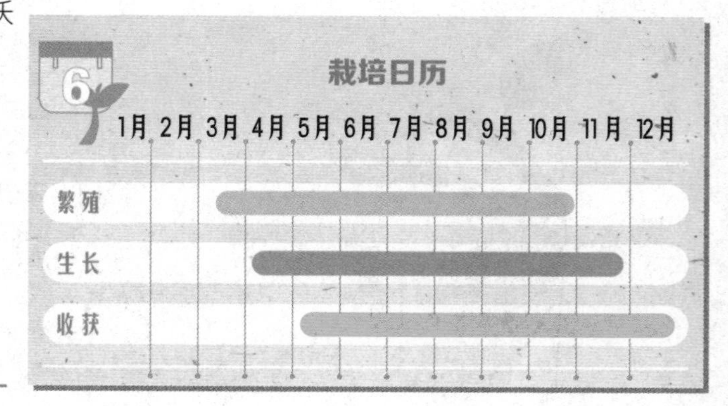

开始栽种

第1步

将土层表面弄平，造深约1厘米、宽1~2厘米的小壕，壕间距为10~15厘米。每间隔1厘米放1粒种子，然后盖土，浇水，发芽之前都要保持土壤湿润。

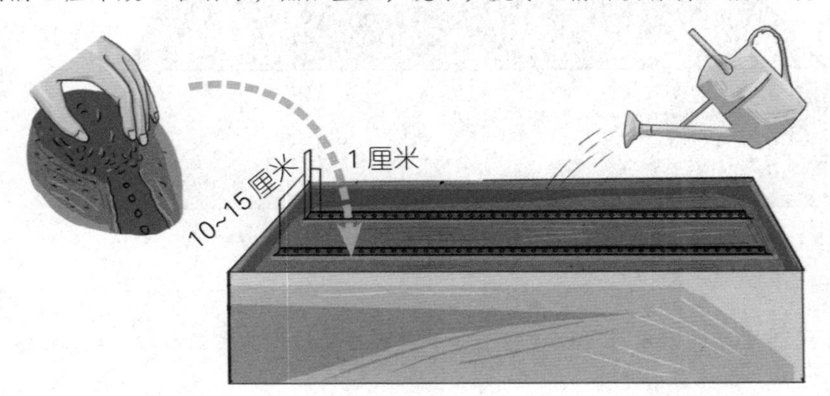

第2步

油菜发芽后，要将发育不太好的菜苗拔掉，使株间距控制在3厘米左右。为了防止留下来的菜苗倒掉，要适量进行培土。

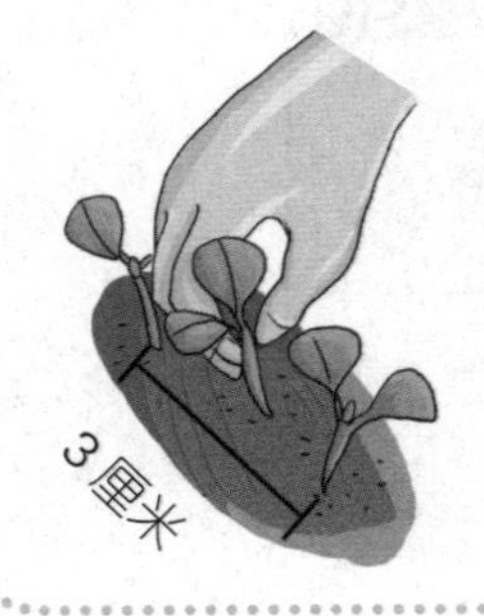

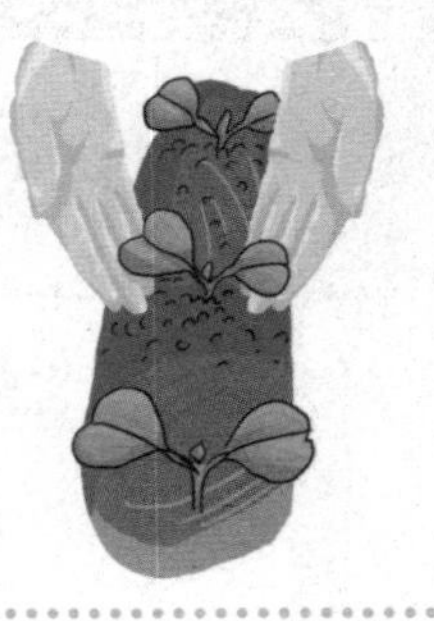

虫害的防治

油菜的虫害主要有蚜虫、潜叶蝇等。防治药剂有40%乐果乳油或40%氧化乐果1000～2000倍液、20%灭蚜松1000～1400倍液、2.5%敌杀死乳剂3000倍液等。蚜虫防治可以设置黄板诱杀蚜虫，或利用蚜茧蜂、草蛉、瓢虫、食蚜蝇等进行生物防治。

第3步

当本叶长到2~3片的时候，将肥料撒在壕间，与土混合，然后将混了肥料的土培到株底，并保持株间距为3厘米。

第4步

当植株长到10厘米高的时候在壕间施肥10克左右。

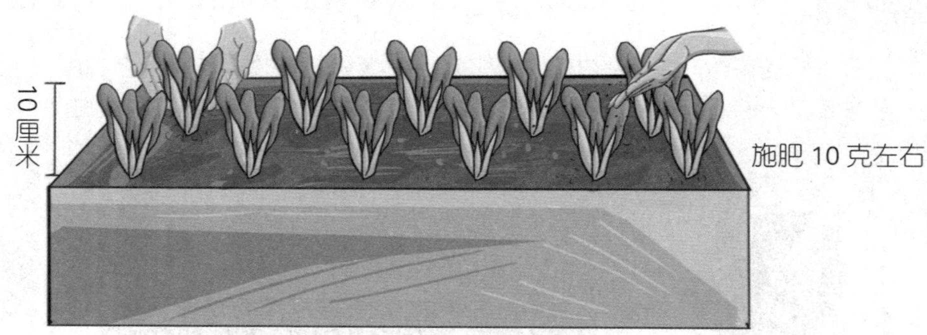

第5步

当长到25厘米的时候就可以收获了——用剪刀从植株的底部剪取。错过采摘时间，油菜生长过大，口感就会变差。

注意事项

◎撒种的时候要注意什么?

在播撒种子的时候一定要注意不要将种子播撒得太密，种子重合生长会给日后的间苗带来很大困难。

◎间出的苗也是宝

间出来的菜苗不要扔掉，它也是一种营养美食，我们可以把它当作芽苗菜食用，无论是炒菜还是生吃都非常可口。

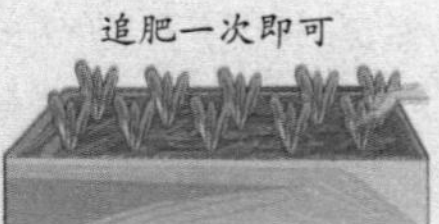

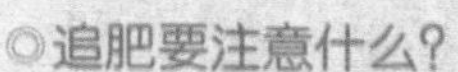

◎追肥要注意什么?

油菜是一种对肥料需求并不大的植物，平时尽量不要施太多的肥料，长势好的情况下，追肥一次就足够了。

苦菊

口感清脆，种植简便

苦菊有很多品种，主要是体现在大小的不同上面，盆栽种植最好选择小株。苦菊是一种非常不耐寒的蔬菜，在保证温度的同时要勤浇水，这样苦菊会长得更好。

别　名 苦苣、苦菜、狗牙生菜
科　别 药菊科
温度要求 温暖
湿度要求 湿润
适合土壤 中性排水性好的肥沃土壤
繁殖方式 播种
栽培季节 春季、秋季
容器类型 中型
光照要求 短日照
栽培周期 1 个月
难易程度 ★

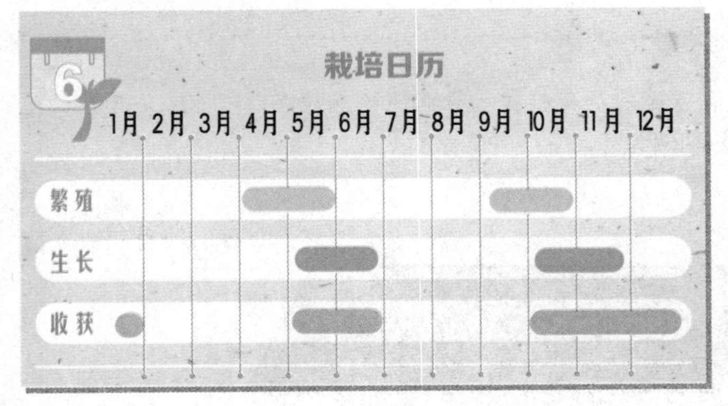

美食妙用

苦菊具有抗菌、解热、消炎、明目等作用，是清热去火的美食佳品。

紫甘蓝拌苦菊

材料： 苦菊 1 棵，紫甘蓝半棵，干辣椒、花椒、盐、鸡精、陈醋、糖、生抽、熟芝麻、香油各适量。

做法：

❶ 将苦菊、紫甘蓝洗净后切丝。❷ 用小火将油烧热，放入干辣椒和花椒煸炒出香味后，关火冷却。❸ 将菜品浇上辣椒油，再放入盐、鸡精、陈醋、糖、生抽、熟芝麻、香油搅拌均匀即可。

开始栽种

第1步

先在土壤上造深约 1 厘米、宽 1~2 厘米的小壕，壕间距为 15 厘米左右，每隔 1 厘米放 1 粒种子。注意种子不要重叠，然后轻轻盖土，浇水，发芽前保持土壤湿润。

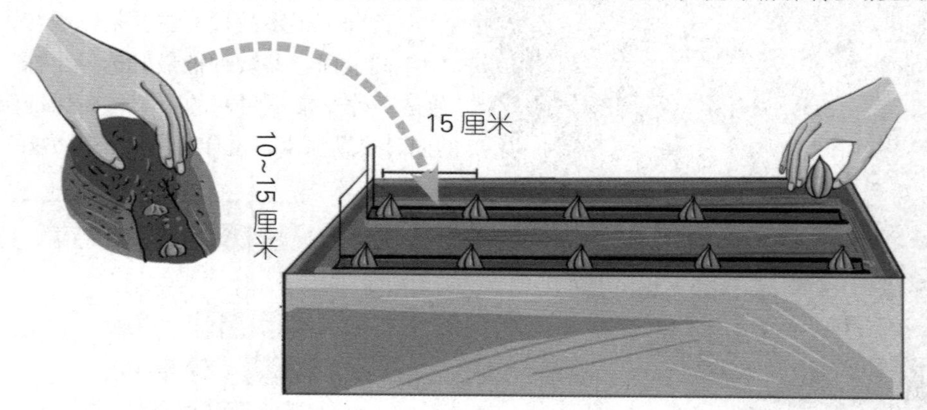

第2步

当小苗都长出来后，将发育较差的小苗拔掉。株间距要保持在 3 厘米左右。在小苗的根部适量培土，以防止植株倒掉。

间出的小苗是美味

间出的小苗不要扔掉，小苗鲜嫩无比，是不可多得的美食，我们可以用它来炒菜、生吃，既健康又美味。

第3步

当本叶长出3片的时候，进行第一次追肥，将肥料撒在壕间与泥土混合。往菜苗根部适量培肥料土。

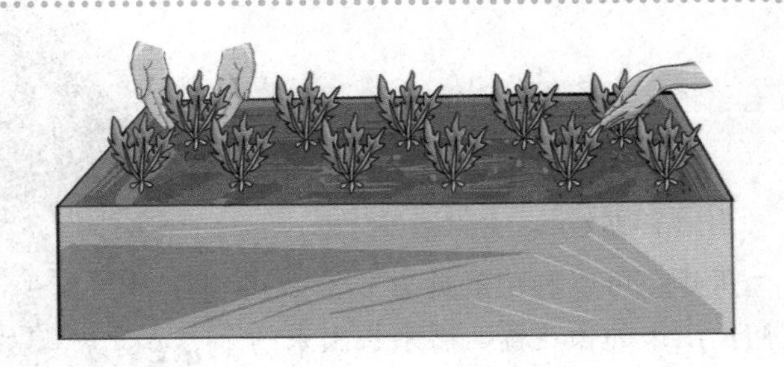

第4步

当长到20~25厘米的时候，进行间苗，使株间距控制在30厘米左右。剩下的苦菊要培植成大株，因此要进行最后一次追肥。

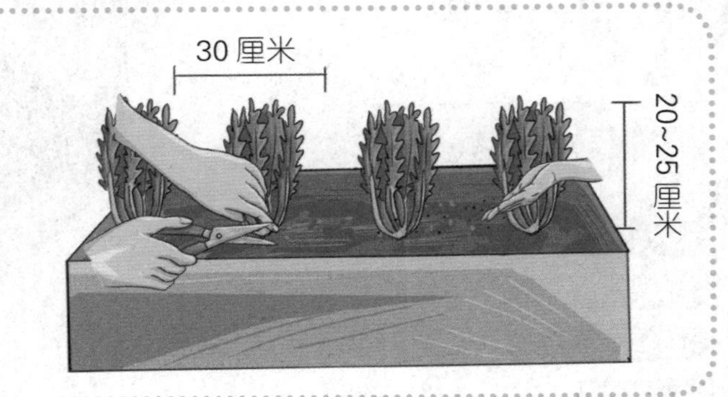

注意事项

◎虫子怎么这么多?

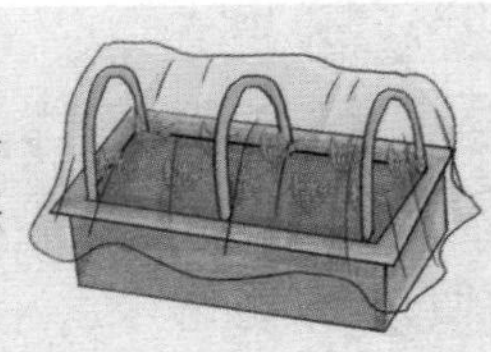

苦菊非常受害虫的欢迎，如果不尽快采取措施，辛苦栽种的蔬菜就要被虫子吃光了，在容器上面罩上一层纱网可以有效地防止害虫侵袭。

◎不需要烹调的菜

苦菊的茎叶柔嫩多汁，营养丰富。维生素C和胡萝卜素含量分别是菠菜的2.1倍和2.3倍。嫩叶中氨基酸种类齐全，且各种氨基酸比例适当。苦菊的食用方法多种多样，但生吃是最好的选择，这样可以保持住苦菊中的营养成分，口味也很清新。

◎苦菊不能随便摘

苦菊采摘后非常不容易保存，水分会迅速流失，现摘现吃既新鲜又美味，是最佳的选择。

现摘

◎选种要注意什么?

苦菊的采种应在植株顶端果实的冠毛露出时为宜。种子的寿命较短，一般为2年，隔年的种子发芽率将大大降低，以当年的种子发芽率为最高。

西蓝花

通身可食，口感爽脆

西蓝花可以利用的地方非常多，最初长出来的顶花蕾、后来长出来的侧花蕾和茎都可以食用。生长期可以从春天一直到12月份。

别　　名	青花菜、绿菜花、花椰菜
科　　别	十字花科
温度要求	温暖
湿度要求	耐旱
适合土壤	中性排水性好的肥沃土壤
繁殖方式	植苗
栽培季节	春季、夏季、秋季
容器类型	大型
光照要求	喜光
栽培周期	1个半月
难易程度	★★

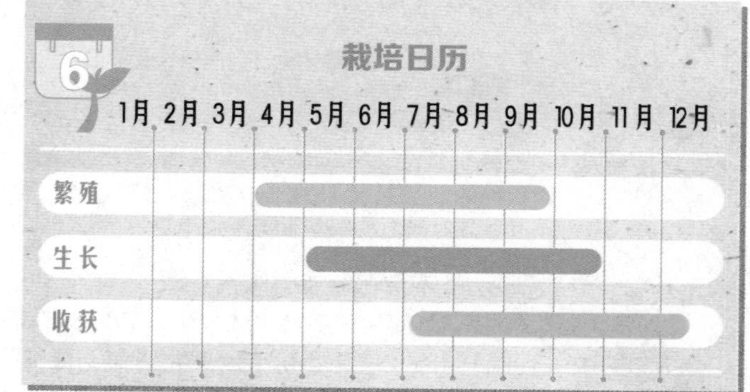

开始栽种

第1步

选择长势端正、没有任何损害痕迹的小苗，放入已经挖好坑的容器中，培好土后轻压浇水。

第2步

2周后，要进行第一次追肥，将肥料与土混合，为了防止小苗倒掉，要适当培土。

第一次追肥

第3步

当顶尖花蕾的直径达到2厘米时便可以收获。然后进行第二次施肥，施肥10克，与土混合。

第4步

当侧花蕾的直径为1.5厘米的时候可以进行第二次收获，茎长到20厘米高时用剪刀剪取也可以食用。

美食妙用

西蓝花的钙含量可与牛奶相媲美，可以有效地降低诸如骨质疏松、心脏病以及糖尿病等的发病概率。

蒜香西蓝花

材料： 西蓝花1棵，蒜2瓣，油、盐、鸡精、味精、水淀粉、香油适量。

做法：

❶ 将西蓝花掰成小朵后洗净，在沸水中焯2分钟，蒜捣成蒜泥。❷ 油锅热后先放入蒜泥煸炒，再放入西蓝花、盐、味精、鸡精翻炒。❸ 最后加入水淀粉勾芡，再淋些香油即可。

注意事项

◎西蓝花是菜花吗?

西蓝花和菜花是两种不同的蔬菜，菜花一般只食用花蕾的部分，而西蓝花的花和茎都可以食用，茎部往往比花蕾部分更加爽脆，口感类似于竹笋，非常可口。

◎什么时候要剪枝?

西蓝花的剪枝和收获是同步进行的，在收获顶花蕾的同时，也就促进了侧花蕾的生长。

◎西蓝花的剪切方法

采摘西蓝花的时候，不要用手直接揪拽处理，一定要用刀子或者剪刀进行采摘，否则很容易破坏茎部的组织。

生菜

香脆可口，耐寒易种

生菜的生长周期非常短，栽培 30 天左右就可以收获了。生菜抗寒、抗暑的能力都很强，不需要过多的照顾，是懒人种植的最佳选择。但是生菜不可以接受太多的光照，否则就会出现抽薹的现象，夜间也不要放在有灯光的地方。

别　　名 鹅仔菜、莴仔菜

科　　别 菊科

温度要求 温暖

湿度要求 湿润

适合土壤 微酸性排水性好的肥沃土壤

繁殖方式 植苗

栽培季节 春季、夏季、秋季

容器类型 中型

光照要求 喜光

栽培周期 1 个月

难易程度 ★

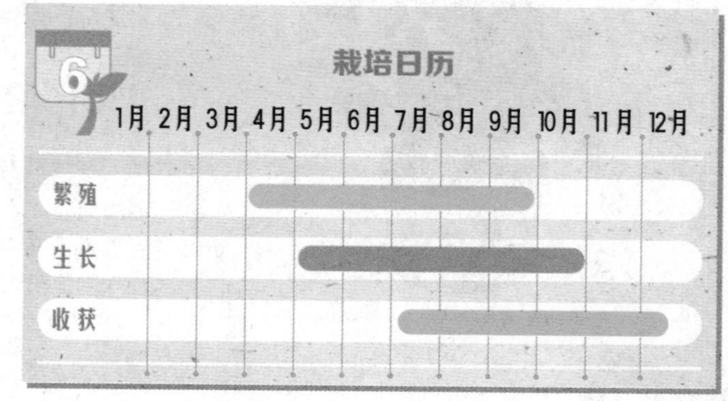

开始栽种

第 1 步

选择色泽好、长势好的苗放入已经挖好坑的土壤中，要尽量放得浅一些，用手轻压土壤，然后浇水。如果同时栽种 2 株以上的话，植株间要保持在 20 厘米左右的间距。

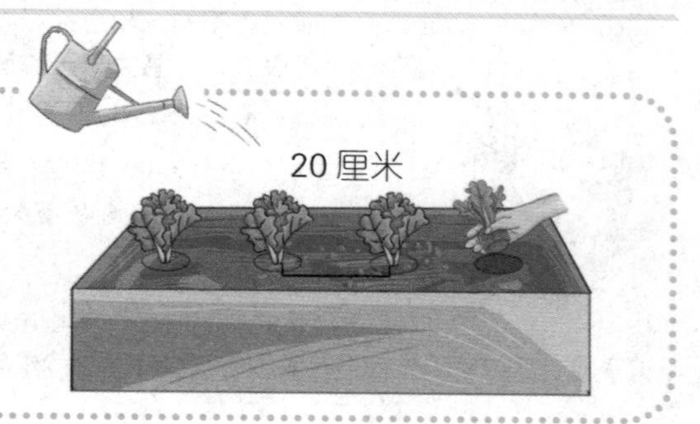

第2步

2周后，进行追肥，撒在植株根部，并与泥土混合。

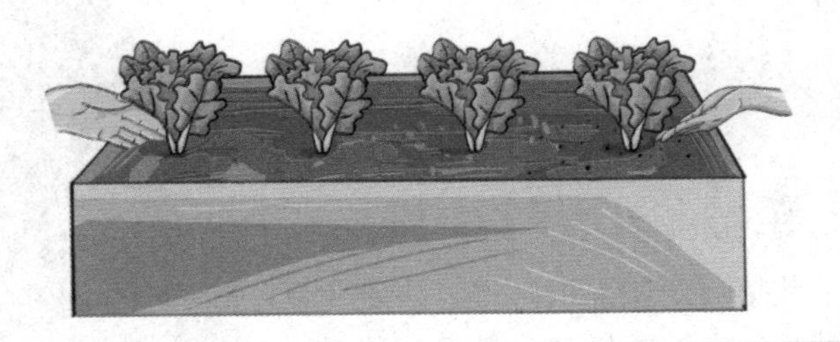

叶子的颜色不好是怎么回事？

叶子若受到雨水的影响就会变黄，为了防止雨水从芽口处灌入，去侧芽要选择在晴天进行，这样也可以使植株更加健康。

第3步

当菜株的直径长到25厘米的时候便可以收获——用剪刀从外叶开始剪取，现吃现摘。

注意事项

◎抽薹是什么？

抽薹是指植物因受到温度和日照长度等环境变化的刺激，随着花芽的分化，茎开始迅速生长，植株变高的现象，直接导致的就是茎叶的徒长。生菜如果抽薹，叶子就会变硬。因此即使在夜间也要把生菜搬到光亮照不到的地方去。

◎生菜有很多种

生菜的品种有很多，按照生长状态可以分为散叶生菜和结球生菜。在色彩上更是多种多样，将不同品种、色泽的生菜种子放到一起培植，还可以获得混合生菜。

◎怎样保持生菜的口感？

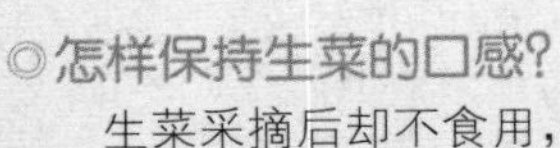

生菜采摘后却不食用，口感会变得非常不好，所以生菜最好现摘现吃。用菜刀切生菜，接近刀口部分的生菜会变色，因此最好用手撕的方式处理生菜。

◎收获方法

收获生菜，可以用剪刀整株剪取，或者掰取要食用的部分，千万不要一叶叶地剪下来。

菠菜

柔嫩多汁，营养丰富

菠菜喜欢阴凉的环境，要避免夏日栽培，在秋季播种是最好的选择。日常养护的时候光照也只能最多半天，夜里受灯光照射也不利于菠菜的生长。菠菜在寒冷的环境中味道会变甜。

别　　名　鹦鹉菜、红根菜、飞龙菜、菠柃
科　　别　藜科
温度要求　阴凉
湿度要求　湿润
适合土壤　微酸性排水性好的肥沃土壤
繁殖方式　播种
栽培季节　春季、秋季
容器类型　中型
光照要求　短日照
栽培周期　1 个月
难易程度　★

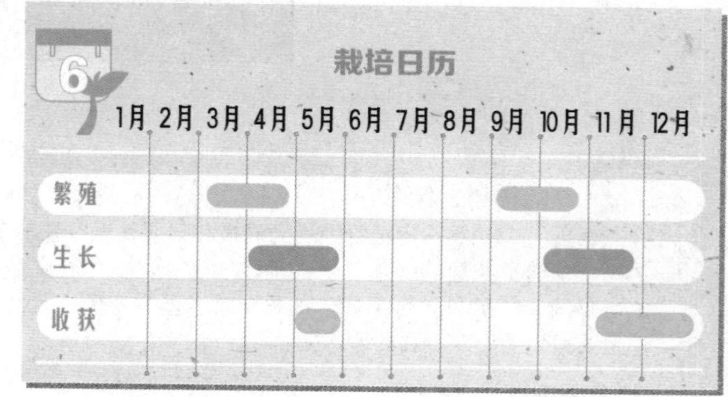

开始栽种

第1步

在平整的土壤上面造壕，每间隔 1 厘米放入 1 粒种子，种子不要重合。然后浇水，发芽前务必要保持土壤湿润。

第2步

当子叶长出后，将长势较差的小苗拔去，使株间距控制在3厘米左右。往根部培培土，以防止小苗倒掉。

第3步

当本叶长到2片的时候，要进行第一次施肥，将肥料撒在壕间，与土混合后将肥料土培向菜苗根部。

第4步

当菜苗长到10厘米时，要进行第二次追肥，撒在壕间，并与泥土混合，然后将混合了肥料的土培向菜苗的根部。

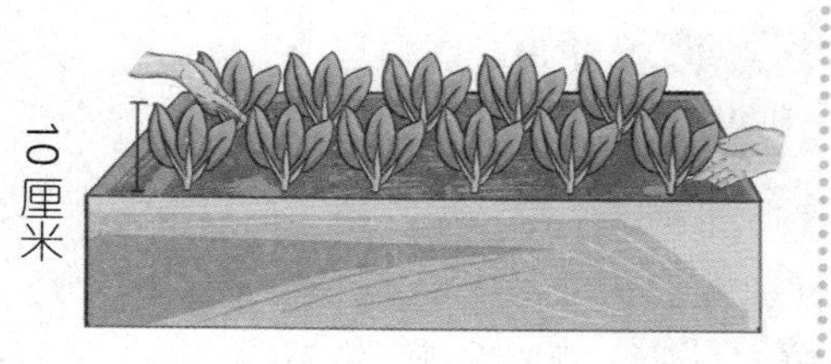

第5步

当菠菜长到20~25厘米的时候，就可以用剪刀剪取收获了。

菠菜的营养价值

菠菜含有大量的胡萝卜素和铁，也是维生素B_6、叶酸和钾质的极佳来源；蛋白质的含量也很高，每0.5千克菠菜相当于两个鸡蛋蛋白质的含量。

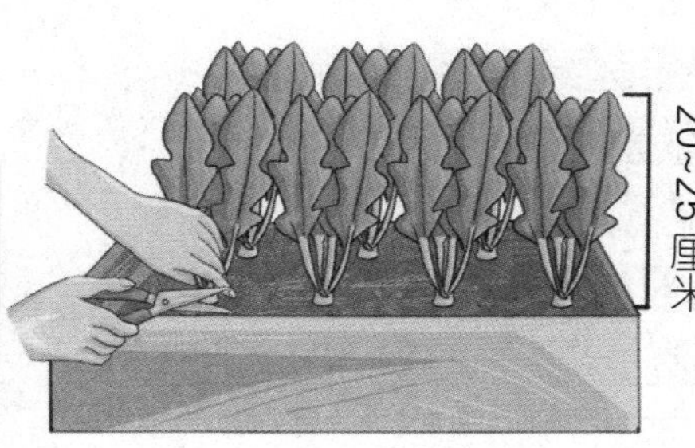

注意事项

◎多一次间苗

如果我们希望菠菜生长成比较大的个头，就需要进行第二次间苗，将植株的间距控制在5~6厘米就可以了。

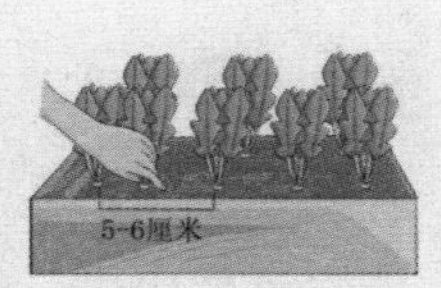

◎限制光照

菠菜的生长不喜欢光照，光照过多会使菠菜出现抽薹的现象，灯光照射也会出现抽薹的现象，即使是在夜里也要将植株搬移到灯光照不到的地方，这样才可以让其生长得更好。

茼蒿

淡淡苦香，营养健康

茼蒿的栽种季节可以是春季也可以是秋季，种类主要是根据茼蒿叶子的大小而划分的，盆栽应该选择抗寒性、抗暑性都强的中型茼蒿。茼蒿剪去主枝后，侧芽还可以继续生长，因此成熟后可以不断地收获新鲜的茼蒿。

- 别　　名　蓬蒿、春菊
- 科　　别　菊科
- 温度要求　耐寒
- 湿度要求　湿润
- 适合土壤　微酸性排水性好的肥沃土壤
- 繁殖方式　播种
- 栽培季节　春季、秋季
- 容器类型　大型
- 光照要求　短日照
- 栽培周期　1个月
- 难易程度　★

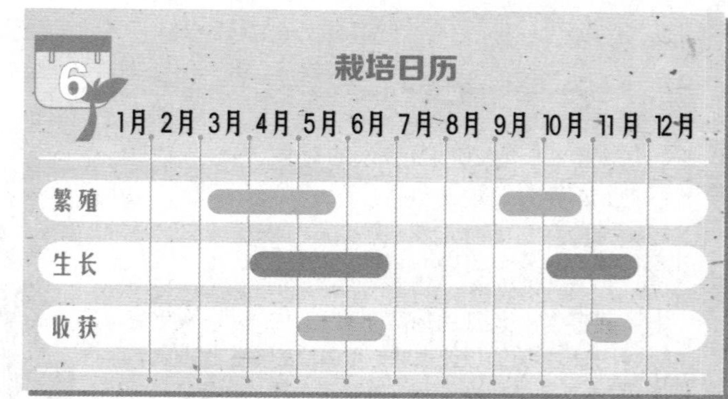

开始栽种

第1步

在土层表面挖深约1厘米左右的小壕，每隔1厘米撒1颗种子，然后覆土、轻压、浇水。

第2步

2周后，进行第一次间苗，当叶子长出1~2片的时候要再次进行间苗，将弱小的菜苗拔去，使苗之间相隔3~4厘米。为了防止留下的菜苗倒下，要往菜苗的根部适当培土。

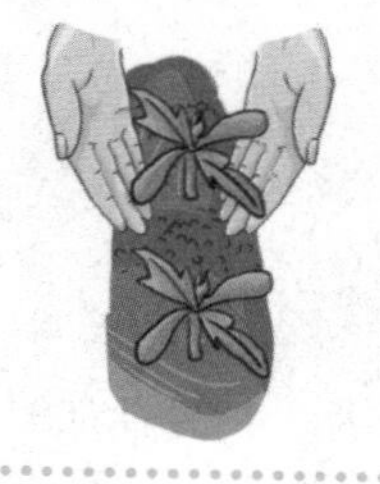

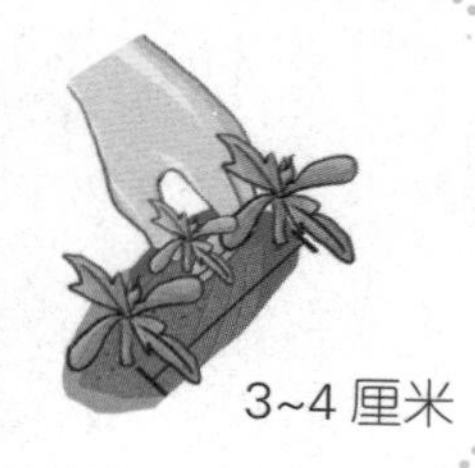

第3步

当叶子长到3~4片的时候，要进行拔苗，使苗之间相隔5~6厘米。追肥10克，撒在植株根部与泥土混合。为防止留下的菜苗倒下，要适当培土。

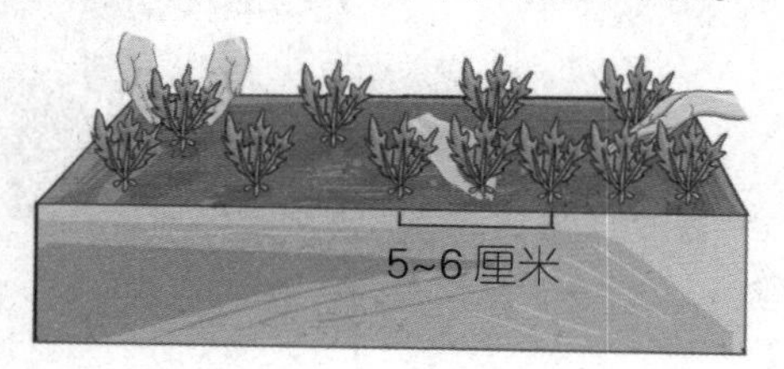

第4步

当叶子长到6~7片的时候，就可以第一次收获了——从菜株的根部进行剪取，使株间距保持在10~15厘米的距离。然后进行第二次追肥，将肥料撒在空隙处，然后培土。

第5步

当植株长到20~25厘米的时候，进行真正的收获——可以将植株整株拔起，也可将主枝剪去，使侧芽生长。

茼蒿的食用价值

茼蒿具有调和脾胃、化痰止咳的功效，还可以养心安神、润肺补肝、稳定情绪、降压补脑、防止记忆力减退。

注意事项

◎栽种种子的时候要注意什么？

茼蒿的种子非常喜光，栽种的时候只要轻盖土即可，这样可以让种子感受到光照，有助于种子发芽生根。

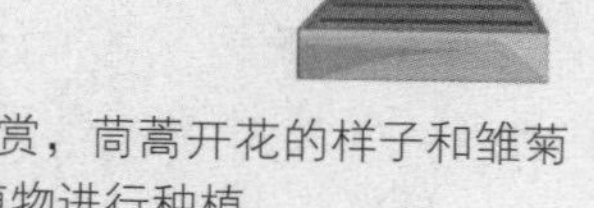

◎吃不完的茼蒿怎么办？

茼蒿的样子很具有观赏性，在西欧，人们常常栽培茼蒿用于观赏，茼蒿开花的样子和雏菊非常相似，艳丽可人，如果茼蒿吃不完的话，也可以将其当作观赏植物进行种植。

小白菜

清热解毒，健康美味

小白菜是一种抗寒性、抗暑性都较强的蔬菜，但在冬季温度较低的情况之下不能栽种，其他的季节都可以。小白菜容易吸引害虫，要时时留意害虫的踪迹，及时进行处理。小白菜生长速度很快，要注意收获的时间，不然会影响口感。

别　　名 油白菜、夏菘、青菜
科　　别 十字花科
温度要求 温暖
湿度要求 湿润
适合土壤 中性排水性好的肥沃土壤
繁殖方式 播种
栽培季节 春季、夏季、秋季
容器类型 中型
光照要求 喜光
栽培周期 1个半月
难易程度 ★

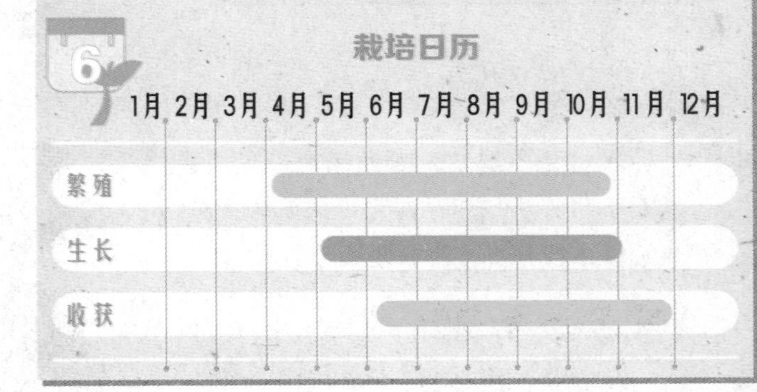

开始栽种

第1步

将土层表面弄平，挖深约1厘米的小壕，壕间距为10厘米。每隔1厘米放一粒种子，注意种子之间不要重合。轻轻盖土，然后浇水。

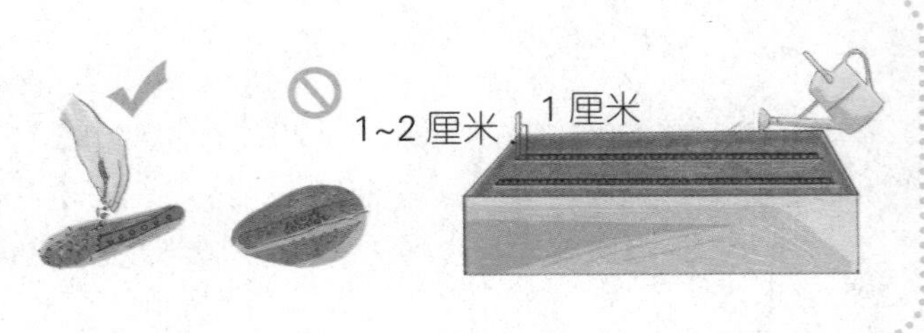

第2步

苗差不多都长出来后，要进行间苗，使苗间距为3厘米。为使留下的菜苗不倒下，要往苗底适量培土。

适时间苗

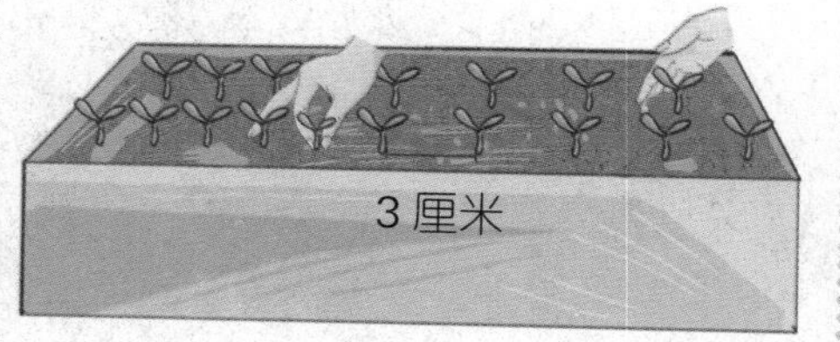

第3步

当本叶长出3~4片时，进行第二次间苗，使得苗间距为5~6厘米。进行追肥，撒在壕间并与土壤混合。为了防止留下的菜苗倒掉，要往植株的根部适量培土。

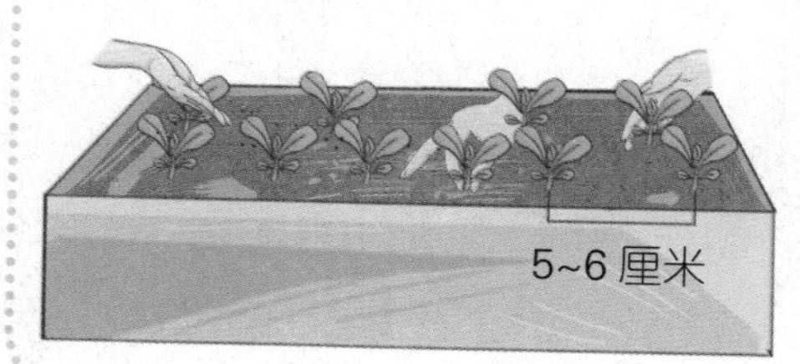

第4步

4周后，当植株底部逐渐变粗，进行第三次间苗，使株间距为15厘米左右。施肥10克撒在壕间，与土混合。为防止菜苗倒地，适量进行培土。

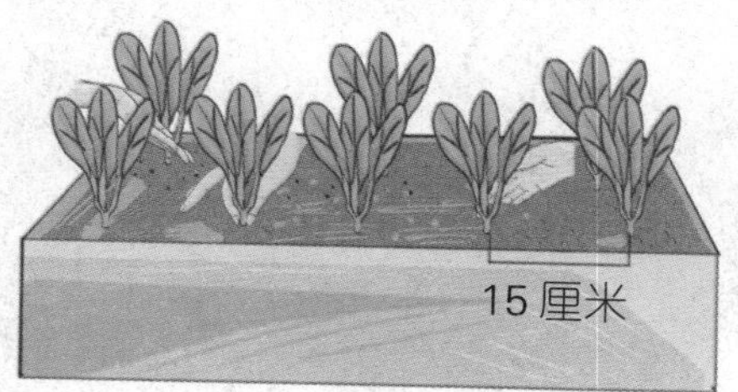

第5步

当菜苗长到高约15厘米后便可以收获了——从底部用剪刀进行剪取。

注意事项

◎种子放多了会怎样?

在播撒种子的时候，一定要注意播撒种子的数量，如果放了过多的种子，就会造成幼苗长出后过于拥挤，也就不利于苗壮。

◎种子要怎样培植?

湿润的土壤环境更加有利于种子发芽，因此在种子发芽之前，一定要保持土壤的湿润。

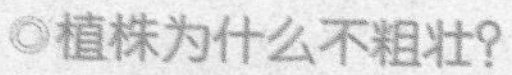

◎植株为什么不粗壮?

苗与苗之间的距离如果过近，就会导致每株菜苗所吸收的养分非常少，这样菜苗就不可能茁壮生长，用间苗的方法可以很好地改善这种拥挤的状况。

第三章

根茎类蔬菜

洋葱

防癌健身，促进食欲

洋葱鳞茎粗大，外皮紫红色、淡褐红色、黄色至淡黄色，内皮肥厚，肉质。洋葱的伞形花序是球状，具多而密集的花，粉白色。花果期5~7个月。

初学者选择从幼苗开始栽培洋葱的方法比较合适，一般来说洋葱是春种秋收的，但是家庭栽种洋葱在任何时间都可以收获。洋葱适应性非常强，栽种失败的情况很少，初学者很容易就能掌握种植要领。

别　　名	球葱、圆葱、玉葱、葱头、荷兰葱
科　　别	葱科，旧属百合科
温度要求	温暖
湿度要求	湿润
适合土壤	中性排水性好的肥沃土壤
繁殖方式	植苗
栽培季节	秋季
容器类型	大型、中型
光照要求	喜光
栽培周期	4个月
难易程度	★

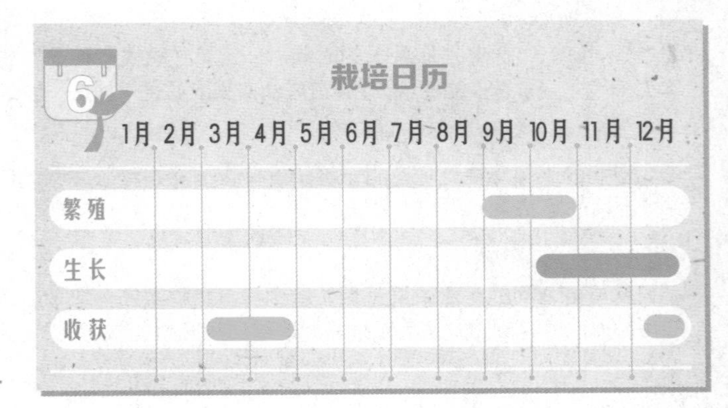

开始栽种

第1步

选择不带伤病的幼苗，将土层表面弄平，挖深约1厘米、宽约3厘米的小壕，壕间距为10~15厘米。将洋葱苗尖的部分朝上。将植株轻轻盖住，不要全盖了，幼苗的尖部留在土外。然后进行浇水，浇水的时候不要浇得过多，否则幼苗容易腐烂。

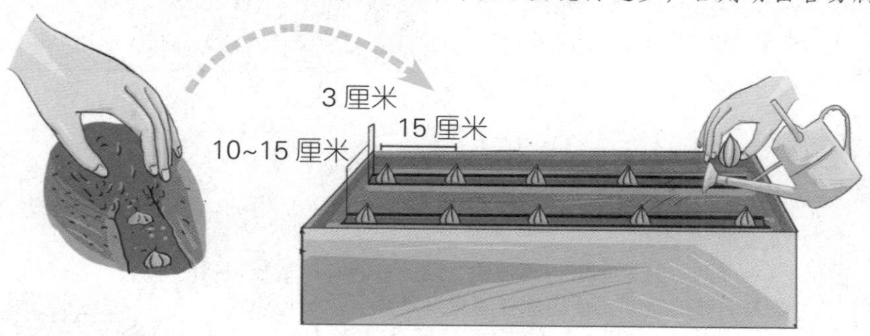

第2步

当苗长到15厘米的时候，进行追肥，将混合了肥料的土培向菜苗根部。

第3步

10周后，进行第二次追肥，根部膨胀后施肥10克，将肥料撒在壕间，与土壤混合。将混合了肥料的土培向根部。

第4步

当叶子倒了的时候，就可以收获了——抓住叶子拔出来就可以了。

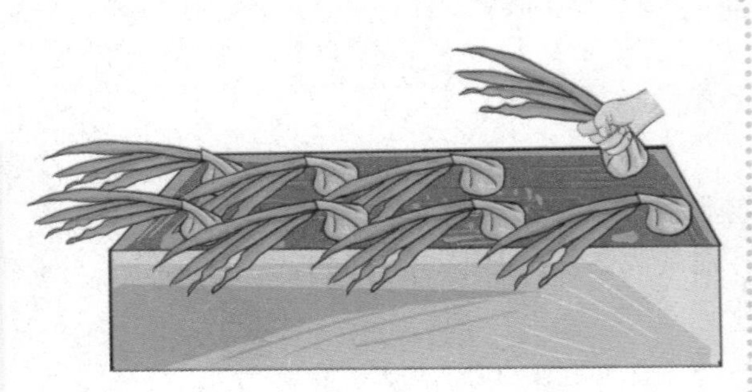

收获后的存放

洋葱一般情况下都比较容易保存，收获后将洋葱放置在通风良好的地方至少半天的时间，这样更加有利于洋葱的保存。

注意事项

◎空间要留足

洋葱一般是不进行间苗的，因此在栽种的时候，要留有足够的空间，让植株能够更好地生长。一般来说，苗与苗之间的距离达到10~15厘米是比较合适的。

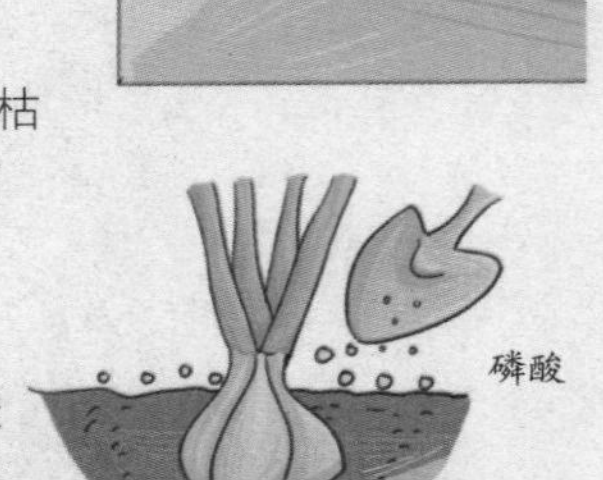

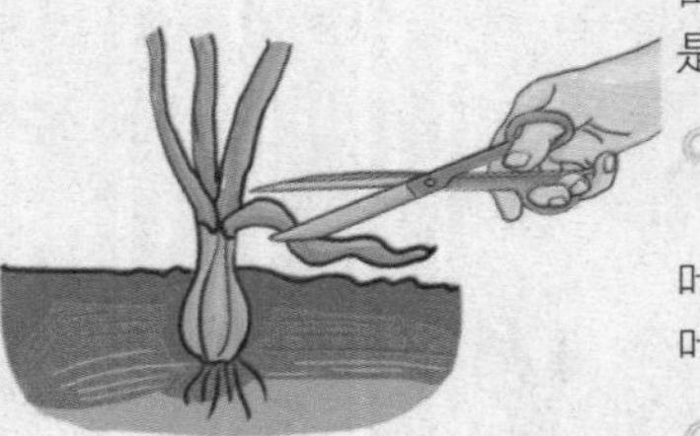

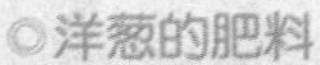

洋葱在生长期间如果出现了枯叶，要及时将枯叶剪掉，否则枯叶容易导致洋葱出现病害现象。

◎洋葱的肥料

洋葱是一种喜欢肥料的蔬菜，特别是植株出芽之后。缺乏磷酸元素的话，会造成洋葱的根部难以膨胀，在施底肥的时候要多加入含磷酸量比较多的肥料。

美食妙用

洋葱特别适宜患有心血管疾病、糖尿病、肠胃疾病的人食用，但一次不宜食用过多，否则容易引起发热等身体不适。

孜然洋葱土豆片

材料： 土豆4个，洋葱1个，孜然、干辣椒、盐、生抽、老干妈酱适量。

做法：

❶ 将土豆切片泡水后沥干，洋葱切小块。❷ 油锅烧热后放入土豆片翻炒，加盐，炒至焦黄盛出。❸ 将洋葱、干辣椒小火煸炒，再放入老干妈酱，加入土豆片、孜然、生抽煸炒入味即可。

土豆

营养丰富，诱人食欲

土豆是由种薯发育而成的，栽培期间要不断加入新土，所以容器要选用大的，也可用袋子做容器使用。土豆喜欢温凉的环境，高温不利于土豆的生长发育。土豆对土壤的要求不高，只要不过湿就可以了。

- **别　名** 马铃薯、洋芋
- **科　别** 茄科
- **温度要求** 阴凉
- **湿度要求** 耐旱
- **适合土壤** 中性排水性好的肥沃土壤
- **繁殖方式** 催芽栽种
- **栽培季节** 春季、夏季
- **容器类型** 大型、深型或袋子
- **光照要求** 喜光
- **栽培周期** 3 个月
- **难易程度** ★

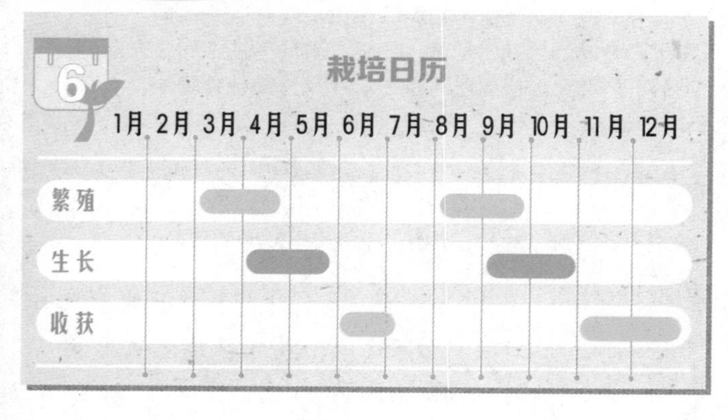

开始栽种

第1步

在容器或袋子里放一半土。将种薯切开，切时注意芽要分布均匀，切开后每个重 30~40 克。将种薯切口朝下放入挖好的洞中。种薯之间的距离控制在 30 厘米，盖土约 5 厘米。

第2步

当新芽长到10~15厘米后，将发育较差的新芽去掉，只留1株或2株。按1千克土配置1克肥料的比例，将土和肥料混合，倒入容器中，然后进行浇水。

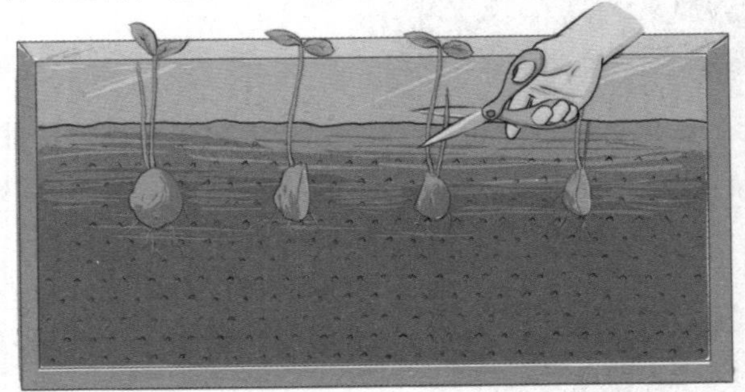

土豆块茎的长成

（1）块茎形成期：从现蕾到开花为块茎形成期，块茎不断膨大，块茎的数目也是在这个时期确定。（2）块茎形成盛期：从开花始期到开花末期，是块茎体积和重量快速增长的时期，这时光合作用非常旺盛，对水分和养分的要求也是最多的时期，一般在花后15天左右，块茎膨大速度最快，大约有一半的产量是在此期完成的。（3）块茎形成末期：当开花结实结束时，茎叶生长缓慢乃至停止，下部叶片开始枯黄，即标志着块茎进入形成末期。此期以积累淀粉为中心，块茎体积虽然不再增大，但淀粉、蛋白质和灰分却继续增加，从而使重量增加。

第3步

当植株出现花蕾的时候，要和上次一样进行追肥、加土。

第4步

13周后，茎、叶变黄、干枯后，就可以收获了——将植株连茎拔出就可以见到土豆了。

注意事项

◎土壤的准备

在种植土豆之前，首先要处理好土壤。土豆对光照的要求比较大，所以可先将容器或袋子放在一个带轮子的木板上，这样就可以非常轻松地移动植株了，按照不同的时间调整光照，以让土豆长得更好。

◎为什么要用种薯?

任何一个菜场都可以买到土豆，用整个土豆当作种薯岂不是很方便？事实上是不行的，我们平时吃的土豆没有进行特殊的处理，容易感染病毒，收获量也就随之受到限制。在栽培土豆之前首先要确认种薯是脱毒的，并且是有芽的。

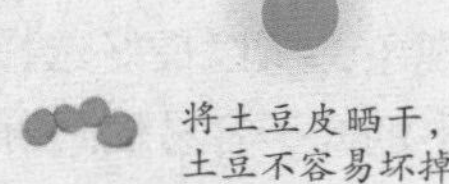

将土豆皮晒干，土豆不容易坏掉

◎收获后的工作

土豆皮如果是潮湿的，很容易坏掉，所以收获最好选择在晴朗的天气进行，然后将土豆皮晒干，这样土豆可以储藏很长时间。

有芽或是变绿的部分有毒素，不要吃。

◎这样的土豆不要吃

如果土豆长芽了，千万不可以吃，土豆有芽的部分或是变绿的部分含有毒素，对人体的伤害非常大。

◎切刀务必消毒

马铃薯晚疫病、环腐病等病原菌在种薯上越冬，在切芽块时，切刀是病原菌的主要传播工具，尤其是环腐病，目前尚无治疗和控制病情的特效药，因此要在切芽块上下功夫，防止病原菌通过切刀传播。具体做法是：准备一个瓷盆，盆内盛有一定量的 75% 酒精或 0.3% 的高锰酸钾溶液，准备三把切刀放入上述溶液中浸泡消毒，这些切刀轮流使用，用后随即放入盆内消毒。也可将刀在火苗上烧烤 20~30 秒钟然后继续使用。这样可以有效地防止环腐病、黑胫病等通过切刀传染。

美食妙用

土豆同大米相比，所产生的热量较低，并且只含有 0.1% 的脂肪。每周平均吃上五六个土豆，患中风的危险性可减少 40%，而且没有任何副作用。

辣白菜炒土豆片

材料： 辣白菜 250 克，土豆 2 个，葱适量，盐和鸡精少许。

做法：

❶ 土豆切薄片浸泡半小时，葱切成末。❷ 油锅热后加入葱末煸炒，再放入辣白菜、沥干的土豆片翻炒，加盐。❸ 待土豆片成半透明状，放入鸡精即可。

白萝卜

促进消化，甜辣爽脆

白萝卜在春季和秋季都可以进行播种，但是白萝卜喜欢阴凉的环境，怕高温，如果在春季播种很容易出现抽薹的现象，所以最好选择在秋季播种。白萝卜的叶子容易受到蚜虫、小菜蛾的侵扰，可以在菜苗上罩上纱网以预防虫害。

别　　名	芦菔、青萝卜
科　　别	十字花科
温度要求	阴凉
湿度要求	湿润
适合土壤	中性排水性好的肥沃土壤
繁殖方式	播种
栽培季节	春季、秋季
容器类型	大型、深型或袋子
光照要求	喜光
栽培周期	2 个月
难易程度	★★★

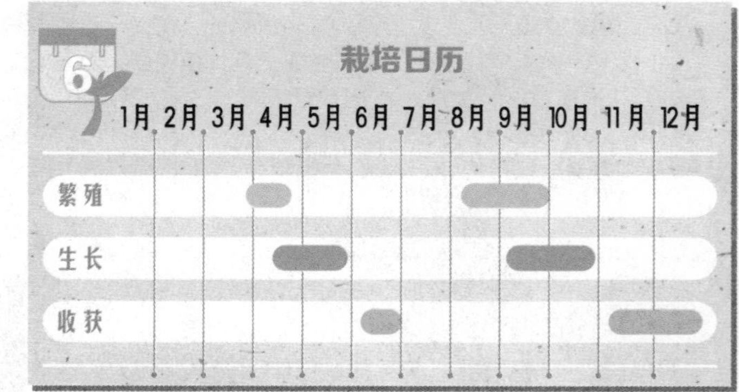

开始栽种

第 1 步

将土层表面弄平，挖深约2厘米、直径约5厘米的洞。一个洞里撒5粒种子，种子之间不要重合。然后盖土轻压，在发芽前保持土壤湿润。

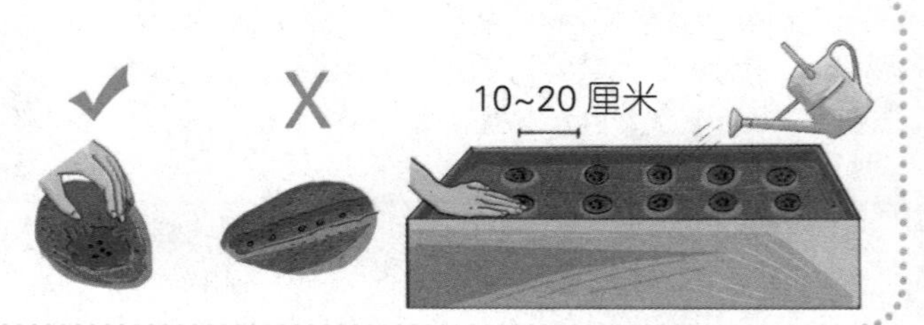

第2步

当本叶长出来后，进行间苗。为防止留下的苗倒掉，要适当培土。

第3步

当本叶长出 3~4 片后，再次间苗，使一个洞里只剩 1 株或 2 株，间出的苗可以用来做沙拉。追肥的时候将肥料撒在植株根的位置，与土混合。为了防止留下的苗倒掉，要适当进行培土。

第4步

当本叶长出 5~6 片叶子的时候，进行第三次间苗，一个洞里只剩下一株。追肥 10 克，将其撒在植株根部，与泥土混合。

第三次间苗

第5步

当根的直径达 5~6 厘米的时候，就可以收获了——握住植株的叶子，然后慢慢将它拔出来。

注意事项

◎白萝卜劈腿怎么办?

如果土壤中混有石子、土块，本应该竖直生长的根受到阻碍，就很可能出现劈腿的现象。所以在准备土的时候，应该用筛子去掉不需要的东西，把土弄碎。另外，苗受伤也是劈腿的一个原因之一，间苗的时候一定要小心。

◎拔萝卜

萝卜的根部深深地扎在土壤里面，将萝卜拔出来似乎是件很难的事。在拔萝卜之前，我们可以先松一松土，这样就可以很轻松地将萝卜拔出来了。

芥菜

提神醒脑，开胃消食

直径为5厘米左右的芥菜是所有品种中培植时间最短的一种，家庭种植最好选择这种。芥菜在春、秋两季都可以播种，喜欢阴凉的环境，既不耐干燥，也不耐高温。初学者最好选择在秋季栽培，这样可以减少养护上的麻烦。

别　　名 盖菜、大头菜
科　　别 十字花科
温度要求 阴凉
湿度要求 湿润
适合土壤 中性排水性好的肥沃土壤
繁殖方式 播种
栽培季节 春季、秋季
容器类型 中型
光照要求 喜光
栽培周期 2个月
难易程度 ★★★

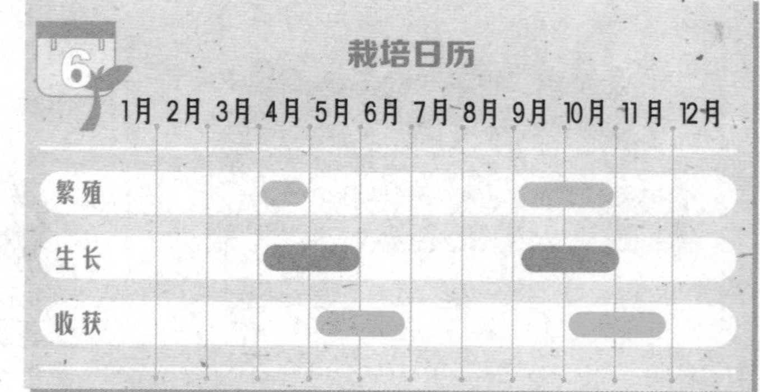

开始栽种

第1步

将土表面弄平，挖深为1~2厘米、宽约1厘米的小壕。每隔1厘米撒1粒种子，种子之间尽量不要重合。然后盖土浇水，发芽前要一直保持土壤的湿润。

第2步

当子叶长出来后，将较弱小的苗拔掉。为了防止小苗倒掉，要适量培土。

第3步

当本叶长出3片后，将较弱小的苗拔掉，将株间距控制在6厘米左右。在壕间撒肥料10克，与土混合，将混了肥料的土培向根部。

第4步

当本叶长出6片后，将较小的苗拔去，使株间距控制在10厘米。追肥10克，与土混合，然后将混了肥料的土培向根部，尽量使根不要露出地面太多。

第5步

当植物的根部直径长到5厘米左右的时候，就可以收获了——握住叶子用力拔出来。

注意事项

◎芥菜营养过多会怎样？

芥菜的施肥量要有控制，如果施肥过多的话，就会导致植物叶子徒长。氮肥是植物生长叶子的肥料，尤其要注意氮肥的施用量。

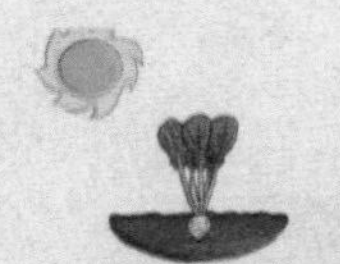

◎浇水很重要

土壤湿度的变化会直接导致芥菜的根部是否出现裂痕，因此要注意定期浇水，以防止因为过度干燥而导致的干裂现象。

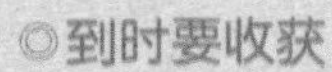

◎到时要收获

芥菜成熟后如果不及时收获，植株的体积就会变得越来越大，最终会出现裂开的现象。

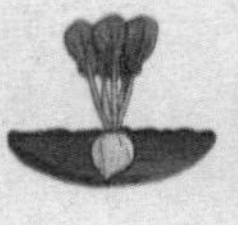

胡萝卜

益肝明目，营养丰富

胡萝卜在发芽前土壤一定要保持湿润，而收获前土壤不要过湿。胡萝卜要定期施肥，栽种期间要注意燕尾蝶幼虫的侵袭，在植株上罩上纱网是最为有效的办法。

别　　名　红萝卜、黄萝卜、番萝卜、丁香萝卜
科　　别　伞形科
温度要求　阴凉
湿度要求　湿润
适合土壤　中性排水性好的肥沃土壤
繁殖方式　播种
栽培季节　春季、夏季
容器类型　中型
光照要求　喜光
栽培周期　2个半月
难易程度　★★

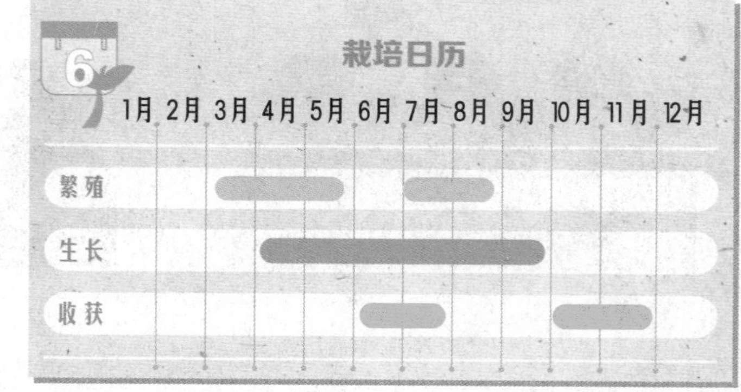

开始栽种

挖深约1厘米、宽约1厘米的小壕，壕间的距离为10厘米。每隔1厘米撒1粒种子，注意种子之间一定不可以重合。盖土，浇水，在出芽前要保持土壤湿润。

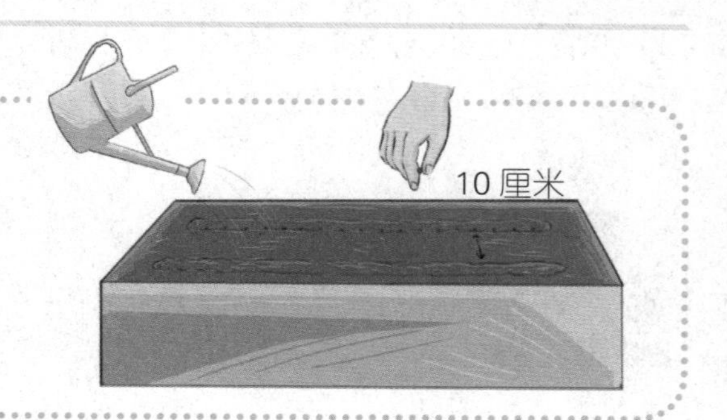

第2步

当本叶长出来的时候，进行第一次间苗，将长势不好的小苗拔去，然后施肥10克与泥土混合，适量培土，以防止幼苗倒掉。

第一次间苗

第3步

当本叶长到3~4片时，再次间苗，间苗的时候要保持苗与苗之间的距离为10厘米。然后进行二次追肥。

第二次间苗

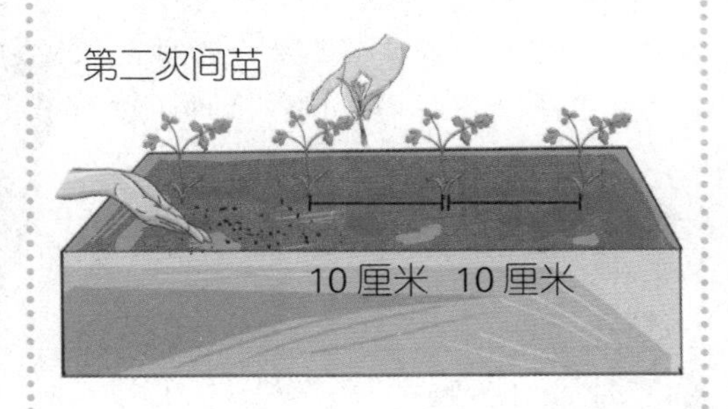

第4步

当胡萝卜的直径长到1.5~2厘米，就可以进行收获了——将胡萝卜从土壤中拔出来即可。

收获晚了会怎么样？

和大部分食用根部的植物一样，到了收获的时间而不进行收获的话，就会导致胡萝卜出现裂缝，所以一定要掌握好收获的时间。

注意事项

◎需要阳光的胡萝卜种子

胡萝卜种子发芽的时候需要足够的光照才能够正常发芽，因此播种的时候，土层不可以覆得过厚，否则会对胡萝卜的发芽造成影响。

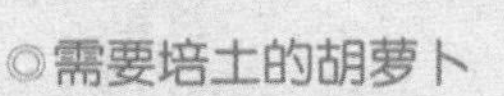

◎需要培土的胡萝卜

在胡萝卜的生长过程中，要经常往植株根部培土，这样可以防止胡萝卜的顶部出现绿化的现象。

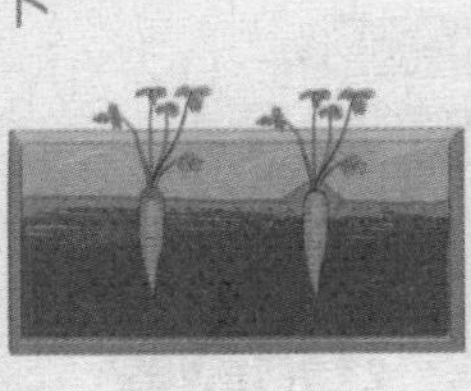

◎收获前土壤要干燥

胡萝卜在临近收获的时候，要保持土壤干燥，这样胡萝卜会变得更甜，胡萝卜中的营养元素也会有所增加。

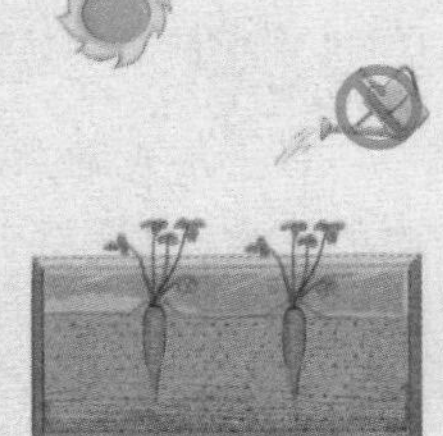

小萝卜

栽培期短，营养美味

小萝卜喜欢生长在比较阴凉的环境之中，在冬、夏季节不适合栽种，在其他的季节里都可以进行栽种。过干或过湿的环境对小罗卜的生长都不是很好，以罩纱网的形式来预防病虫害最为有效。

别　　名　小水萝卜
科　　别　十字花科
温度要求　阴凉
湿度要求　湿润
适合土壤　中性排水性好的肥沃土壤
繁殖方式　播种
栽培季节　春季、秋季
容器类型　中型
光照要求　喜光
栽培周期　1个月
难易程度　★★

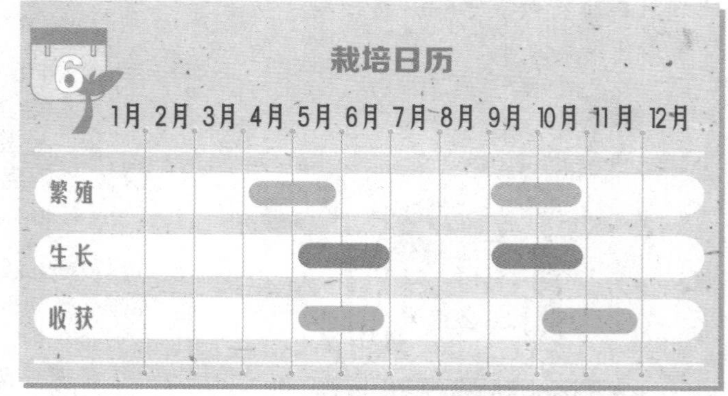

开始栽种

第1步

将土层表面弄平，挖深度约1厘米、宽度约1厘米的壕。每隔1厘米放入1粒种子，种子不要重合，然后培土、浇水，发芽之前保持土壤湿润。

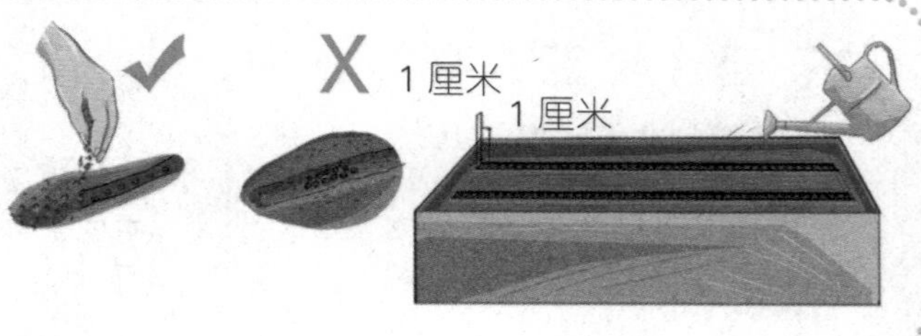

第2步

当芽长出来以后，将弱小的拔掉，使株间距控制在3厘米左右，为防止幼苗倒掉，要往根部适量培土。

第3步

当本叶长出3片后，就要进行追肥了，将肥料撒在垅间，与土壤进行混合，将混有肥料的土培向根部。

第4步

小萝卜直径长到2厘米左右的时候就可以进行收获了——抓住叶子用力拔出即可。

要及时收获呀！

小萝卜如果收获晚了，口感就会变得很差。

注意事项

◎间苗时间的控制

小萝卜在生长期需要进行间苗，如果间苗的时间晚了，就会出现只长茎、叶，不长根的现象，因此一定要掌握好间苗的时间。间出的小苗也是可以食用的，不要扔掉。

掌握好间苗的时间

◎植株的距离

如果株间距过小，还可以再次间苗，使株间距为5~6厘米。

◎漂亮的小萝卜

小萝卜的种类很多，大小也不一，缤纷的颜色一定会为你的阳台增色不少。我们可以根据自己的喜好进行选择。

生姜

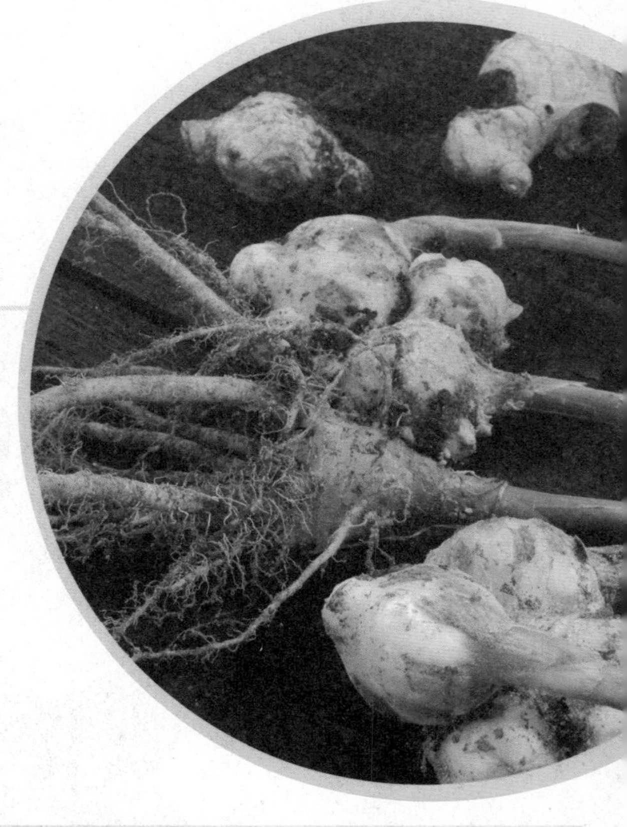

暖胃祛寒，促进消化

生姜喜欢高温多湿的生长环境，可以进行密集种植。对光照的要求并不是很高，但有充足的光照最好。生姜不耐旱，需要适量的水分，但是如果浇水过多、湿气过重，又会造成根部腐烂。

别名	姜皮、姜、姜根、百辣云
科别	姜科
温度要求	耐高温
湿度要求	湿润
适合土壤	中性排水性好的肥沃土壤
繁殖方式	播种
栽培季节	春季
容器类型	中型
光照要求	短日照
栽培周期	2 个月
难易程度	★

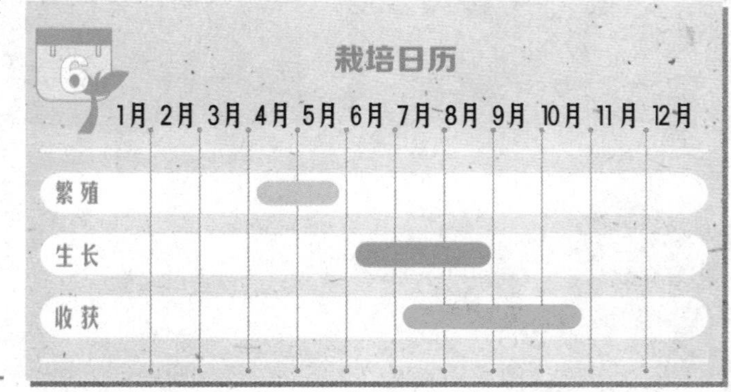

开始栽种

第1步

在容器中放入一半土，表面弄平，将种姜切开，注意使芽分布均匀，切开后每片有芽2～3个。将芽朝上放置，紧密排列。盖土，土层厚3厘米左右即可，发芽前要始终保持土壤的湿润。

第2步

发芽后，进行追肥，将混有肥料的土培向植株根部。

第3步

当叶子长到4~5片的时候，可以进行第一次收获。

第4步

当叶子长到7~8片时，可以进行第二次收获。

第5步

6个月后，当叶子变黄后，用铁锹将生姜刨出来，这是最后一次收获。

注意事项

◎选择什么样的种姜

种姜一般选择的是前一年收获后埋在土里越冬的姜，要求饱满、形圆、皮不干燥。和土豆不同的是，在市场上出售的生姜也可以拿来当作种姜。

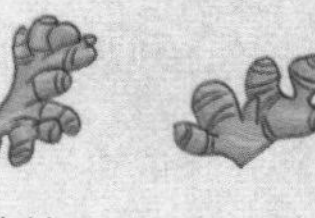

◎天气转冷要这样做

如果你居住在气温比较冷的地区，天气转凉的时候要在土层表面盖草，最好罩上一层塑料布，这样可以避免冻坏植株。

◎收获后种姜怎么办

我们在收获新姜的时候种姜已经变得十分干燥了，但是不要扔掉，将种姜碾成碎末，就可以当作姜粉食用了。

分育幼苗

当种子发芽并长出一些叶片后，就需要被分开，独立生长。这样每棵植株才有足够的空间长得更高大。

1.找一个盛满堆肥（土壤）的小花盆，轻轻地将其填实压平。

2.一只手用小木棍将幼苗掘出堆肥（土壤），另一只手捏牢一片秧叶以扶住幼苗。

小木棍

小花盆

花盆堆肥（土壤）

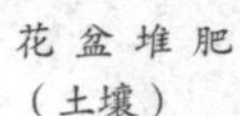

喷壶

3.将幼苗移入另一个花盆。用木棍挖一个足够深的坑，这样幼苗的根才能舒服地住进去。

4.将幼苗植入坑中，用一些堆肥（土壤）轻轻压实根部。要非常小心，它们很脆弱。浇些水，最后用喷壶给它们来一个温柔的淋浴。

在报纸筒中种植甜豌豆

没有一种花能比甜豌豆花更香甜。它们暗香浮动，精致典雅。种植好甜豌豆花的关键就在于每天都要剪掉已开的花朵，防止它们结子，这样才能延长花期。小心弄巧成拙哦！幼苗有修长、脆弱的根系，所以理想的花盆是报纸卷成的长筒。用时可以连花带“盆”一起植入土中，这样根系就不会被伤害到了。

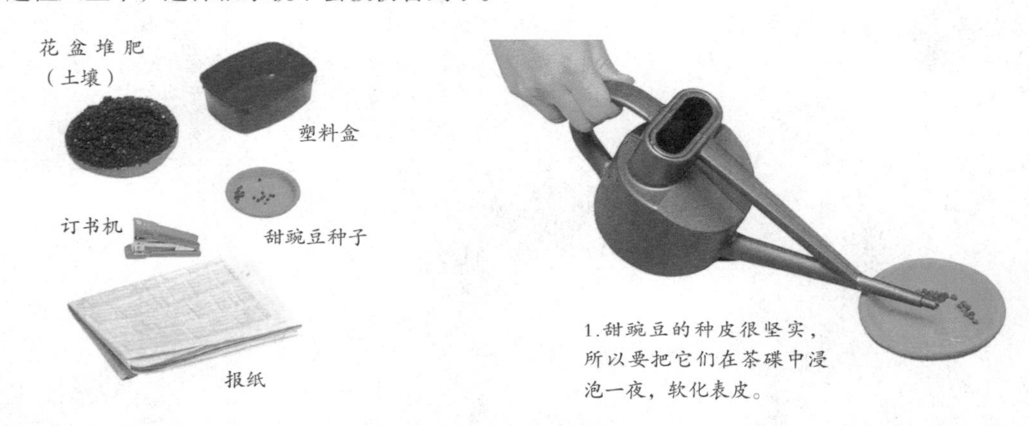

1.甜豌豆的种皮很坚实，所以要把它们在茶碟中浸泡一夜，软化表皮。

2.次日清晨，将双层报纸折成三块。

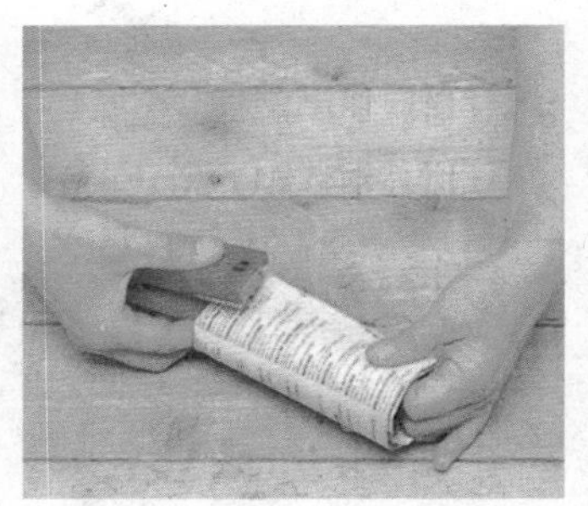

3.然后卷成一个纸筒，用订书机订牢。

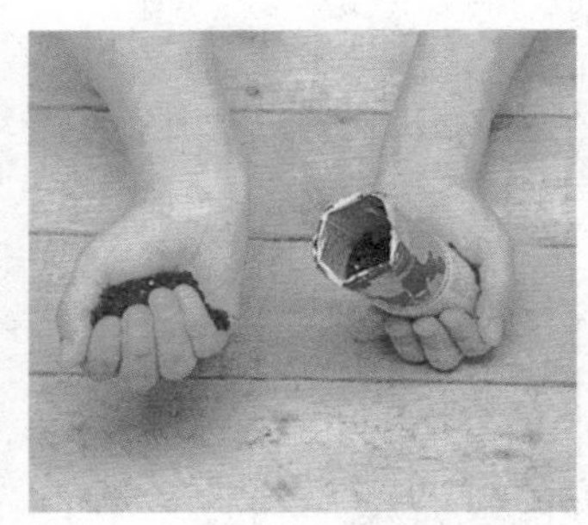

4.用手堵住一端，填入花盆堆肥（土壤）。

5.多做几个纸筒，把它们直立在一个塑料盒中，每个纸筒种3颗种子，约1厘米深。浇透。把它们放在阴凉的地方。当它们长到差不多10厘米高的时候，夹除茎干的顶端（打顶）。

6.在春季把它们种到户外，靠近可供它们攀爬的线网或竹竿。多浇水。

培育卷曲豆藤

这里有一个简单的种植实验，你可以轻松地在家中完成。

果酱瓶

材料和工具

※ 纸巾

※ 果酱瓶

※ 豆子或豌豆种子，如法国豆、红花菜豆、绿豆等

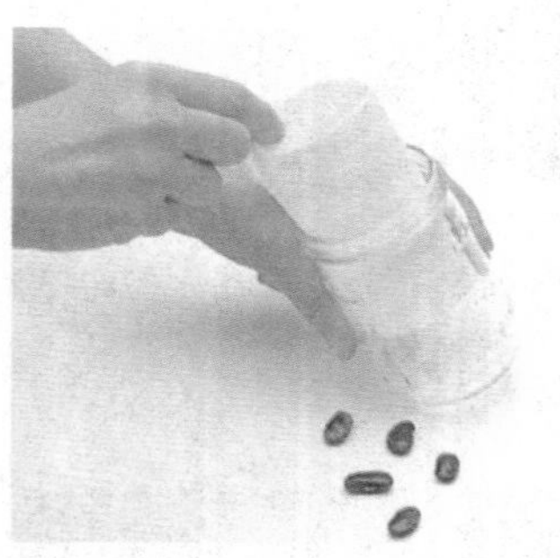

1.把一张纸巾对折。卷好后塞入瓶中。

2.在纸巾和瓶壁间放入几颗豆子。在瓶底倒入一些水，深约2厘米。

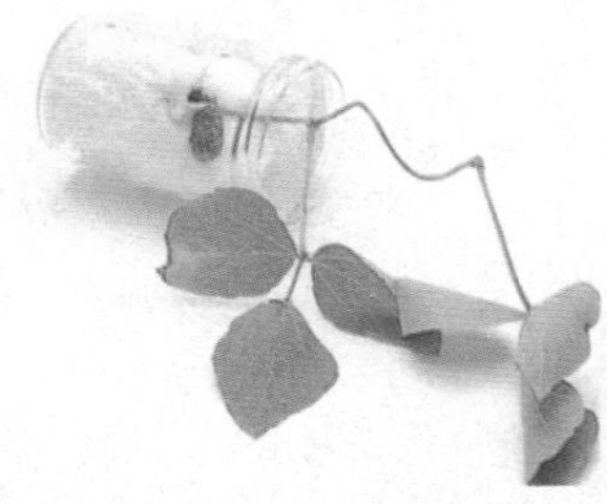

3.当豆子发芽长出一根长茎的时候，把瓶子侧放。

4.把果酱瓶放在窗台上，保持转动，这样出芽就会被转离阳光的方向。不久你就能培育出卷曲的豆藤。

制作水芹蛋壳

只要有水分，种子就能在许多不可思议的地方生长。享受种植这些水芹蛋壳的乐趣，之后你还可以食用长出的水芹。

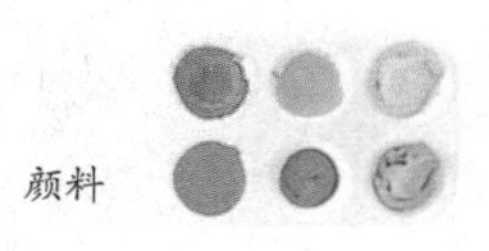

颜料

水芹种子

鸡蛋

画笔

材料和工具

※ 两个鸡蛋　※ 小碗
※ 棉絮(棉球)　※ 水
※ 水芹种子　※ 彩色颜料
※ 画笔

1.小心地将鸡蛋从中间打开，把蛋清和蛋黄倒入一个小碗中。

2.在冷水中蘸湿一团棉絮（棉球），在每个蛋壳中塞进一团。

3.在棉絮上撒播少量的水芹种子。把蛋壳在黑暗处放置2天，或者直到种子发芽，然后再转移到一个明亮的地方，比如窗台等处。

自然小贴士

寻找其他长在不寻常处的植物，如在屋顶上、墙上和岩石上。

4.在每个蛋壳上画一个鬼脸。一段时间后给蛋壳理一次发，把“头发”当做三明治的馅料。

口袋种植番茄

用种植袋种植番茄非常合适，因为袋子几乎提供了植物所需的所有养料。你在任何园圃中心都可以买到这种种植袋。用一个塑料漏斗做一个迷你水箱，以便免去经常浇水施肥的烦恼。

你知道吗?
高株番茄只能保留一个主干。它的侧枝生长在叶子和主干相接处，一旦发现，要立刻摘除。

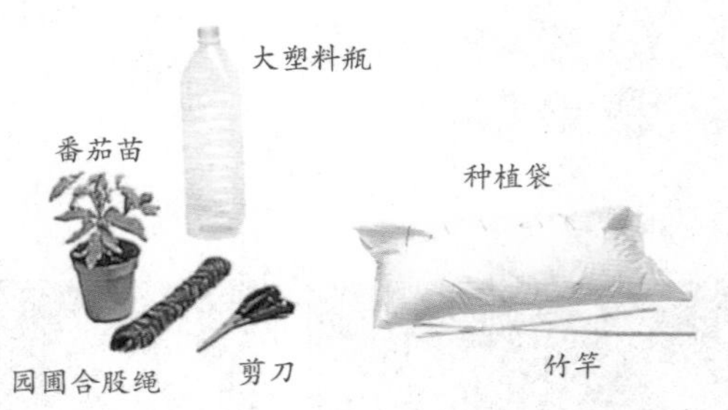

1.在袋底打上透水孔，沿袋上标记的虚线切一个方形开口。在每个方口中都挖一个洞，栽种一株番茄。

2.在每个方口中插入一根竹竿，并把植株牢牢绑在竹竿上。

3.把塑料瓶的底部剪掉，形成一个漏斗。将漏斗插在植株附近并灌满水。

窗台盆种植

你并不需要一个大花园来专门种植水果和蔬菜——在窗台盆里种一些也是可行的。草莓、灌木、落地番茄的体型都很小巧，完全适于盆栽，萝卜和生菜也没有问题。

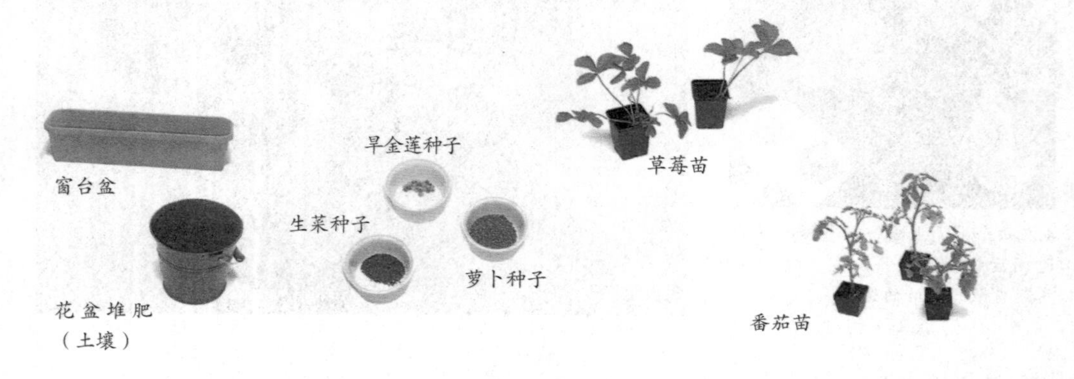

1.在窗台盆中填满花盆堆肥（土壤），略低于盆沿即可。

2.在窗台盆的后角种下落地番茄苗。

3.在离落地番茄苗约30厘米处种下草莓苗。

4.间隔约1厘米播种萝卜和生菜种子，先撒好萝卜种子，然后再播生菜种子。

5.播一些旱金莲种子在角落里，这样它们就能够蔓过盆沿，垂落下来。彻底地浇一遍水。

种蔬菜意大利面

这是千真万确的！有种南瓜（夏季南瓜）包藏着植物意大利面条。稍作加工，它就会露出美味的珍宝。在烤箱中烘烤，或者用沸水煮软，再加一些黄油揉搓一下就 OK 了。

1.在一个小花盆中填满花盆堆肥并把表面弄平整。种下3颗种子，压入约1厘米深。

2.准备好土壤——用叉子翻好，再加一些肥料或者花园堆肥。

花盆堆肥（土壤）

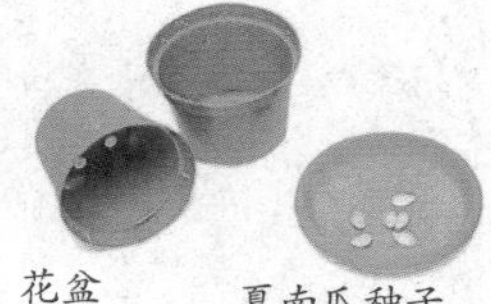

花盆　　夏南瓜种子

3.等到幼苗长出3~4片完整的叶片时，挑一个风和日丽的天气，把它们种到户外选好的地点去。

4.当植株开花的时候，你要充当一下蜜蜂，摘下雄花，把花粉拍落在雌花的柱头中间，使它授粉。

种植花生

大多数人都喜欢吃花生，但令人惊奇的是大部分人对这种植物的来历知之甚少。事实上，花生并不是严格意义上的坚果，反而与豆类有些渊源。花生体型小巧，只能活一个季节。子房在授粉后由于需要在黑暗和潮湿的环境里发育，所以就会弯腰垂落到地面上，把它们自己埋在土壤中，长出果实或者说“坚果”，这就是落花生名称的由来。

1.找一个装满花盆堆肥（土壤）的大花盆，轻轻把表面压平整。用手指沿中线把花生挤开。

2.把花生自然放置，7~8颗，间距均匀。

3.用大约2厘米的花盆堆肥（土壤）覆盖好它们，浇透。

4.用保鲜膜将整个花盆覆盖起来，以保持足够的温暖和潮湿，促使它们生长。发芽后，移除保鲜膜，这大约需要2周时间。

花盆中种菠萝

菠萝的茎叶会长成郁郁葱葱的室内观赏植物。菠萝来自热带地区，在那里很容易结出果实，每棵植株的中心都只长一个菠萝。有许多关于150年前英国温室里生长出精致美观的菠萝的报道，所以，不亲自种植一下，你永远也不会知道自己是否有好运种出漂亮的菠萝。

1.切除菠萝的顶冠，连带大约2厘米的果肉部分，放在一边晾干。

2.在花盆底部铺一层鹅卵石以便排水。

3.把等量的沙子和花盆堆肥（土壤）混在一起，制成轻质、透水性良好的混合土。

4.用花盆土和沙子的混合物填满花盆，轻轻压平。

5.把切好的菠萝顶冠放入合适的位置，用花盆堆肥（土壤）盖住肉质部分。

如何利用水果籽

你最喜欢的水果是什么？多汁的橘子、清脆的苹果、还是酸涩的柠檬？此类水果的共同优点就是：都会结出能长出新植株的籽（种子），所以，不要把子丢进垃圾箱，试着种植它们。你也许会种出有趣的室内果树，而无需额外的付出，只要几颗子和一点耐心就够了。

1.当吃水果的时候，尽可能地留下所有的籽（种子）。

2.用花盆堆肥填满一个小花盆，轻轻地将表面压平。把水果籽（种子）种入堆肥（土壤）中，均匀地将它们隔开。

3.然后用大约1厘米的花盆堆肥覆盖。

4.浇透，放在阳光充足的窗台上。

3 第三篇

种花，打造家中的好风景

第一章

观花花卉

三色堇

点点芬芳，浓浓思念

三色堇是欧洲常见的野花品种，也常栽培于公园中，是冰岛、波兰的国花。

三色堇因为一朵花有三种颜色而著称，但是也有一花纯色的品种。三色堇色彩艳丽，对环境的适应能力很强，是比较容易种植的一种花卉。

三色堇代表着“思念”的含义，这是它的花语。

别　　名	蝴蝶花、鬼脸花、人面花
科　　别	堇菜科
温度要求	阴凉
湿度要求	湿润偏干
适合土壤	酸性排水性好的沙壤土
繁殖方式	播种、扦插、压条
栽培季节	夏季、秋季
容器类型	中型
光照要求	喜阴
栽培周期	全年
难易程度	★★

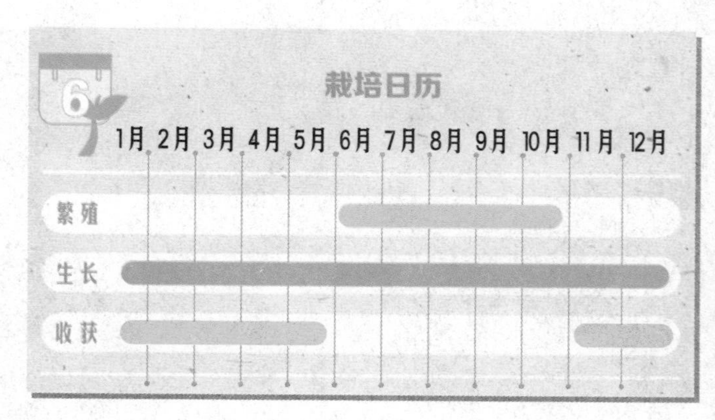

开始栽种

第1步

首先将种子浸湿，晾干后就可以直接播种了，覆土2~3厘米即可。

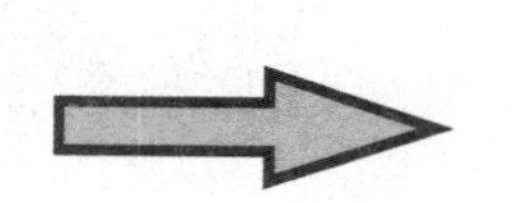

第2步

播种10天左右小苗就会长出。等小苗长到3~5片叶的时候，要进行上盆，置于阴凉的地方养护至少1周的时间，然后再放到阳台向阳的地方正常养护。

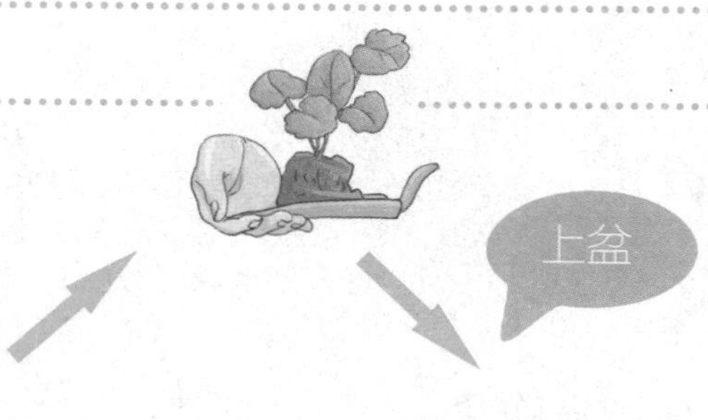

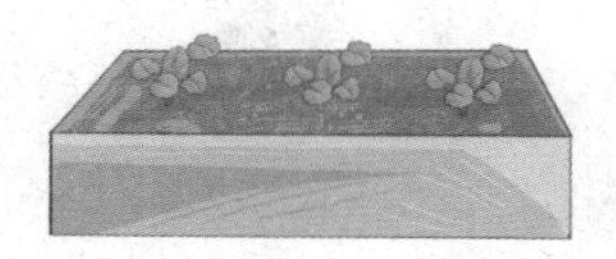

第3步

在生长旺季，要施1次稀薄的有机肥或含氮液肥。

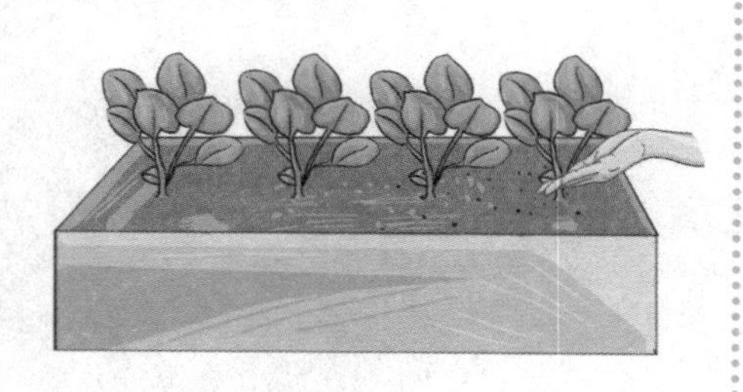

第4步

植株开花一般在种植2个月后，开花时要保持充足的水分，这样更加有利于增加花朵的数量，适当遮阴还可以延长花期。

第5步

开花后1个月结果。当卵形的果实由青白色转为赤褐色时，要及时采收。

注意事项

◎三色堇怎么浇水?

三色堇对土壤的干湿环境要求比较高，一般来说当看到土壤干燥的时候再浇水就可以，保持盆土偏干的环境是比较适合三色堇生存的。冬季的时候要控制好浇水的量，以免植株受到病害的侵扰。

◎摘心在什么时候进行?

三色堇在生长期需要及时地进行摘心，剪去顶部的叶芽，以促使侧芽萌发，这样才可以使花朵开得更加繁盛。

◎三色堇只需要氮肥补充营养吗?

三色堇对肥料要求的量不大，但是对所含的营养有一定的要求，一般来说只需要氮肥来补充营养即可。也可在生长旺季追加1次稀薄的含磷复合肥。

美食妙用

三色堇具有杀菌的功效，能够治疗青春痘、粉刺和过敏问题。喝三色堇茶，或用三色堇茶涂抹在患处，对痘痘、痘印有很好的疗效。

三色堇奶酪沙拉

材料： 三色堇2朵，生菜2片，香菜1把，奶酪175克，沙拉酱130克，柠檬半个，苹果醋、盐、橄榄油、黑胡椒适量。

做法：

❶ 将奶酪切成小块，香菜、三色堇切碎，生菜撕碎。❷ 将适量橄榄油、盐、黑胡椒、柠檬汁、苹果醋调和成酱汁。❸ 将奶酪、香菜、生菜、三色堇放入碗中，加入酱汁和沙拉酱，拌匀后即可食用。

山茶

可赏可尝，含蓄美好

山茶又被称为茶花，花期从10月到第二年的4月，品种繁多，色彩多样，是我国的传统十大名花之一。山茶花具有“美好、含蓄”的含义，不仅美丽多姿，全株还具有实用功效。

- 别　　名：曼佗罗树、薮春、山椿、耐冬、茶花
- 科　　别：山茶科
- 温度要求：温暖
- 湿度要求：湿润
- 适合土壤：酸性排水性好的沙壤土
- 繁殖方式：播种、嫁接、扦插、压条
- 栽培季节：夏季、秋季
- 容器类型：中型
- 光照要求：喜阴
- 栽培周期：全年
- 难易程度：★★

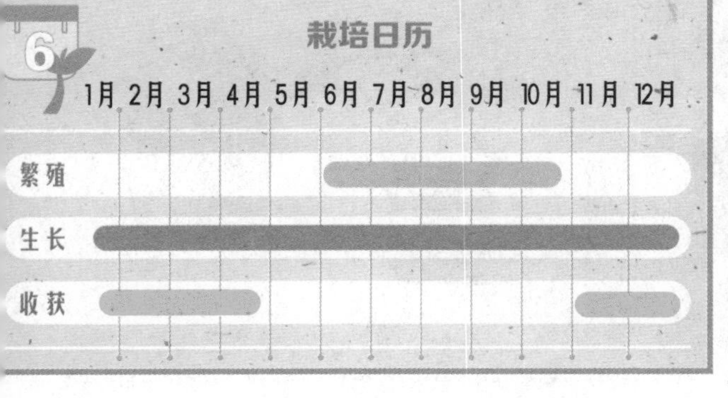

开始栽种

第1步

山茶花可采用扦插的繁殖方式，剪取当年生10厘米左右的健壮枝条，顶端留2片叶子，基部带老枝的比较合适。

第2步

将插穗插入土中，遮阴，每天向叶面喷雾，温度保持在20~25℃，40天左右就可以生根了。

第3步

生长旺季施1次稀薄的矾肥水，当高温天气来临要停止施肥，开花前增施2次磷肥和钾肥。

第4步

花芽形成后，及时除去弱小、多余的花芽，每枝留1~2个花蕾，同时摘除干枯的废蕾。

第5步

花期一定不要向花朵喷水，花期结束时要及时除去残花，并立即追肥。

山茶的文化渊源

山茶花原产中国。公元7世纪初，日本就从中国引种山茶花，到15世纪初大量引种中国山茶的品种。1739年英国首次引种中国山茶花，以后山茶花传入欧美各国。至今，美国、英国、日本、澳大利亚和意大利等国在山茶花的育种、繁殖和生产方面发展很快，已进入产业化生产的阶段，种间杂种和新品种不断上市。

中国自南朝开始已有山茶花的栽培。唐代山茶花作为珍贵花木栽培。到了宋代，栽培山茶花己十分盛行。南宋时温州的山茶花被引种到杭州，发展很快。明代《花史》中对山茶花品种进行了描写分类。到清代，栽培山茶花更盛，茶花新品种不断问世。1949年以来，中国山茶花的栽培水平有了一定的提高，品种的选育又有发展。中国山茶品种现已有300个以上。

注意事项

◎浇水时要注意

山茶花需要土壤保持充足的水分，夏季每天都要向叶片喷洒1次水，但不宜大量浇灌，山茶花积水容易造成根部的腐烂。

积水会造成根部腐烂

◎阳光不要很多

山茶花是一种不耐高温的花卉，炎热的夏季需要进行降温、遮阳，否则可能灼伤叶片，因此要尽量避免阳光直射。

◎花谢换盆

当秋天来临，花朵开始凋谢，这个时候要及时进行换盆。将植株连土一起取出，剪去枯枝、病枝和徒长枝，并换入新土，浇透水后，进行遮阴养护。要注意的是，山茶花的根系十分脆弱，移栽的时候一定要注意对植株的根系进行保护。

美食妙用

山茶花除了观赏外，花朵可做药用，有收敛止血的功效。山茶花还是高级制茶原料，色香味俱佳，是茶中珍品。

山茶糯米藕

材料：山茶花20克，藕1段，糯米150克，红枣8粒，蜂蜜、红糖、白糖、冰糖、淀粉适量。

做法：

❶ 将藕洗净，切下一端藕节，将泡好的糯米从藕节的一端灌入藕孔中，并用筷子捣实，将藕蒂盖上，并用牙签固定。❷ 将糯米藕放入锅中，注水要没过莲藕，再放入红糖和红枣，大火煮开后转小火煮透，然后切片。❸ 在煮藕汤中加白糖、冰糖、山茶花，煮5分钟后勾芡，浇在藕片上即可。

牡丹

天姿国色，花中之王

牡丹素有“花中之王”的美称，不仅拥有着华贵的气质，而且历史悠久，是历代文人墨客称颂的典范。牡丹象征着富贵繁盛，种植一般用作观赏，但是牡丹的茎、叶、花瓣都具有很出众的药用价值。

- 别　　名　白茸、木芍药、洛阳花、富贵花
- 科　　别　芍药科
- 温度要求　耐寒
- 湿度要求　耐旱
- 适合土壤　中性排水性好的沙壤土
- 繁殖方式　播种、分株、嫁接、扦插
- 栽培季节　秋季
- 容器类型　大型
- 光照要求　喜光
- 栽培周期　8个月
- 难易程度　★★

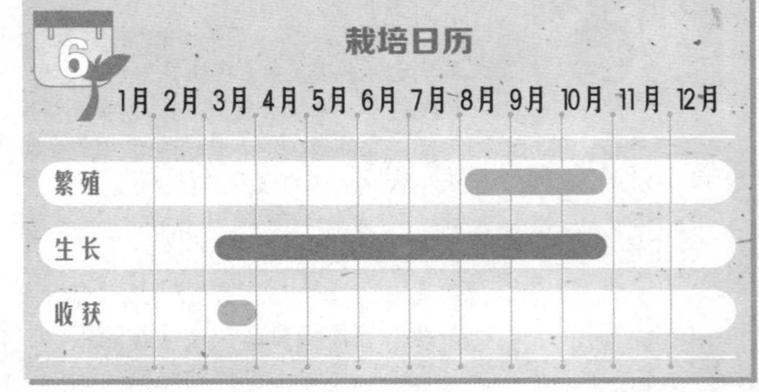

开始栽种

第1步

培养土要选择含有沙土和肥料的混合性土壤，用园土、肥料和沙土混合的自制土壤也是可以的。

沙土

饼肥的混合土

粗沙

园土

腐熟的厩肥

第2步

将生长5年以上的牡丹连土取出，抖去旧土，放置于阴凉处晾2~3天，连枝一起切成2~3枝一组的小株。

控制开花的数量

牡丹在开花前要及时除掉多余、弱小的花芽，免得使其争抢营养的供给，从而使主要枝干的花朵开放得更加绚丽。

第3步

将植株扶正，然后将根部放入土坑中，覆土深度达到埋住根部的程度即可，浇透水。

第4步

开花时，要在植株上加设遮阳网或暂时移至室内，以避免阳光直射，延长开花时间。

第5步

秋、冬季落叶后要进行整体的修剪，剪去密枝、交叉枝、内向枝以及病弱枝，保持整株的优美形态。

修剪整形

注意事项

◎浇水看时节

牡丹花需要水量还是比较大的，春、秋季每隔3~5天需要浇1次水，夏季每天早晚要各浇水1次，冬季控制浇水。

春、秋季3~5天浇水1次

夏季每天早晚浇水1次，冬季控制浇水

玫瑰

美容养颜，调节情绪

玫瑰象征着美好的爱情，具有浓郁的香气，令人身心愉悦。玫瑰的品种和花色也多种多样，在家中种植不仅可以陶冶心性，为自己的家增加绵绵情意，还可以用来制作茶饮美食，可谓一举多得。

别　　名	刺玫花、徘徊花
科　　别	蔷薇科
温度要求	阴凉
湿度要求	耐旱
适合土壤	微酸性排水性好的沙壤土
繁殖方式	播种、分株、扦插
栽培季节	春季、夏季、秋季
容器类型	中型
光照要求	喜光
栽培周期	8 个月
难易程度	★★★

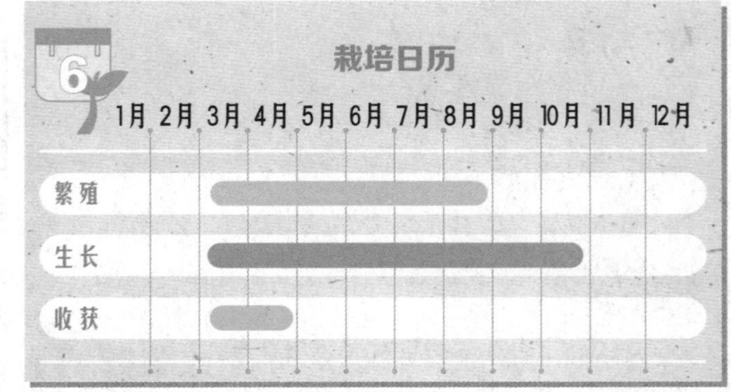

开始栽种

第1步

玫瑰可使用种苗种植，也可以直接去花卉市场或园艺店购买，选择健壮、无病虫害的种苗栽培。

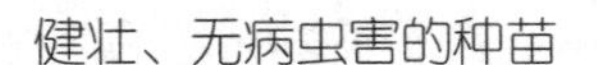

健壮、无病虫害的种苗

花卉市场或园艺店购买

第2步

初冬或早春，将玫瑰种苗浅栽到容器中，覆土、浇水、遮阴，当新芽长出后即可移至阳光充足的地方。

第3步

当玫瑰的花蕾充分膨大但未开放的时候就可以采摘了，阴干或晒干后可泡茶。

第4步

花开后需要疏剪密枝、重叠枝，进入冬季休眠期后，需剪除老枝、病枝和生长纤弱的枝条。

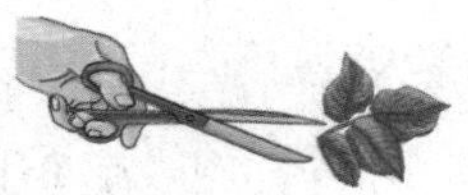

剪去密枝、重叠枝

第5步

盆栽种植的玫瑰通常每隔2年需要进行一次分株，分株最好选择在初冬落叶后或早春萌芽前进行。

注意事项

◎浇水时注意什么?

玫瑰平时对水量的要求不高，盆土变干时浇水即可，当夏季炎热高温的天气来临，需要每天浇水。适当干旱的环境对玫瑰的生长是比较有好处的，如果浇水过多，过于潮湿的生长环境会导致其叶片发黄、脱落。所以一定要注意浇水的量。

夏季每天浇水

X

注意浇水的量

栀子

洁白俏丽，香气四溢

栀子原产于中国，常绿灌木，为重要的庭院观赏植物。栀子花表达“喜悦、永恒的爱”的含义，从冬季开始孕育花蕾，盛夏时节绽放，叶片四季常青，花朵洁白无瑕，香气四溢，是一种美好而圣洁的花卉。放在室内可以净化空气，果实还可以入药。

- **别　　名** 白蟾、黄栀子
- **科　　别** 茜草科
- **温度要求** 温暖
- **湿度要求** 湿润
- **适合土壤** 微酸性排水性好的沙壤土
- **繁殖方式** 播种、扦插、压条、分株
- **栽培季节** 春季、秋季
- **容器类型** 中型
- **光照要求** 喜光
- **栽培周期** 8个月
- **难易程度** ★★

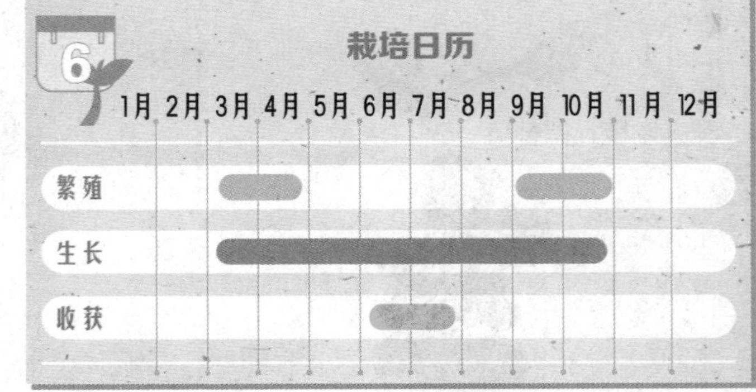

开始栽种

第1步

栀子花常采用扦插的方法进行繁殖，选取2~3年的健壮枝条，截成长10厘米左右的插穗，留两片顶叶，将插穗斜插入土中，然后进行浇水、遮阴。

第2步

1 个月后，将已经生根的植株移栽到偏酸性土壤中，置于阳光下养护。

第4步

栀子花在现蕾期需追 1~2 次的稀薄磷钾肥，并保证充足光照，花谢后要及时剪断枝叶，以促使新枝萌发。

处在生长期的栀子花要进行适量的修剪，剪去顶梢，以促进新枝的萌发。

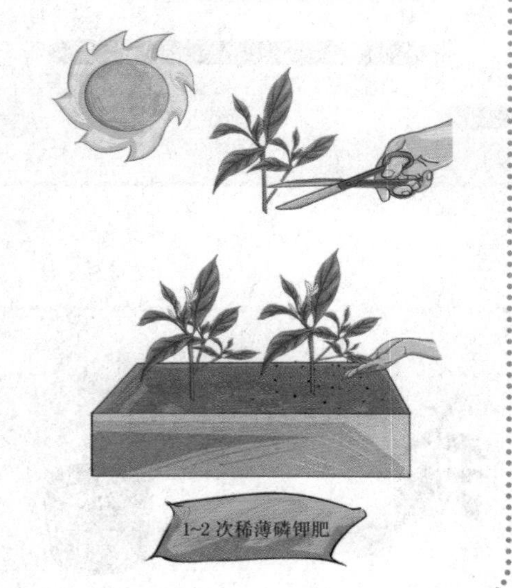

第3步

栀子花是一种喜肥的植物，生长旺季 15 天左右需追 1 次稀薄的矾肥水或含铁的液肥，开花前增施钾肥和磷肥，花谢后要减少施肥。

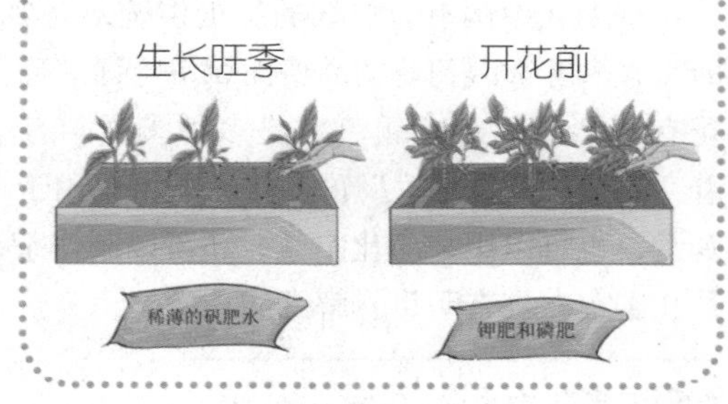

第5步

春季时要对植株进行一次修剪，剪去老枝、弱枝和乱枝，以保证株型的美观。

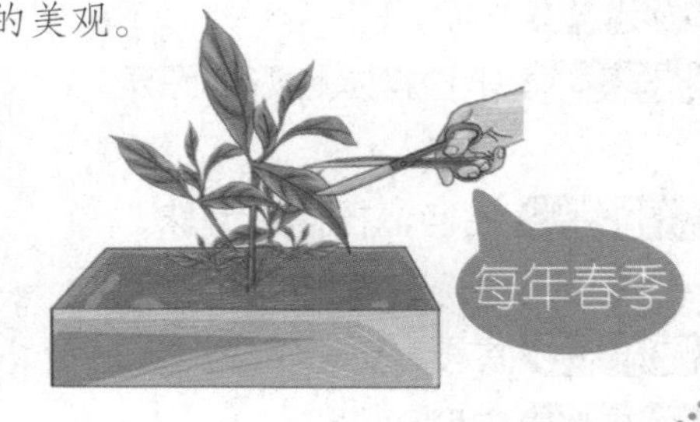

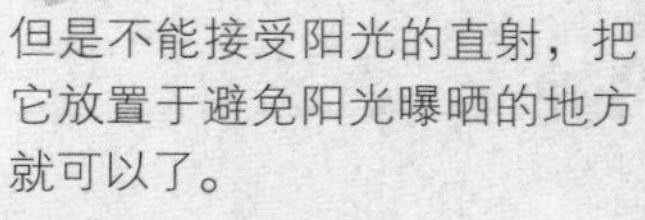

注意事项

◎对阳光的特殊嗜好

栀子花很喜欢阳光的滋养，但是不能接受阳光的直射，把它放置于避免阳光曝晒的地方就可以了。

◎栀子花浇水

当栀子花的土壤出现发白的情况就是需要浇水的信号，夏季早晚都要向叶面喷水，这样可以起到降温增湿的效果。当花现蕾之后，浇水的量要减少，冬季更要少浇水，盆土保持偏干的状态比较适合植株生长。

菊花

娇艳夺目，品种繁多

赏菊在中国有着悠久的历史传统，太多的文人墨客都因菊花的品格而赋诗吟诵。菊花有很多的品种，颜色也是多种多样，有着“高洁、遗世独立”的品格，既可以用于观赏，也可以用来净化空气，还可以制作茶饮、美食，具有明目、解毒的功效。

别　名	寿客、金英、黄华、陶菊
科　别	菊科
温度要求	阴凉
湿度要求	耐旱
适合土壤	中性排水性好的肥沃土壤
繁殖方式	播种、扦插、分株、压条、嫁接
栽培季节	春季、夏季
容器类型	中型
光照要求	较喜光
栽培周期	全年
难易程度	★★

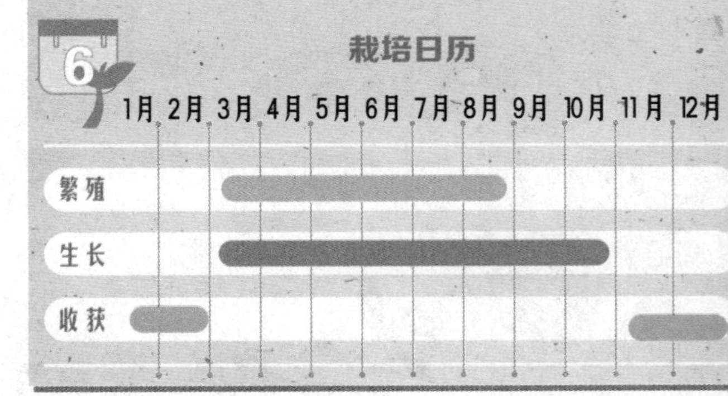

开始栽种

剪取有2~4节的新枝，长度在10厘米左右，摘去枝条下部的叶片，插入土中，然后浇水、遮阴。

第2步

15~20天的时间就可以生根了，1个月后进行移栽上盆，浇透水后放到半阴处，1周后进行正常养护即可。

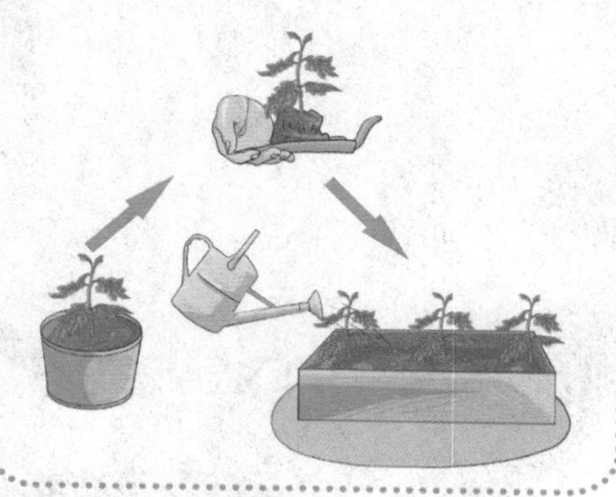

第3步

夏季每天早晚各浇水1次，立秋后2~3天浇水1次，冬季要控制浇水量。

第4步

花期前增施1次磷肥和钾肥，开花期和休眠期要停止追肥。

花期前

第5步

生长期要及时剪去多余侧枝，花蕾长出后，独本菊需要选留一个最饱满的花蕾，多头菊每个分枝都要选留一个花蕾，其余要全部摘除。

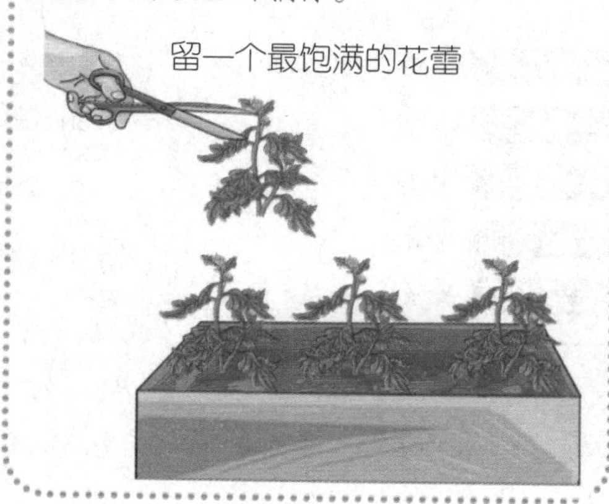

注意事项

◎不同菊花、不同对待

菊花分为很多种类，多头菊花在生长期内一般要进行2~3次摘心，独本菊则不需要进行摘心，根据菊花的不同品种一定要区分对待。

百合

吉祥美丽，用途广泛

百合，多年生球根草本花卉，其名称出自于《神农本草经》，还有很多品种及名称。

百合花典雅多姿，常常被人们赞誉为“云裳仙子”，寓意着“百年好合”，是吉祥、喜庆的象征。

别　　名 番韭、山丹、倒仙

科　　别 百合科

温度要求 阴凉

湿度要求 湿润

适合土壤 微酸性排水性好的沙壤土

繁殖方式 播种、分小鳞茎、鳞片扦插

栽培季节 春季、秋冬季

容器类型 中型

光照要求 喜阴

栽培周期 全年

难易程度 ★★

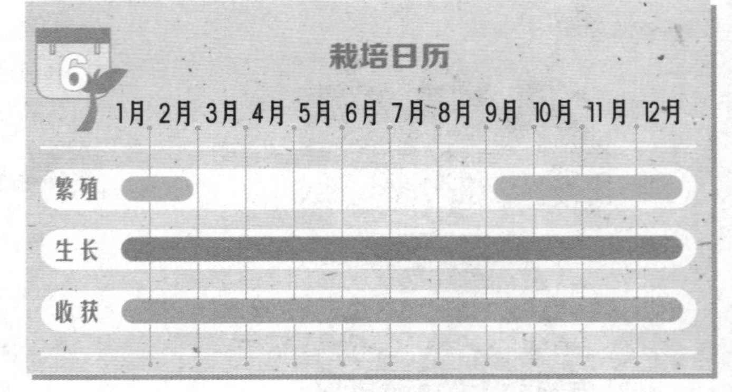

开始栽种

在每年的9~11月份，将球根外围的小鳞茎取下，将其栽入培养土中，深度为鳞茎直径的2~3倍，然后浇透水。

第2步

等到第二年春季，植株就会出苗，然后进行上盆、浇水，按常规养护即可。

第3步

生长期需要施1次稀薄的液肥，以氮、钾为主，在花长出花蕾时，要增施1~2次磷肥。

第4步

花在半开或全开的状态下，根据需要可以进行采收，剪枝要在早上10点之前进行。

第5步

花期后，要及时剪去黄叶、病叶和过密的叶片，以免养分的不必要消耗。

注意事项

◎喜湿的百合

虽然百合花很喜欢潮湿的生长环境，但浇水量也不要过多，能够保持土壤在潮润的状态下就可以了。无论是处在生长旺季或者是处在干旱天气的情况下都要勤浇水，向叶面喷水的方式比较好，因为这样还可以保证叶面的清洁。

◎怕冷的百合

百合花是一种非常不耐寒的植物，如果温度在一周内都徘徊在5℃左右的话，植株就会出现生长停滞的状况，甚至会出现推迟开花、盲花、花裂的现象，天气寒冷的时候可以将其搬到室内。

水仙

亭亭玉立，香气馥郁

水仙有单瓣和复瓣两种，姿容秀美，香气浓郁，自古就被人们称誉为“凌波仙子”，水仙的花语是“敬意”和“思念”，充满着深情。

水仙不仅可以在土壤中栽种，还可以进行水培，根茎可以入药，但是花枝有毒，养护时注意不要误食。

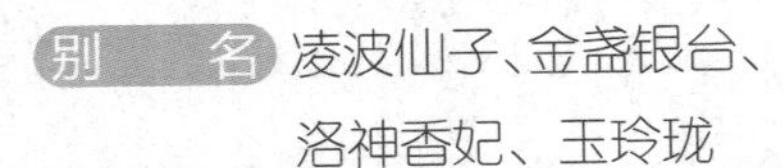

别名 凌波仙子、金盏银台、洛神香妃、玉玲珑

科别 石蒜科

温度要求 阴凉

湿度要求 湿润

适合土壤 微酸性排水性好的沙壤土

繁殖方式 分株

栽培季节 春季、秋季

容器类型 大型

光照要求 喜光

栽培周期 10个月

难易程度 ★★

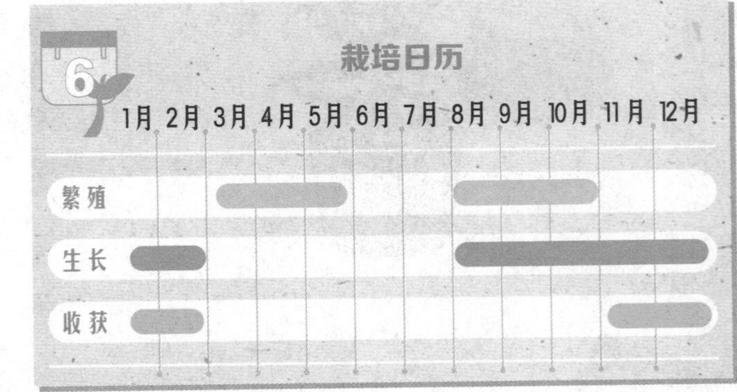

开始栽种

初冬时节选取直径8厘米以上的水仙球株，最好是表面有光泽、形状扁圆、下端大而肥厚、顶芽稍宽的。

第2步

洗净球体上的泥土，剥去褐色的皮膜，在阳光下晒 3~4 小时，然后在球的顶部划“十”字形刀口，再放入清水中浸泡 24 小时，然后将切口上流出的黏液洗净。

晒 3~4 小时

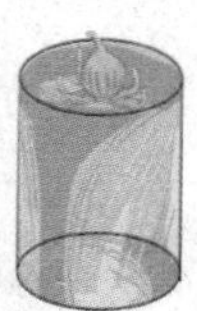

清水中浸泡 24 小时

第3步

将水仙球放在浅盆中，用石子固定，水加到球根下部 1/3 的位置，5~7 天后，球根就会长出白色的须根，之后新的叶片就会长出。

第4步

上盆后，每隔 2~3 天换水 1 次。长出花苞后，5 天左右换 1 次水即可。鳞茎发黄的部分用牙刷蘸水轻轻刷去。

第5步

水仙开花期间，要控制好温度，并保证充足的光照，否则会造成开花不良或花朵萎蔫的现象。

温度不宜过高，
并保证充足的光照

注意事项

◎不需要施肥的花朵

水仙花在一般的情况下不需要施加任何的肥料，只有在开花期间施一点点磷肥，这样就可以使花得开得浓艳。

温度　光照　水

◎水仙花生长的三大要素

温度、光照和水是水仙花生长的三大要素，这三大要素对于水仙花的生长来说至关重要，缺一不可，只有掌握好这三大要素，水仙花才会开出无比娇艳的花朵。

第二章

观叶花卉

羽衣甘蓝

美食变种，色彩艳丽

羽衣甘蓝实际上是食用甘蓝的变种，叶色多姿多彩，像极了大朵绽放的鲜花，观赏性非常强，非常适合用于城市景观美化，还能够进行水培。

羽衣甘蓝的口感和食用性同普通的甘蓝没有任何区别，是一种真正将美食和美景相结合的植物。

别　　名	叶牡丹、牡丹菜、花包菜、绿叶甘蓝
科　　别	十字花科
温度要求	阴凉
湿度要求	湿润
适合土壤	中性的肥沃沙壤土
繁殖方式	播种
栽培季节	春季、秋季
容器类型	中型
光照要求	喜光
栽培周期	10 个月
难易程度	★★

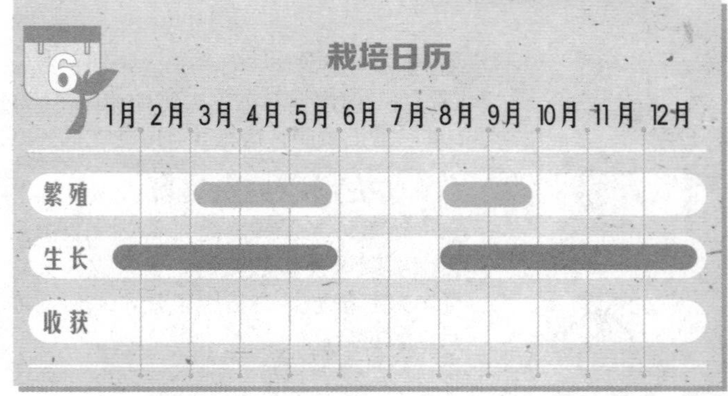

开始栽种

第1步

羽衣甘蓝春播、秋播都可以，种子需浸泡8小时之后再播入容器之中，覆一层薄土，浇透水，5天左右就会有苗长出。

浸泡8小时以上

可春播、秋播

第2步

羽衣甘蓝喜欢湿润的环境，生长期内要保持盆土的湿润，但是注意不要积水。

保持湿润但不要积水

第3步

盆土中加入基肥，生长期每隔10天左右追肥1次。

每次采收后都要追肥

10天左右追1次

第4步

栽培一年的羽衣甘蓝呈莲座状，经冬季低温和长日照的漫长生长，可在四五月份开花。

第5步

羽衣甘蓝的果实在五六月份的时候成熟，成熟后就可以采种，采收后贮藏在低温干燥的地方。

贮藏在低温干燥的地方

注意事项

◎羽衣甘蓝易生根

羽衣甘蓝采用扦插的方式进行繁殖，生根是比较容易的，一星期的时间就可以扎根，两星期就可以移栽上盆了。

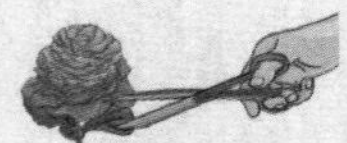

留上 3~5 枝芽

◎简易插穗，变化多样

由于羽衣甘蓝具有扦插繁殖比较容易的特点，我们可以根据老茎的长相在原植株不同的部位留3~5枝芽，按照这种方式进行培育，可以生长出多头羽衣甘蓝盆花。

◎控制喷水，防止萎蔫

喷水的方式更有利于羽衣甘蓝的生长，但喷水的次数比较灵活，可以根据天气的变化而定，在保证插穗不出现过分萎蔫的前提下，控制浇水次数比较利于植株的生长。

羽衣甘蓝没有任何饮食禁忌，并且营养丰富，含有大量的维生素 A、C、B_2 及多种矿物质，特别是钙、铁、钾含量很高，适合制成沙拉或凉拌食用。

上汤羽衣甘蓝菜

材料：羽衣甘蓝 2 颗，野生菌 100 克，皮蛋 1 个，大蒜、红椒、盐、料酒、蚝油、胡椒粉、鸡精、水淀粉、糖、醋适量。

做法：

❶ 将红椒切丝，大蒜拍扁，把野生菌和羽衣甘蓝用清水焯下捞出。❷ 油锅烧热，放入大蒜炸成金黄色，然后放入红椒、野生菌、皮蛋、甘蓝。❸ 再加入盐、料酒、蚝油、胡椒粉、鸡精、糖、醋、水淀粉翻炒即可。

常春藤

大吉大利，富贵一生

常春藤四季常青，喜欢攀援墙面或者廊架，也有可悬挂起来的小型品种，随着四季的更迭，常春藤叶片的颜色也会随之变换，是植物中的变色龙。常春藤可以吸附空气中的有害物质，具有净化空气的作用，全株都可以入药。

别　名	土鼓藤、钻天蜈蚣、长春藤、散骨风
科　别	五加科
温度要求	温暖
湿度要求	湿润
适合土壤	中性排水性好的肥沃土壤
繁殖方式	扦插、压条、播种
栽培季节	春季、夏季、秋季
容器类型	大型
光照要求	喜阴
栽培周期	全年
难易程度	★

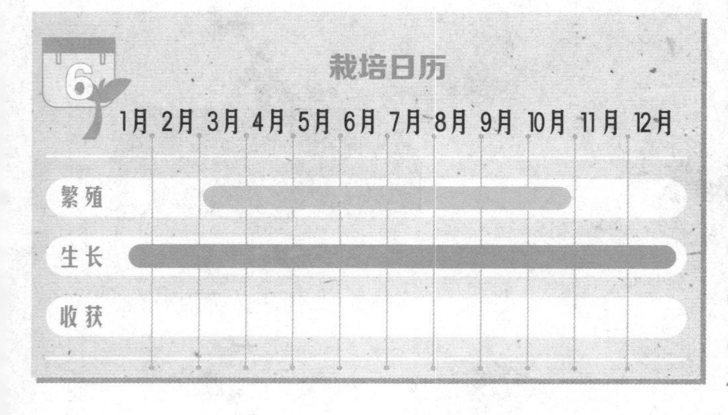

常春藤被人们称为“天然氧吧”，无论放置在房间的任何一处，都可以起到净化空气的作用，但是常春藤的最大作用还是吸收尼古丁、甲醛等致癌物质。通过叶片上的微小气孔，常春藤能吸收有害物质，并将之转化为无害的糖分与氨基酸。

吸烟区空气清新剂

材料： 常春藤一株。

做法：

❶ 将常春藤摆放在室内经常有人吸烟的位置。❷ 记得浇水、施肥养护以保证植株生长繁盛。

开始栽种

第1步

常春藤多采用扦插的繁殖方式，春、夏、秋三季均可进行。选取当年生的健壮枝条，剪下10厘米左右的嫩枝做插穗，插入培养土中，注意浇水、遮阴。

第2步

15天左右即可生根，生长一个月后就可以移栽上盆，上盆后放在半阴处养护。

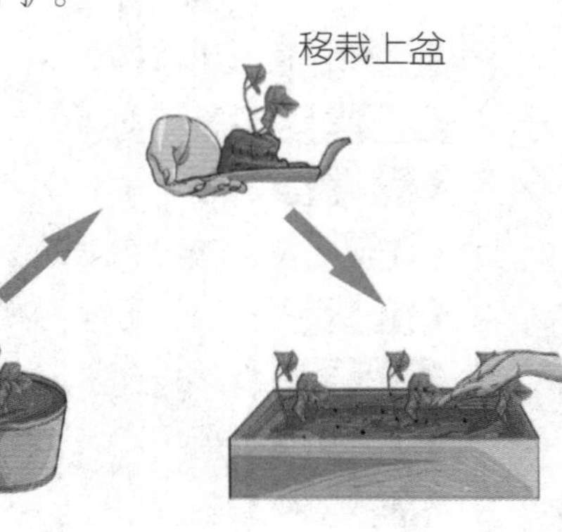

第3步

生长期内要保持植株土壤的湿润，土壤要见干即浇水，若冬季低温则严格控制浇水。

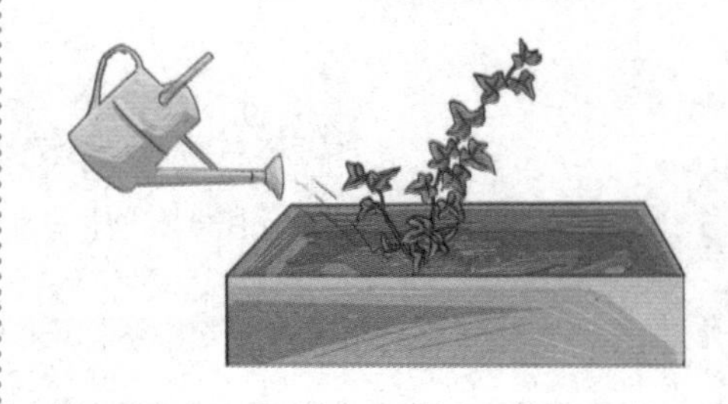

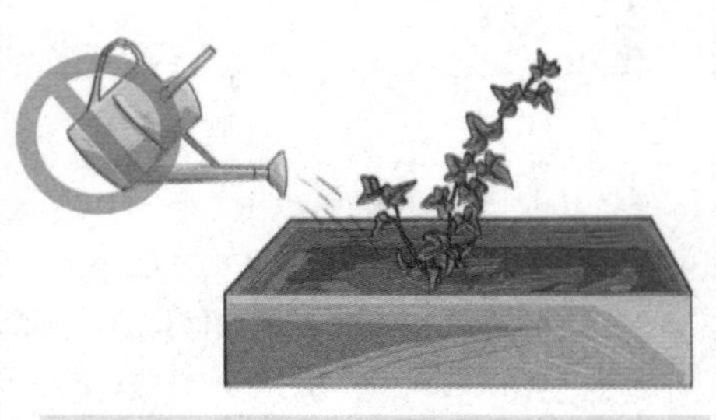

第4步

常春藤作为一种攀缘性植物，需要搭设支架才可以生长。可通过绑扎枝蔓的方式引导藤蔓的生长方向，以保证植株的姿态优美。

繁殖力强，生命旺盛

常春藤是一种比较容易繁殖的植物，春、夏、秋三季都可以进行扦插繁殖。

第5步

生长期需追1次稀薄的复合液肥和一次叶面肥，夏季高温和秋冬低温时要停止追肥。

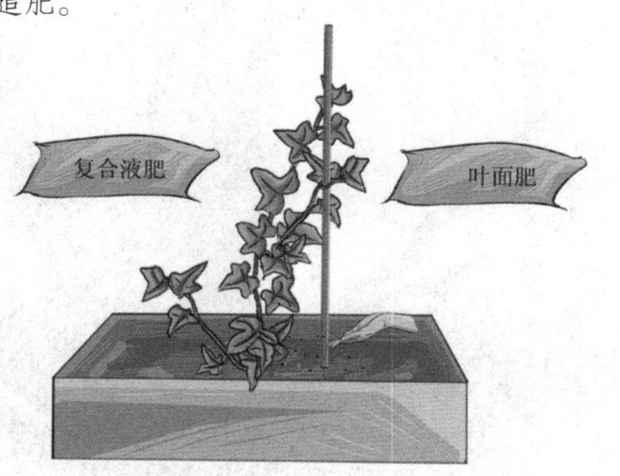

夏季高温和秋冬低温

常春藤主要种类

1. 中华常春藤：常绿攀援藤本。9 ~ 11 月开花，花小，淡绿白色，有微香。核果圆球形，橙黄色，次年 4 ~ 5 月成熟。分布于我国华中、华南、西南及陕、甘等省。极耐阴，也能在光照充足之处生长。中华常春藤枝蔓茂密青翠，姿态优雅，可用其气生根扎附于假山、墙垣上，让其枝叶悬垂，如同绿帘，也可种于树下，让其攀于树干上，另有一种趣味。通常用扦插或压条法繁殖，极易生根，栽培管理简易。

2. 日本常春藤：常绿藤本，原产于日本、韩国及我国台湾。性强健，半耐寒，喜稍微荫蔽的环境。光照过弱或气温高时生长衰弱。是较好的室内观叶花卉。扦插、分枝、压条均可繁殖。

3. 金心常春藤：金心常春藤是常春藤家族中的一个园艺变种，中 3 裂，中心部嫩黄色，观赏价值高。

4. 西洋常春藤：常绿藤本，茎长可达 30 米，叶长 10 厘米，常 3 ~ 5 裂，花枝的叶一般全缘。叶表深绿色，叶背淡绿色，花梗和嫩茎上有灰白色星状毛，果实黑色。

注意事项

◎修剪一下更美丽

常春藤是一种藤蔓型植物，需要定期进行修剪，否则观赏性会变得很差。在容器中插入一根金属丝，将其盘成圆形，然后将茎条缠绕在金属丝上，以牵引藤蔓起到修整植株形态的作用。

夏季要避免阳光直射

冬季可见全光

◎夏季避光，冬季见光

在非直射的光照条件下更有利于常春藤的生长。夏季要完全避免阳光直射，冬季则可以在全光的环境中培植。

芦荟

气味清新，功能多样

芦荟是灌木状肉质植物，原产于非洲，全世界约有300种。芦荟的叶片丰润肥美，形状变化万千，是一种看起来非常可爱的植物。叶片中的汁液丰沛浓厚，是美容养颜的上佳选择，无论是做面膜还是食用效果都很显著。

芦荟还可以吸收辐射和净化空气，可以说是都市生活中的必备植物。

别　　名	卢会、油葱、象胆、奴会
科　　别	百合科
温度要求	温暖
湿度要求	耐旱
适合土壤	中性排水性好的沙壤土
繁殖方式	分株、扦插
栽培季节	春季
容器类型	中型
光照要求	喜光
栽培周期	8个月
难易程度	★★

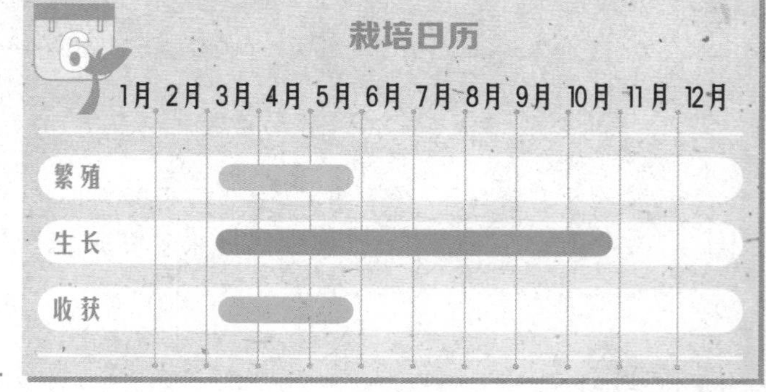

开始栽种

芦荟以分株繁殖为主，在春季结合换盆进行。首先将植株脱盆，萌生的侧芽切下，在切口的位置涂上草木灰，晾晒24小时后就可以进行移栽了。

涂上草木灰，晾晒24小时

第2步

春秋季每5~7天浇水1次，夏季时每2~3天浇水1次，冬季低温的环境中要控制浇水量，也要注意花盆不要积水。

第3步

生长期追1次腐熟的稀薄液肥，肥水不要浇到叶片上，如果土壤的肥力充足，也可以不进行追肥。

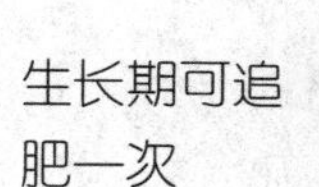

第4步

芦荟栽种5年才会开花，让植株充分接受光照，保持空气干燥，每隔10天追施一次磷肥，会更加有利于植株开花。

盆栽芦荟一般1~2年换盆一次，以春季换盆为宜。

芦荟最怕冷

芦荟不适合在寒冷的环境中生存，除了这个缺点，芦荟还是一种比较好养活的植物，生命力非常顽强，对水和肥的要求都不是很高。

1~2年一次
以春季换盆为宜

注意事项

◎拔出来也能活

芦荟是一种非常神奇的植物，当容器中的泥土完全干燥的时候，将芦荟从花盆中拔出，用大纸袋包好收纳，到明年4月份的时候再移植到新的土壤中，芦荟依旧可以成活，并能茁壮成长。

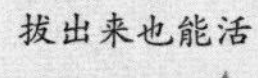

龟背竹

四季常青，挺拔大气

龟背竹的叶脉间有着很大的裂纹和穿孔，四季常青，叶片宽大，形状如龟甲一般，所以被称为龟背竹，有的品种叶片上还有不规则的斑纹，非常可爱。

龟背竹具有“健康长寿”的寓意，有着净化空气、消除污染的作用。

别　名　蓬莱蕉、铁丝兰、龟背蕉、电线莲、透龙掌
科　别　天南星科
温度要求　温暖
湿度要求　湿润
适合土壤　中性排水性好的肥沃土壤
繁殖方式　播种、扦插、分株、插条
栽培季节　春季、夏季、秋季
容器类型　大型
光照要求　喜阴
栽培周期　全年
难易程度　★★

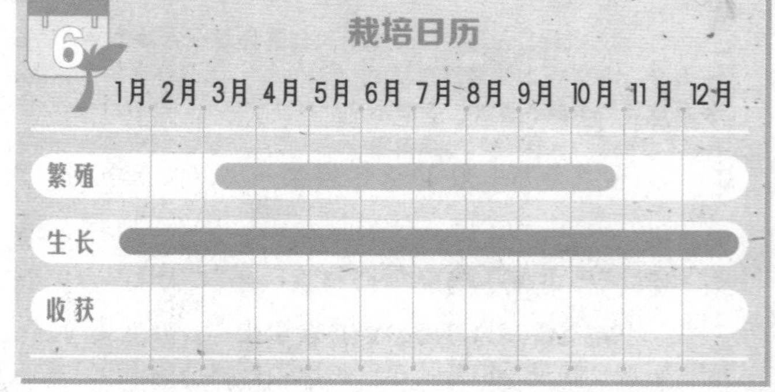

开始栽种

第1步

龟背竹往往采用扦插的繁殖方式。取长度20厘米左右的粗壮枝条，保留上端的小叶和气生根，将枝条插入培养土中，土壤要保持适当温度和湿度，30天左右就可以生根了。

第2步

在容器中放入一半的培养士，栽入龟背竹苗，覆土以固定根部，覆至土面距离盆沿5~6厘米的时候，进行浇水，在半阴条件下养护，15天后进行第一次追肥。

第3步

龟背竹喜欢湿润的环境，但是不要积水，春秋两季2~3天可浇水1次，夏季的时候每天浇水1次，冬季在低温的情况下要尽量少浇水。

第4步

龟背竹不喜欢施生肥和浓肥，生长期内要追1次稀薄的液肥。秋末可增加少量钾肥，以提高植株抗寒能力，夏季高温和秋冬低温时要停止追肥。

夏季高温和秋冬低温

第5步

龟背竹经常受到灰斑病的侵扰，多从叶边缘伤损处开始发病，及时除虫，剪除部分病叶，可以有效防止灰斑病的发生。

注意事项

◎保持美观

龟背竹能长得比较庞大，只有通过修剪的方式才能够保持株型的整体美观。当植株定型后，要及时剪去过密、过长的枝蔓，以保持株形的整体美观。

吊兰

美观可爱，功能多样

吊兰的枝叶纤细优美，自然下垂，四季常青，常常被人们悬挂于空中进行装饰，清风徐来，叶片随风拂动，十分美观可人。其花语是“无奈而又给人希望”。吊兰可以吸收甲醛等有毒气体，悬挂于房间非常有益于健康。全株都可以入药，具有温凉止血的功效。

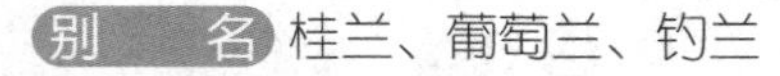

- 别　　名：桂兰、葡萄兰、钓兰
- 科　　别：百合科
- 温度要求：温暖
- 湿度要求：湿润
- 适合土壤：中性排水性好的肥沃土壤
- 繁殖方式：播种、扦插、分株
- 栽培季节：春季、夏季、秋季
- 容器类型：中型
- 光照要求：喜阴
- 栽培周期：8个月
- 难易程度：★★

栽培日历

	1月	2月	3月	4月	5月	6月	7月	8月	9月	10月	11月	12月
繁殖			■	■	■	■	■	■	■	■		
生长			■	■	■	■	■	■	■	■		
收获												

开始栽种

第1步

春、夏、秋三季吊兰均可以分株，将长势旺的叶丛连同下面的根一起切成数丛，上盆栽种即可。

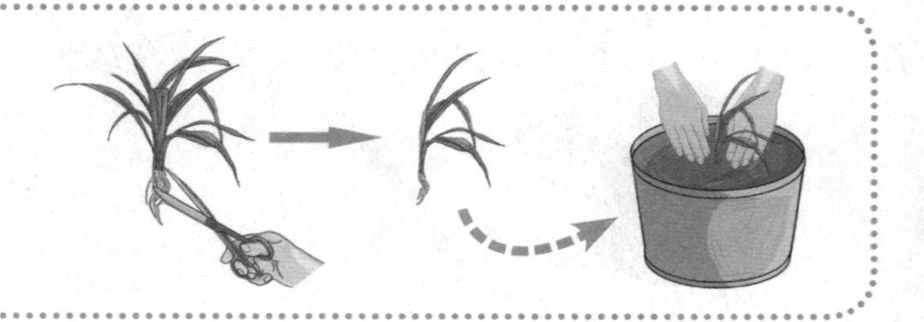

第2步

吊兰喜欢湿润的环境，春、秋两季每天浇水 1 次，夏天每日早晚各浇水 1 次，冬季 5 天左右浇水 1 次，始终保持土壤湿润。

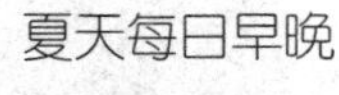

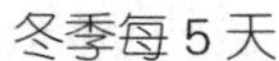

第3步

吊兰在生长期每隔 15 天左右就要施 1 次稀薄的氮肥，但叶面有镶边或斑纹的品种不要施太多的氮肥，否则会使线斑长得不明显。

第4步

每周向叶面喷洒 1 次稀薄的磷钾肥，连喷 2~3 周，可以保持盆土略干，这样可以促进吊兰开花。吊兰的花期一般在春夏间，在室内种植冬季也可以开花。

第5步

吊兰最好是两年换一次盆，春季的时候剪去多余的根须、枯根和黄叶，加入新土栽种。

注意事项

◎吊兰的修剪

吊兰需要及时修剪，枝叶上如果出现黄叶就要随时剪去，到5月份的时候要将老叶剪去，这样可以促使植株萌发出更多新枝芽。

◎肥料很重要

吊兰是一种比较喜欢肥料的植物，如果肥料不足，会导致叶片出现变黄干枯的现象。从春末到秋初每 7~10 天要施一次有机液肥，这样能够保持叶片青翠。

绿萝

叶片秀美，外伤常用

绿萝四季常青，姿态优美，常常攀附支杆生长，焕发着勃勃生气。绿萝多为全身通绿，但有些品种的叶面上也有黄色或白色的斑纹，无论是家居种植还是装饰庭院，都以其优雅姿态而大受欢迎。其花语是“守望幸福”。

别　　名	魔鬼藤、石柑子、竹叶禾子、黄金葛、黄金藤
科　　别	天南星科
温度要求	温暖
湿度要求	湿润
适合土壤	中性排水性好的肥沃土壤
繁殖方式	扦插、压条
栽培季节	春季、夏季、秋季
容器类型	中型
光照要求	喜阴
栽培周期	全年
难易程度	★★

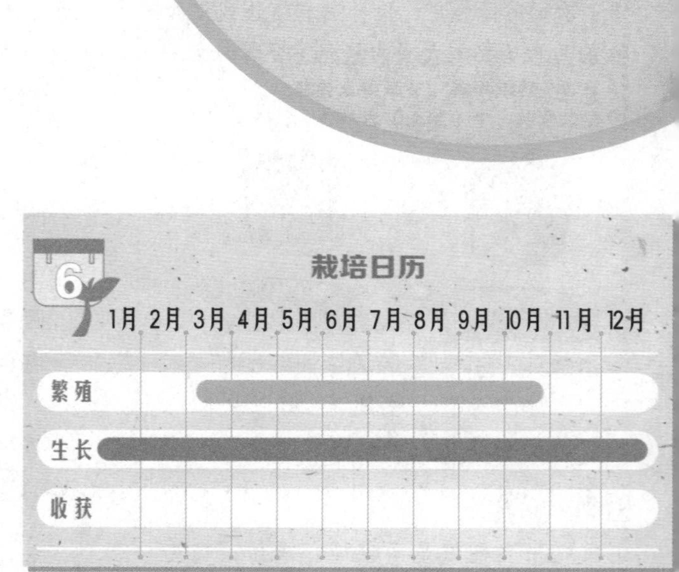

开始栽种

第1步

绿萝主要采用扦插的方式进行繁殖，时间多是在4~8月间进行。剪取带有气生根的嫩枝15~30厘米，去掉下部的叶片，将1/3的枝条插入土中，浇透水后，遮阴并保持适宜的温度和湿度。

第2步

经过30天左右的时间就可以生根了。将3~5棵小苗一起移栽在一个容器中，放在半阴处养护。

第3步

绿萝在生长期内要保持盆土湿润，夏季要经常浇水，冬季则要控制浇水量。

第4步

绿萝需要攀援支架生长，通过绑扎、牵引枝蔓的方式将植株引向支架。

要有支架支撑

第5步

植株在生长期内需要追施1次稀薄的复合液肥，秋冬季节则要施加1次叶面肥。

秋冬低温施加叶面肥

复合液肥

注意事项

◎修剪一下更漂亮

绿萝需要及时修剪，修剪工作应在春天进行，将攀附不到支杆上的茎条缠绕在支杆上面，然后用细绳固定好。如果枝条太长，要进行适当修剪。

◎需要剪根的植物

绿萝的生长需要选择大小相当的容器，在移植绿萝的时候要注意一下花盆的大小，不要选择过小的花盆，这样很不利于植株根部的呼吸。换盆时可以将生长过于繁密的根系剪掉，一个容器中也不要栽种数量过多的植株。

仙人球

四季常绿，环保美观

仙人球为多年生肉质多浆草本植物，是沙漠中的王者，也是一种不需要太多关照的植物。它的茎呈球形或椭圆形，样子非常可爱，花期虽然短暂，但花朵十分娇美。仙人球可以吸收电磁辐射，甚至可以吸附尘土，净化空气，是环保清洁的小能手。

别名	草球、长盛球
科别	仙人掌科
温度要求	温暖
湿度要求	耐旱
适合土壤	中性排水性好的沙壤土
繁殖方式	扦插、嫁接
栽培季节	春季、夏季、秋季
容器类型	不限
光照要求	喜光
栽培周期	全年
难易程度	★

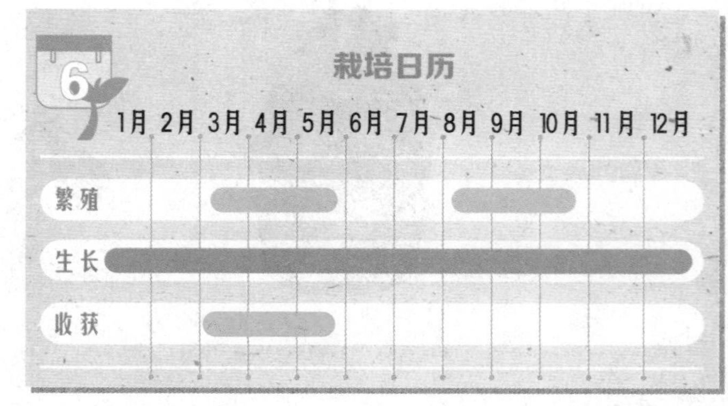

开始栽种

将母球上萌生的小球剪下，晾晒2~3天后插入盆土中，以喷雾的方式供水。

晾2~3天

第2步

仙人球非常耐旱，春秋两季 5~7 天浇水 1 次即可，夏季 3~4 天浇水 1 次，夏季高温和冬季休眠期间，要控制浇水。

春秋两季 5~7 天浇水 1 次

夏季 3~4 天浇水 1 次

第3步

如果培养土中的肥力充足，第一年可以不追肥。从第二年开始，生长期内需追 1 次腐熟的稀薄液肥，入秋后再追施 1 次氮肥。

第4步

扦插繁殖的植株一般 2 年就可以开花了，植株以短日照的方式进行培植，就可现蕾。花蕾出现后土壤不要过干或过湿，否则有可能导致花蕾脱落。

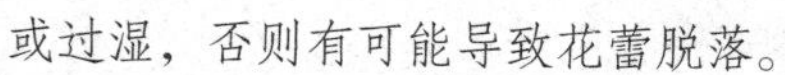

第5步

换盆要在早春或秋季休眠前进行，剪去部分老根，晾 4~5 天，再移入新土中，覆土，每天喷雾 2~3 次。

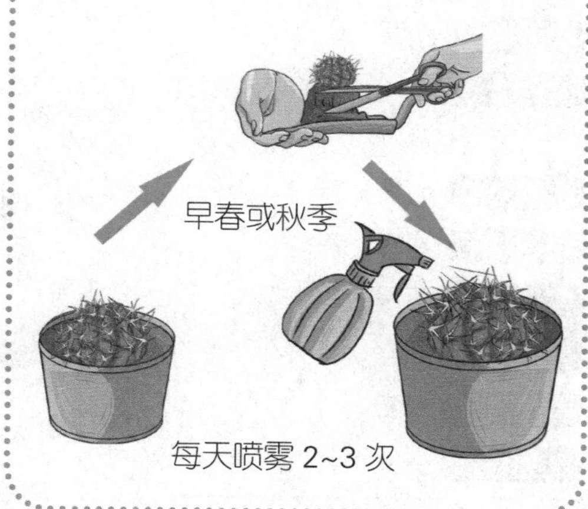

注意事项

◎喷水更好

仙人球是一种比较常见的沙漠植物，因此浇水量不可以过大，否则会导致植株出现烂根的现象，用喷水的方式养护比较好。

◎仙人球爱阳光

仙人球喜欢阳光充足的生长环境，即便是阳光曝晒也没有关系，不要将植株放置在光线弱的场所，保证植株能在全日照的环境中生长是最好的。

石莲花

厚实多肉，永不凋谢

石莲花的叶片丰润甜美，肉肉的叶片交错重叠，犹如一朵盛开的莲花宝座，四季绽放，被人们称为“永不凋谢的花朵”。

石莲花整株都可以入药，也具有很好的净化空气的作用，还非常容易养护，是一种懒人植物。

别　名	宝石花、石莲掌、莲花掌
科　别	景天科
温度要求	温暖
湿度要求	耐旱
适合土壤	中性排水性好的沙壤土
繁殖方式	分株、扦插
栽培季节	春季、秋季
容器类型	不限
光照要求	喜光
栽培周期	全年
难易程度	★★

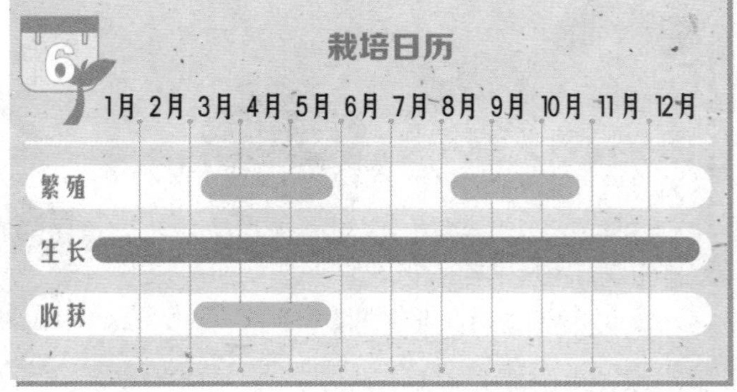

开始栽种

第1步

将粗壮的叶片平铺在潮润的土面，叶面朝上，不覆土，放在半阴处，7~10天就可以长出小叶丛和浅根了。当根长到2~3厘米长的时候，带土移栽上盆。

第2步

为避免盆土积水，采取见干再浇水的方式进行浇水。冬季控制浇水，雨水多的时候要将其搬入室内，以免受涝。

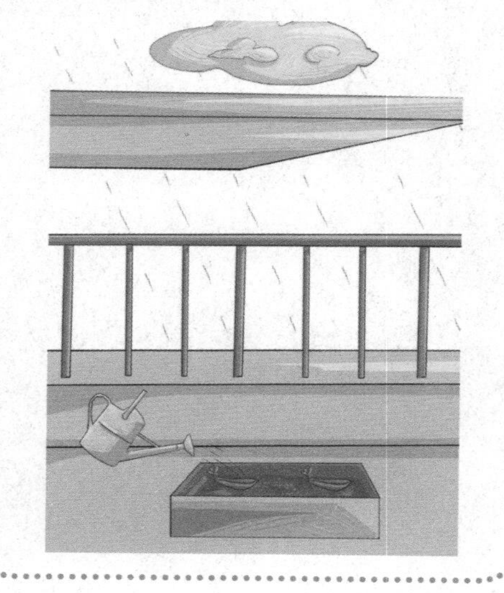

第3步

生长期可追加1次腐熟的稀薄液肥或复合肥，以氮肥为主，注意肥水不要溅到叶片上。如果培养土的肥力充足，可以不追肥。

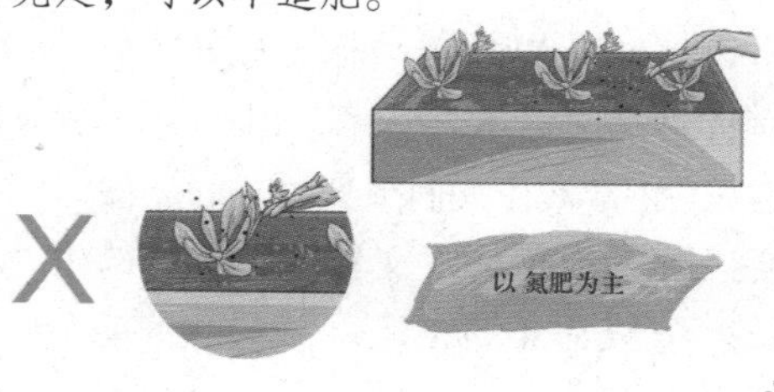

第4步

石莲花开花前喜欢充足的阳光，光照越充足就越容易开花。

注意事项

◎叶片为什么长得快

石莲花的最大特点就是叶片肥厚，肉肉的样子非常可爱，但是如果分枝生长得过快，叶片就会变薄，造成这种现象的最主要原因是肥料施加过多，所以一定要控制好施肥的量。

叶片变薄

◎修剪叶子，保持美观

石莲花植株生长得虽然规则，但是处于下边的枝叶还是非常容易出现枯萎变黄的现象，生长期内要对植株进行一次修剪，并及时清理枯叶，保持株形美观，也有利于病虫害的防治。

修剪叶子

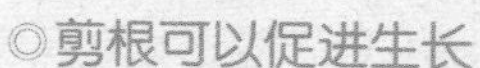

◎剪根可以促进生长

石莲花一般在春季或者是秋季换一次盆，每1~2年换盆一次就可以了。将植株连土一起脱盆，并剪去烂根和过长的根系，这样可以促进新根生长。

1~2年在春季或秋季换盆

文竹

气度高洁，有益健康

文竹的名字和它本身大相径庭，文竹事实上并不是竹子，但因为其身姿潇洒，常常让人们想到竹子的品格，所以被人们称为“文竹”。文竹的生长期一般为4~5年，每年的9月或10月份开花结果。

文竹的花语是“永恒不变”。

别名	云片松、刺天冬、云竹
科别	百合科
温度要求	温暖
湿度要求	湿润
适合土壤	微酸性排水性好的沙壤土
繁殖方式	播种、嫁接
栽培季节	春季
容器类型	中型
光照要求	喜阴
栽培周期	全年
难易程度	★★

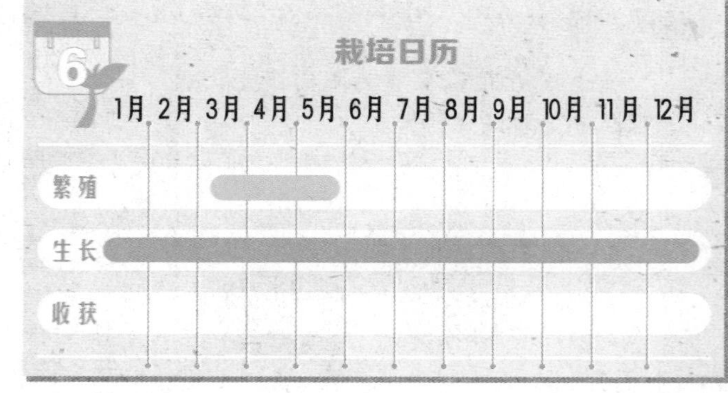

开始栽种

第1步

将种子播入浅盆中，覆上一层薄土后浇水即可，发芽前保持土壤的湿润，30天左右就可以出芽了。当长到3~4厘米的时候要进行换盆，之后放在阴凉通风处养护。

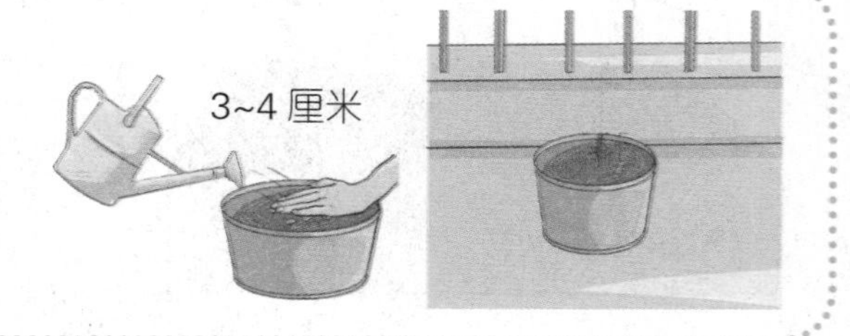

第2步

文竹浇水不宜过多，土壤见干再进行浇水，夏季早晚各浇水 1 次。叶面要经常喷水，除去灰尘，保持洁净。

夏季早晚各浇水 1 次

第3步

春秋两季每隔 20 天左右进行 1 次追肥，用淘米水或豆浆浇灌也可。

每隔 20 天追肥一次

第4步

文竹生长得非常快，生长期内要及时修剪枯枝、老枝和横生的枝条，保证株型的美观。

第5步

文竹在每两年的春季换盆1次即可。

注意事项

◎文竹会开花

培植 4 年以上的文竹是能够开花的，当种植满 4 年的时候，在春夏季节每月施肥 1~2 次，选择氮磷钾复合的薄肥，等到秋季的时候植株就可以开出白色的小花。

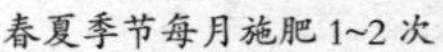

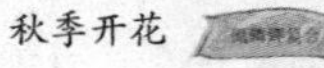

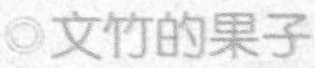

◎文竹的果子

文竹的浆果一般在冬季成熟，果实的颜色呈紫黑色，采收后去皮，种子的储藏要保持通风干燥，在储藏之前要进行清洗。

第三章

观果花卉

量天尺

花色鲜艳，植株挺拔

量天尺的植株比较大,有着菱形的叶片,肥厚多汁，花朵硕大，香气四溢。

量天尺常常是攀附于支杆生长，具有非常强的观赏性。果实就是我们经常吃到的火龙果，花、茎还具有药用价值。

别　　名	霸王花、昙花、七星剑花、龙骨花
科　　别	仙人掌科
温度要求	温暖
湿度要求	耐旱
适合土壤	中性排水性好的沙壤土
繁殖方式	扦插
栽培季节	春季、秋季
容器类型	大型
光照要求	喜阴
栽培周期	8 个月
难易程度	★★

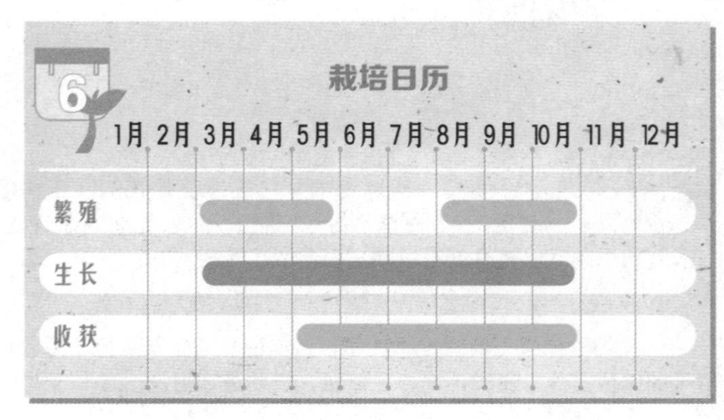

开始栽种

第1步

量天尺比较喜欢排水性好的土壤，将腐殖土、园土、沙土混合起来的培养土比较适合量天尺的生长。要选择颗粒比较细的培养土，也可以用市售的播种土代替。

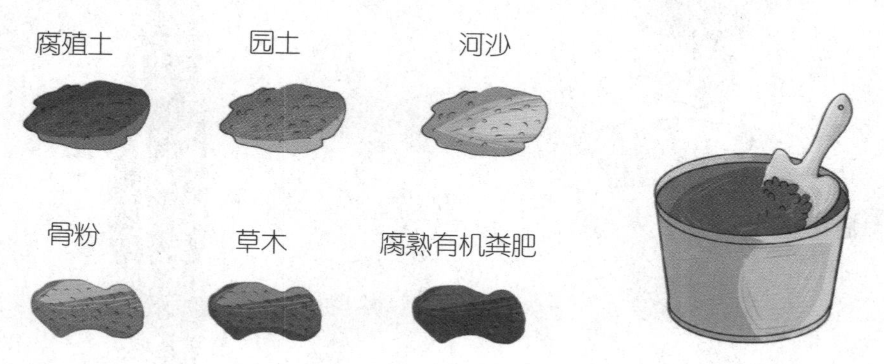

第2步

选取粗壮的量天尺茎，截成15厘米的小段，剪下后放在阴凉处晾2~3天，插入土中，30天就可以生根了。等根长到3~4厘米的时候就可以上盆移栽。

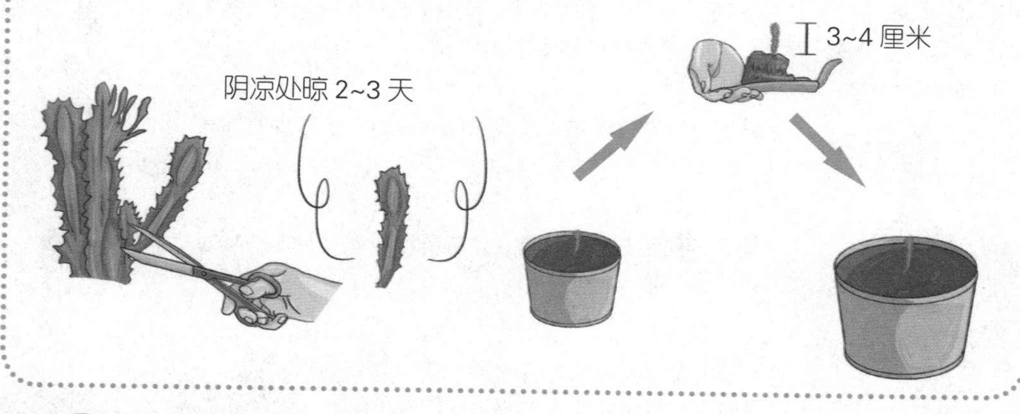

第3步

量天尺比较耐旱，春秋两季10天浇水1次即可，夏季浇水要勤一些。

第4步

生长期内需追1次腐熟的稀薄液肥或复合肥，入秋后再追1次肥。

生长期内需追肥1次

稀薄液肥或复合肥

入秋后再追1次肥

第5步

量天尺只有在植株高3~4米的情况下，才能够孕蓄花蕾。

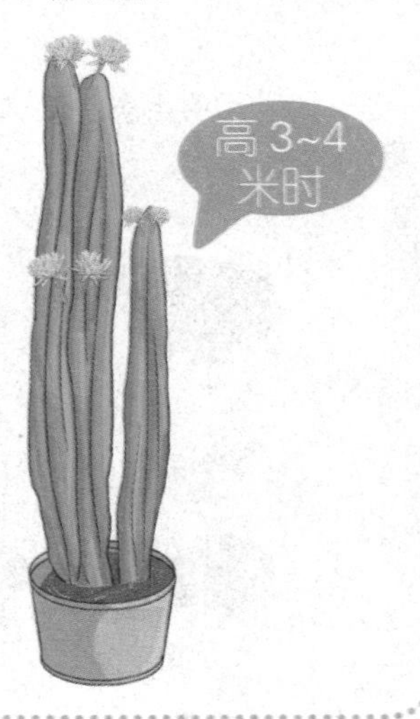

注意事项

◎保证充足的阳光

量天尺原是在热带气候的自然环境中生长的，喜欢充足的阳光照射，光照不足会直接导致植株的生长不良。

温度不可低于6~7℃。

◎非常怕冷的植物

量天尺喜欢温暖甚至是炎热的环境，对于寒冷的天气十分畏惧，冬季温度不可以低于6~7℃。

◎喜欢依靠的植物

量天尺要经常进行修剪，这样既可以保持植株形态的优美，又可以促进生长。

美食妙用

火龙果是大家平时经常吃的水果，它实际上就是量天尺的果实。火龙果有预防便秘、保护眼睛、美白皮肤的作用，还有解除重金属中毒的功效。

火龙果酸奶昔

材料：火龙果1个，酸奶100克，冰淇淋2勺。

做法：

❶ 将火龙果去皮，切成小块，放入榨汁机中，再放入酸奶榨30秒。

❷ 将冰激凌倒入火龙果酸奶汁中搅拌均匀即可。

金橘

鲜亮夺目，果香四溢

金橘的果实金黄夺目，具有浓郁的果香，虽然植株的挂果时间并不是很长，但是株型优美，花朵洁白，观赏性非常强。金橘寓意“金玉满堂”，很多家庭都在阳台、庭院里种植金橘，以金橘制成的菜肴更是美味可口。

别　名　洋奶橘、牛奶橘、金枣、金弹、金丹、金柑

科　别　芸香科

温度要求　温暖

湿度要求　湿润

适合土壤　微酸性排水性好的肥沃土壤

繁殖方式　嫁接

栽培季节　春季

容器类型　大型

光照要求　喜光

栽培周期　全年

难易程度　★★

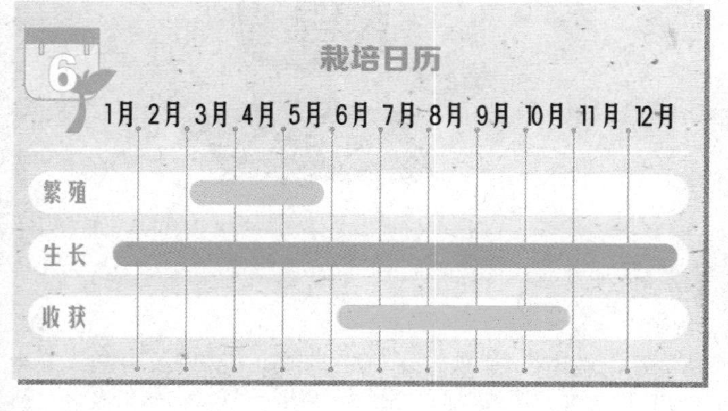

开始栽种

第1步

将金橘苗带土球上盆，浇透水后放置在半阴的环境中10天左右，然后再移到阳光明媚的地方培植。

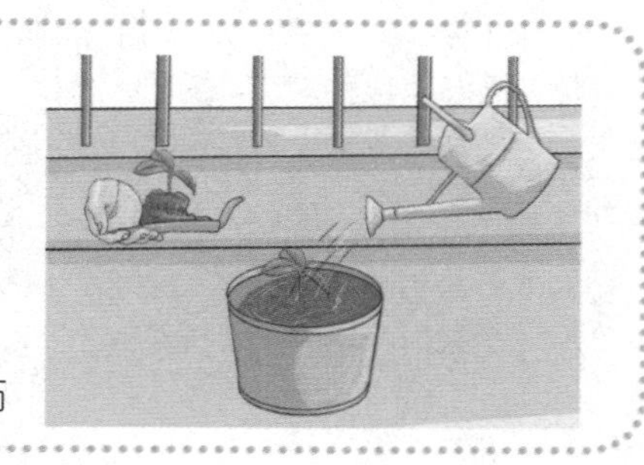

半阴环境放置10天左右

第2步

生长期要保持土壤湿润，干燥时向叶面喷水，开花后期和结果初期都不可以浇水过多。

不同时期浇水量不同

第3步

金橘喜肥，生长期需施加1次稀薄的液肥，花期前要追施1~2次的磷钾肥。

如何使盆栽金橘多结果？

要种好金橘，使其硕果累累，需掌握好以下关键环节：

（1）合理修剪。开春后，气温上升，金橘生长较快，必须进行修剪，促使每个主枝多发健壮春梢，为开花打下基础。为防止其过于旺长，两个月后还需进行第二次修剪，以剪梢为主。以后新梢每有8~10片叶时就要摘心一次，其目的是诱发大量夏梢，以期多开花结果。

（2）合理施肥和“扣水”。在第一次修剪后，要施一次腐熟的有机肥料（如人粪尿、绿肥、豆饼、鱼肥等），其后每10天再补施一次。当新梢发齐，摘心后，要追施速效磷肥（磷酸二氢钾、过磷酸钙），以此来促进花芽形成。“扣水”，则能促进花芽分化，是指金橘在处暑前十余天，逐渐减少浇水量，以利于形成花芽。

（3）保花、保果和促黄。盆栽金橘常会产生落花落果现象，为此，应做好果期管理控制工作。开花前后，应在午前、傍晚对叶面喷水降温。如发现抽生新梢要及时摘除。开花时应适当疏花，节省养分。当幼果长到1厘米大小时，还要进行疏果，一般每枝留2~3个果为宜，并使全株果实分布均匀。

第4步

春季生长较快，要及时剪枝，但使主枝多发春梢。当新枝长到20厘米左右的时候要进行摘心，剪去顶梢的枝叶，以促使花枝分化，多发夏梢，使开花结果量提高。

第5步

在花蕾孕育期间要及时除芽，每个分枝只要保留3~8个花蕾即可，摘除其他花蕾以保证肥力。

注意事项

◎适时剪枝

剪枝对金橘很重要，早春和夏季时及时剪去病枝、弱枝以及过长、过密的枝条，可以让金橘免受病虫害的侵扰，并保证株型美观。

早春和夏季剪枝

适当疏果

◎为什么要疏果?

如果金橘长了过多的果实，我们可以根据植株的具体情况进行疏果，将长势一般的果子剪去，以保证长势好的果实继续生长。剪下的果实也是可以食用的，不要扔掉。

黑沙土　黄沙土

◎金橘喜肥

金橘喜欢在肥水充足的环境中生长，在种植之前首先要选择保水性和保肥力都比较好的土壤。土层较深厚的黑沙土是不错的选择，它能促进金橘根系的发育，只要在种植中注意浇水施肥即可。

美食妙用

金橘可以减缓血管硬化，对高血压、血管硬化及冠心病患者的身体是非常有益的。金橘还能够化痰、醒酒，增强机体的抗寒能力，防治感冒。

糖渍金橘

材料： 新鲜金橘500克，白糖20克，冰糖20克。

做法：

❶ 将金橘洗净沥干，在金橘上用刀均匀划5~6刀，然后捏扁，用牙签将橘核挑掉。❷ 在金橘上撒上白糖，入冰箱冷藏两天。❸ 将金橘取出，倒入锅中，加入适量水，再加入冰糖。开小火煮至金橘变软、汤汁黏稠即可。

珊瑚樱

果实浑圆，玲珑可爱

珊瑚樱有着小巧的果实，果色在不同的季节会有不同的变化，挂果的时间非常长，因而色彩斑斓绚丽，是一种非常可爱的观赏性植物。

珊瑚樱的根可以入药，但是全株和果实都是有毒的，不可以食用。

别名	冬珊瑚、红珊瑚、龙葵、四季果、看果
科别	茄科
温度要求	温暖
湿度要求	湿润
适合土壤	中性排水性好的肥沃土壤
繁殖方式	播种、扦插
栽培季节	春季、夏季、秋季
容器类型	中型
光照要求	喜光
栽培周期	全年
难易程度	★★

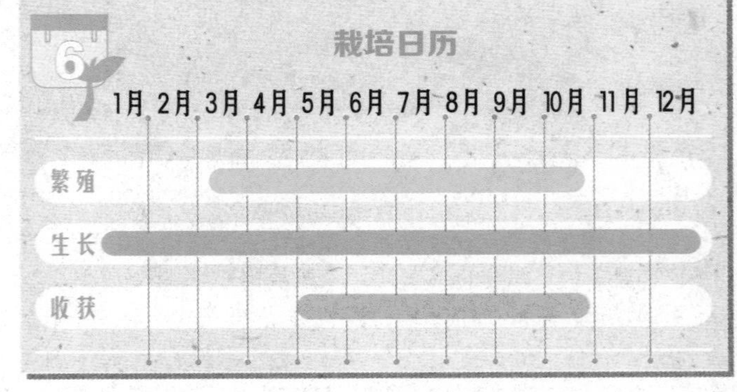

开始栽种

第1步

在培养土中撒种后，覆一层薄土，发芽前要保持土壤湿润，大约需要10天的时间就可以发芽了。

10天左右便可出芽

第2步

当幼苗长到5~7厘米的时候可以进行上盆移栽。

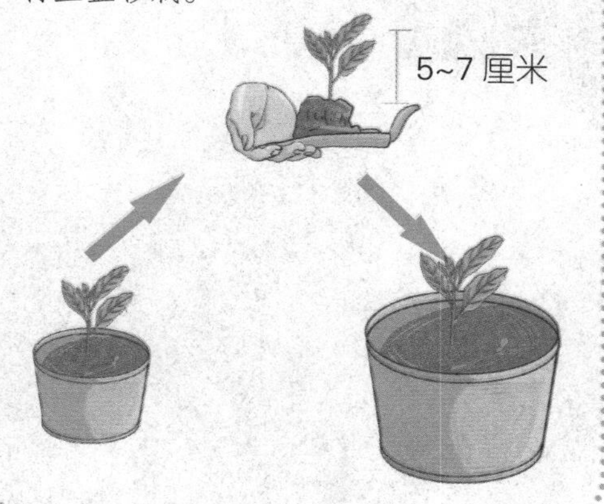

第3步

珊瑚樱不喜欢积水潮湿的环境，生长期内保持土壤湿润即可，开花期要少浇水。

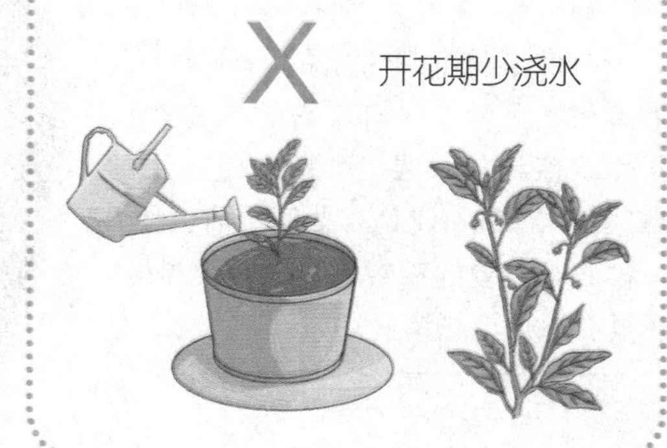

第4步

生长期内要施1次稀薄的复合液肥，开花前再施加一些磷钾肥。

第5步

珊瑚樱播种半年就可以开花结果了。保证充足的光照和适宜温度，并追施磷、钾液肥，会延长挂果时间。

注意事项

◎珊瑚樱摘心

珊瑚樱处在生长期要进行多次摘心，以促进侧芽的生长，这样也可以使株型变得更加美观，增加结果量。

◎果实不红是怎么回事?

珊瑚樱挂果的时间比较长，果实如果长时间都不变红，就要减少浇水量，保持土壤干燥，这样可以有效地促进果实成熟。

石榴

果实甜美，栽培简易

石榴是我们经常吃的一种水果，果肉甜美多汁，含有丰富的维生素C，营养价值约是苹果、梨等常吃水果的1~2倍。石榴不仅具有食用价值，还是一种非常可爱的观赏植物，花朵美丽，还具有杀虫、止泻的功效。

别名	安石榴、若榴、丹若、金罂、金庞
科别	石榴科
温度要求	温暖
湿度要求	湿润
适合土壤	酸性排水性好的肥沃土壤
繁殖方式	扦插、分株、压条
栽培季节	春季
容器类型	大型
光照要求	喜光
栽培周期	7个月
难易程度	★★★

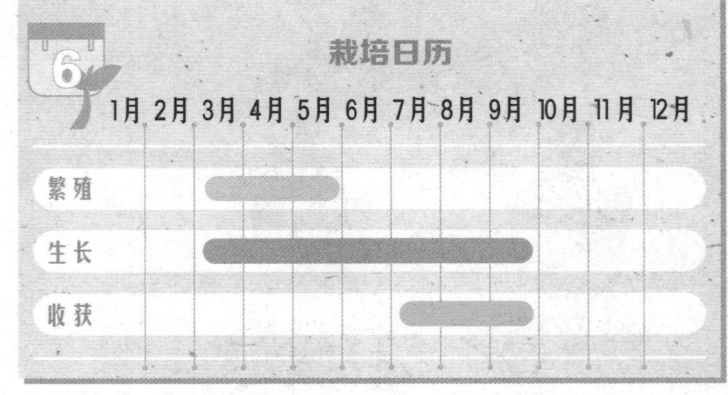

开始栽种

盆栽选用腐叶土、园土和河沙混合的培养土，并加入适量腐熟的有机肥。栽植时要带土团，地上部分适当短截修剪，栽后浇透水，放背阴处养护。待发芽成活后移至通风、阳光充足的地方。

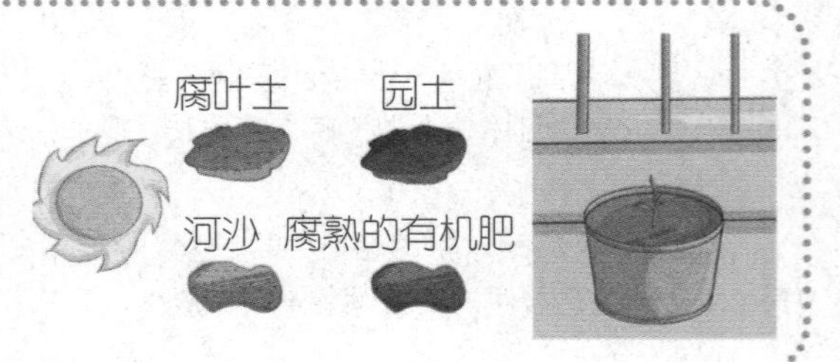

第2步

生长期要求全日照，并且光照越充足，花越多越鲜艳。背风、向阳、干燥的环境有利于花芽形成和开花。光照不足时，会只长叶不开花，影响观赏效果。

第3步

石榴耐旱，喜干燥的环境，浇水应掌握“干透浇透”的原则，使盆土保持“见干见湿、宁干不湿”。在开花结果期，不能浇水过多，盆土不能过湿，否则枝条徒长，会导致落花、落果、裂果现象的发生。

开花结果期不能浇水过多

干透浇透

第4步

盆栽石榴应按“薄肥勤施”的原则，生长旺盛期每周施1次稀肥水。长期追施磷钾肥可保花保果。

第5步

由于石榴枝条细密杂乱，因此需通过修剪来达到株形美观的效果。夏季及时摘心，疏花疏果，达到通风透光、株形优美、花繁叶茂、硕果累累的效果。石榴结果是很频繁的，当果皮由绿变黄的时候果实就成熟了。

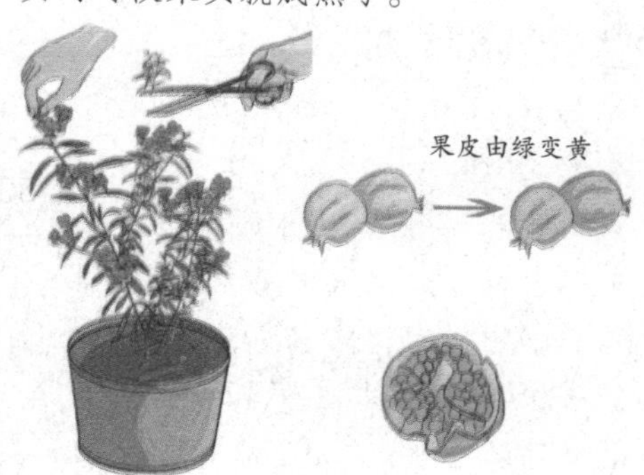

观赏辣椒

色彩绚丽，品种多样

观赏辣椒的品种很多，无论是果实形状还是颜色都十分丰富，果实在生长的过程中也有很多变化。观赏辣椒的挂果时间长，观赏性非常强，可以盆栽，部分品种还可以食用。

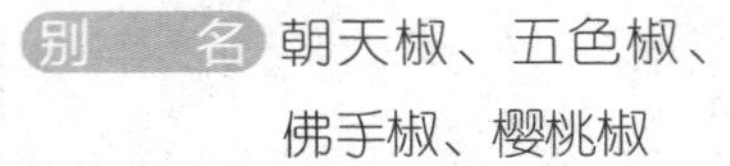

别　　名 朝天椒、五色椒、佛手椒、樱桃椒

科　　别 茄科

温度要求 温暖

湿度要求 湿润

适合土壤 中性排水性好的肥沃土壤

繁殖方式 播种

栽培季节 春季、秋季

容器类型 中型

光照要求 喜光

栽培周期 8 个月

难易程度 ★★★

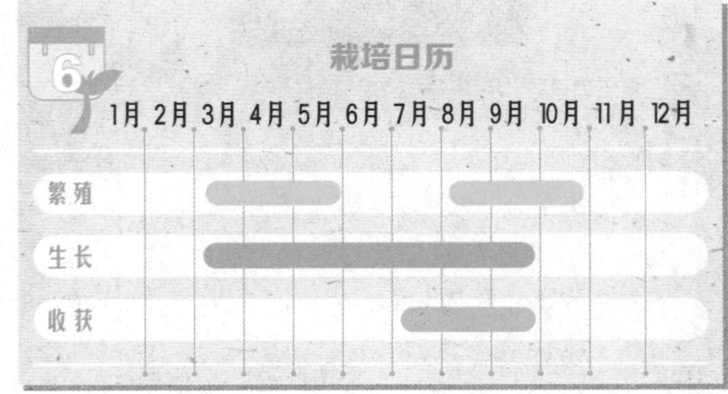

开始栽种

第1步

首先用 50℃的水浸种 15 分钟，再放入清水中浸 3~4 小时，捞出时用湿布包好，放在 25~30℃的环境中催芽，种子露白就可以播种了。

用50℃的温水浸种15分钟，再放入清水中浸 3~4 小时

放在 25~30℃的环境中催芽

第2步

播种后覆薄土，15 天左右就可以出芽。

15 天左右的时间便可以出芽

第4步

生长期内要保持土壤的湿润，但是也不可以积水，春秋两季每 3 天浇水 1 次，夏季每天浇水 1 次，结果初期要少浇水。

不可积水

春秋两季 3 天左右浇水 1 次，夏季 1 天浇水 1 次

结果时控制湿度

观赏辣椒在结果期间，空气和土壤的湿度都不要过高，如果结果量大，要及时进行疏果，这样可以使养分的供应更加集中。

第3步

当植株长出 6~8 片叶子的时候，要进行移栽上盆，放在半阴处养护 7~10 天。

6~8 片叶子

半阴处 7~10 天

第5步

生长期施 1 次稀薄的复合液肥，结果初期要增加磷钾肥的用量，夏季高温的情况下要停止追肥。

结果初期要增施磷钾肥

夏季高温停止追肥

注意事项

◎开花的温度控制

观赏辣椒在开花的时候要将温度控制在 15~30℃，否则会导致植株授粉不良，无法结果。

温度控制在 15~30℃

百香果

鲜亮夺目，果香浓郁

百香果原本是热带植物，因为阳台有很好的保温性，因此在阳台上也是可以种植的。成熟的百香果就是我们平时吃的西番莲，呈紫红色，色彩鲜艳夺目，果香浓郁芬芳。百香果的株型非常优美，也是一种观赏性很强的植物。

别　名	鸡蛋果、受难果、巴西果、藤桃
科　别	西番莲科
温度要求	温暖
湿度要求	湿润
适合土壤	中性排水性好的肥沃土壤
繁殖方式	播种、扦插、压条
栽培季节	春季、夏季、秋季
容器类型	大型
光照要求	喜光
栽培周期	8个月
难易程度	★★

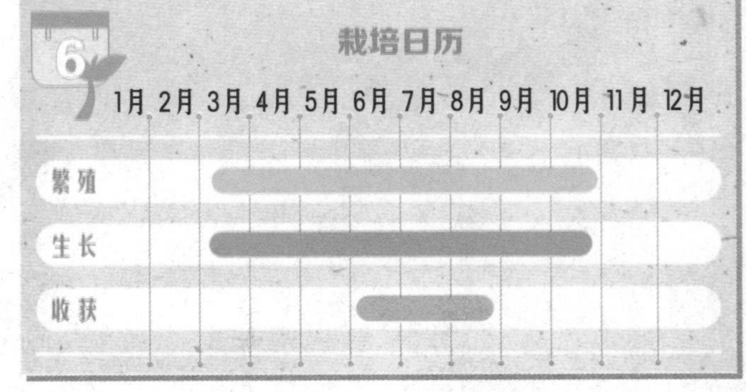

开始栽种

百香果以扦插为主要的繁殖方式，选取健壮、成熟的枝条，留有2~3个节和1~2片叶子，将枝条插入培养土中，生根后再移栽上盆。

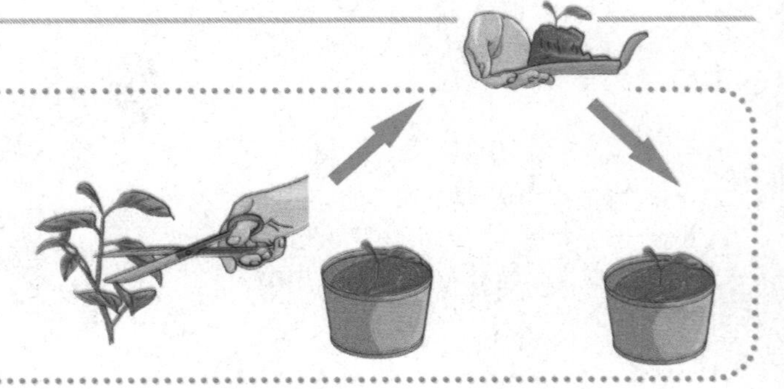

第2步

生长期内要保持土壤湿润，春秋两季每 2~3 天需要浇水 1 次，夏季每 1~2 天浇水 1 次，冬季低温的时候要控制浇水量。

第3步

生长期每 10 天左右施 1 次稀薄的复合液肥。结果初期，适量增加磷肥的用量，冬季要停止追肥。

第4步

百香果是攀援性植物，要搭设支架，牵引藤蔓生长。

第5步

春季种植的植株，到了 7 月就可以开花了，长日照的环境更加有利于百香果开花。

注意事项

◎为促进生长要及时摘心

百香果在生长期需要进行多次摘心，这样可以有效促进枝芽的生长，通常当主蔓长到 1 米高的时候，就要剪除顶芽，以促发侧蔓的生长。当侧蔓长至 1~2 米的时候，可以进行再次摘心。

◎修剪枝叶

夏季时对植株要进行修剪，剪去过密和拖垂的枝条，以利于植株整体的通风、透光，避免病虫害的发生。

第四章 阳台种花小创意

播撒野花种子

用种子种植野花不但非常方便，而且能把花园装扮得美丽可人。

1.在种子盘或者花盆中铺一层土壤。

2.撒上种子。

3.种子上方覆盖一层土壤。

4.浇水。盖好盖子或者套上一个塑料袋。放在窗台上。

5.幼苗破土后，移除塑料袋。定期浇水，当它们长大一些后，将幼苗植入宽大的花盆或者直接种在花园里。

它们会吸引很多昆虫到访，
随后又会引来更多的鸟儿。

种植野花

乡野植物在田间地头自然地生长了上千年。最艳丽的野花当属玉米地里的野花，许多品种如今已经非常罕见了。种上满满一大盆野花，放在门前的台阶上，整个夏季就都能欣赏到它们的风姿了。

1.在花盆底部放几块鹅卵石。

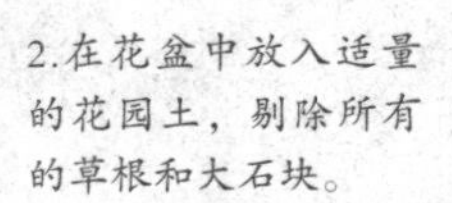

2.在花盆中放入适量的花园土，剔除所有的草根和大石块。

3.保持土面平整，然后在土面上均匀地撒一大撮花种。

4.轻轻地撒些土壤盖住种子，然后慢慢地淋洒一些水。幼苗破土后，定期浇水，当它们长大一些后，将幼苗植入宽大的花盆或者直接种在花园里。

变出七彩旱芹和七色花

这个实验就像变了一个魔术！你可以把白色的花朵和旱芹变成几乎所有你喜欢的颜色。

材料和工具

※ 果酱瓶
※ 鲜艳色泽的水溶性墨水或染料
※ 带叶片的旱芹茎
※ 白花如康乃馨、菊花或雏菊

1.在果酱瓶中装瓶水。

2.加入一些墨水或染料。

3.在墨水或染料溶液中插入一些旱芹或花朵。

4 你可以使旱芹或者花朵变成一半一种颜色，另一半其他颜色。纵向分开旱芹或花茎，一半放入一种颜色的果酱瓶中，另一半放入第2个盛有不同颜色的瓶中。

压花

压花是保存和保养花朵的极好方法。一些博物馆里的香料已有好几百年的历史了。压花可以用来制作图片，或者装饰物品。

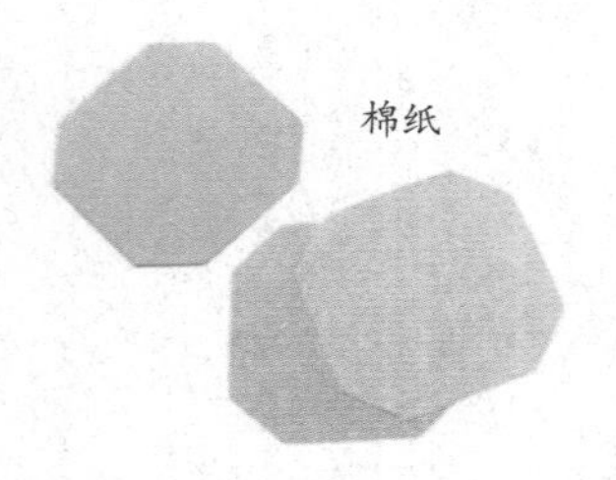

棉纸

胶水

鲜花

压花夹

1.挑选不同种类的花朵。

2.不要去摘野花，除非它们是长在私人土地上——而且必须获得土地主人的同意方可采摘。

3.把花放在压花夹或垫好棉纸的图书中。如果使用图书，要确保花中的汁液不污染书页。

4.展开花瓣，用另一张棉纸盖住它们。盖上压花夹的盖子，或合上书本，然后拧紧压花夹上的螺栓，或者在夹着花的书本上再摞一些书籍。在温暖干燥的环境中放置至少两星期。不要经常翻看，否则花朵不会完全干燥。

5.等花干了以后，小心地移动，并将它们用白胶粘到纸上或卡片上，用它们来装饰卡片、彩纸或任何你想装饰的东西。

4 第四篇

种香草，让室内多一缕幽香

第一章
易种植香草

薄荷

翠绿清新，愉悦身心

薄荷是多年生草本植物，多生于山野湿地河旁，根茎横生地下。叶对生，花淡紫色，花后结暗紫棕色的小粒果。

薄荷有着非常清新的气味，能够促进血液循环，舒缓紧张的情绪，使人的心情愉悦。薄荷还具有清热明目、消炎止痛的功效，是一种比较常见的香草。薄荷叶色翠绿，株型也非常可爱。

别　　名　夜息花
科　　别　唇形科
温度要求　温暖
湿度要求　湿润
适合土壤　中性排水性好的沙壤土
繁殖方式　播种
栽培季节　春季、夏季
容器类型　中型
光照要求　喜光
栽培周期　8个月
难易程度　★★

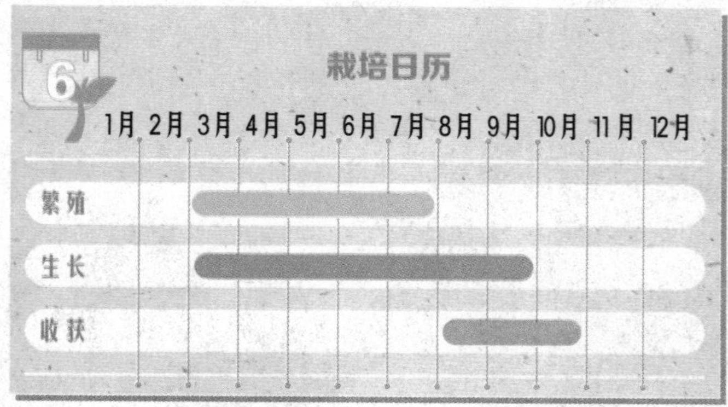

开始栽种

第1步

薄荷的种子细小，出芽率比较低，因此在播种前需要松土。在容器上覆盖上一层保鲜膜，并在上面扎出几个小孔，并将其置于光照充足的地方。

园土　腐熟有机肥　粗砂

第2步

种子发芽后揭去保鲜膜。如果幼苗拥挤，要进行适当间苗。每 2~3 天浇水 1 次，浇水要浇透，且不要直接浇到叶子上，以免发生病害。

浇水时需要注意的

因为薄荷的种子非常细小，需将种子均匀撒播在培养土上。浇水要选择用喷壶喷水的方式，以免种子被水流冲走。

第3步

过期的牛奶、乳酸菌饮料和淘米水对于薄荷来说是非常好的肥料，可每隔 15~20 天施一次稀薄的有机肥。

第4步

当植株的高度超过25厘米的时候，需要对植株进行摘心，摘掉植株最顶端的叶尖部分，以促进侧枝的生长。摘下的茎叶是可以食用的，可以用来泡茶或做成美食。

第5步

薄荷通常在7~8月的时候开花，此时需要充分的阳光照射，但是浇水量不要过多。薄荷自花授粉往往是不结果实的，往往需要异花授粉才能够结实。开花后20天种子就基本成熟了。

薄荷的生长习性

薄荷适应性很强，喜温和湿润环境，地上部能耐30℃以上温度，适宜生长温度为20～30℃，根比较耐寒，-30℃仍能越冬。生长初期和中期需要水量充沛，现蕾期、花期需要阳光充足，光照不足、连续阴雨天会导致薄荷油和薄荷脑含量低。栽培薄荷的土壤以疏松肥沃、排水良好的沙质土为好。

薄荷根入地30厘米深，多数集中在15厘米左右土层中。薄荷7月下旬至8月上旬开花，现蕾至开花10～15天，开花至种子成熟20天。

注意事项

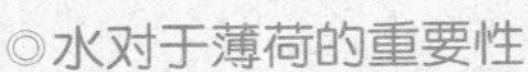

◎水对于薄荷的重要性

水分对薄荷的生长有很大影响，植株在生长初期和中期需要大量的水分，按时按量地给薄荷浇水可以使薄荷生长得更好。

◎怎么让薄荷长得更芳香更茂盛

接受充足的光照可以使薄荷的香气变得更加浓郁，而剪枝则可以使植株长得更加茂盛。对薄荷经常修剪，并保持足够的光照，会使薄荷生长得更好。

美食妙用

薄荷清新冰凉，是一种既美味又营养的食材。它可用于烹茶、煮粥、调味，使用的方法很多样。

薄荷柠檬茶

材料：薄荷5片，柠檬半个，红茶1包，冰糖适量。

做法：

❶ 将薄荷洗净沥干，柠檬洗净切片备用。❷ 将红茶、薄荷叶、柠檬片放入杯中加热水浸泡10分钟。❸ 加入适量冰糖即可。

细香葱

清热解毒、促进消化

细香葱的样子和小葱非常相似，可以当蔬菜食用，富含胡萝卜素和钙质，具有清热解毒、促进消化、温暖身体的作用，对于头痛、风寒感冒、阴寒腹痛等症状也有一定的效用。

别　名	冻葱、冬葱、绵葱、四季葱、香葱
科　别	百合科
温度要求	阴凉
湿度要求	湿润
适合土壤	中性排水性好的沙壤土
繁殖方式	播种、嫁接
栽培季节	春季、秋季
容器类型	中型
光照要求	喜光
栽培周期	8 个月
难易程度	★★

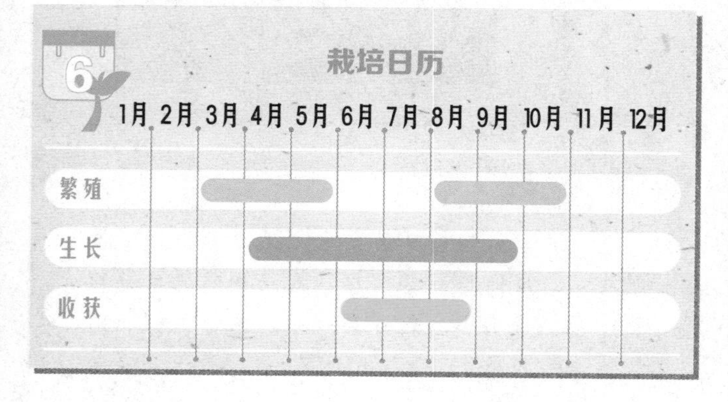

种植细香葱可以有效驱走小花园中的蚜虫。细香葱的花、叶皆可以入菜，作为沙拉、炒饭、汤羹、料理的调味料，风味独特。

细香葱欧芹米粉

材料：鲜米粉 250 克，胡萝卜半根，欧芹、细香葱少许，橄榄油、盐适量。

做法：

❶ 将胡萝卜去皮洗净切片，细香葱洗净切成小段，欧芹洗净切成小朵。❷ 在锅中加入适量水、橄榄油，放入米粉煮至七分熟，加入胡萝卜、欧芹、细香葱、盐，煮熟即可。

开始栽种

第1步

细香葱以播种或分株的方式进行栽培。播种时，将种子直接播撒在土中，覆土要薄，用喷壶喷水以保持土壤湿润。

第2步

播种7天左右的时间，细香葱就会发芽了。出芽后的植株要放在阳光下面接受照射。

第3步

当小苗长出3~4片叶子的时候，就可以进行定植了。选择生长健壮的小苗定植，每2~3株种植在一起，种植深度为3~4厘米为最佳。

种植深度3~4厘米

第4步

当植株长至15~20厘米的时候要及时进行采收，从距土面3厘米的位置剪下。栽种第一年，由于植株相对弱小，不要采收过多。

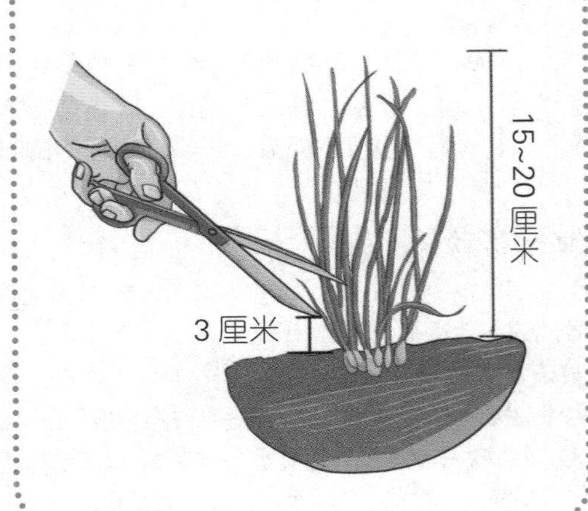

第5步

细香葱每隔2~3年进行一次分株，以免植株长得太过茂密。将丛生的植株挖出，修剪根须后，将株丛掰开后再分别种下。

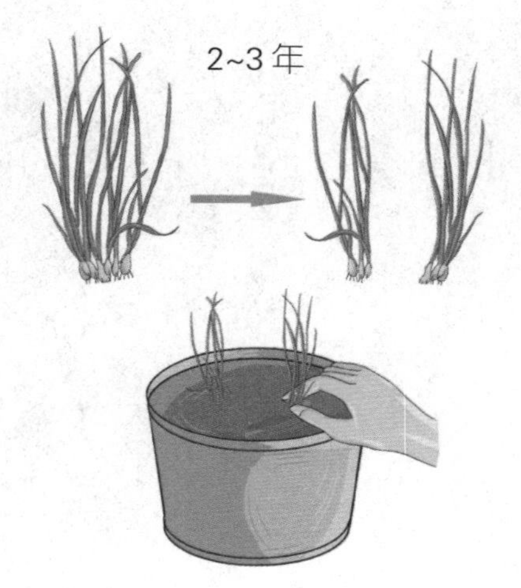

可爱的细香葱

细香葱是多年生草本植物，属于百合科家族，是和洋葱关系密切的一种植物，我国各地都有栽植。细香葱高30~40厘米，鳞茎聚生，外皮红褐色、紫红色、黄红色至黄白色，膜质或薄革质，不破裂。叶为中空的圆筒状，向顶端渐尖，深绿色，常略带白粉。栽培条件下不抽薹开花，用鳞茎分株繁殖。但在野生条件下是能够开花结实的。

人们种植细香葱用它的空心的草状的叶子调味。细香葱的花朵是玫瑰紫色的，成簇开放。家用的细香葱可以种植在花园里或是小花盆里。柔软幼嫩的细香葱叶被用来做沙拉、干酪混合料、汤、摊鸡蛋等其他诸如此类的菜肴。如果细香葱植株是健康的，被取用的叶子会被新叶所代替。

注意事项

◎风、水、肥缺一不可

通风、浇水、施肥是细香葱茁壮生长的前提因素，将细香葱放置在通风情况比较好的环境中，浇水要结合追加稀释肥料进行，这样有利于植株的生长。

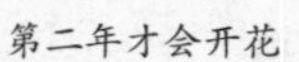

◎开花有点慢

细香葱一般是通过播种的方式进行繁殖的，在种植第一年往往是不会开花的，第二年即便开花，花期也不长。

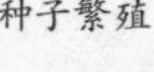

◎浅浅的根

细香葱的根系非常浅，浓肥和干旱都会导致细香葱生长出现变异甚至死亡，少而勤地进行浇水更有利于细香葱的生长。

茴香

口味独特，药食兼可

茴香是我们经常吃的一种蔬菜，也是一种适合家庭种植的香草。茴香适合生长在光线充足、排水性较好的环境之中，但是茴香的根系非常脆弱，尽量不要进行移栽，否则非常容易造成植株死亡。茴香的根部口感非常好，与生菜一起做成沙拉非常美味。

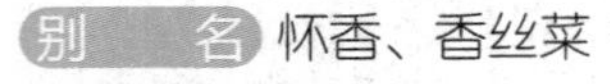

别名	怀香、香丝菜
科别	伞形科
温度要求	阴凉
湿度要求	耐旱
适合土壤	中性排水性好的沙壤土
繁殖方式	播种
栽培季节	春季、夏季、秋季
容器类型	中型
光照要求	喜光
栽培周期	全年
难易程度	★★

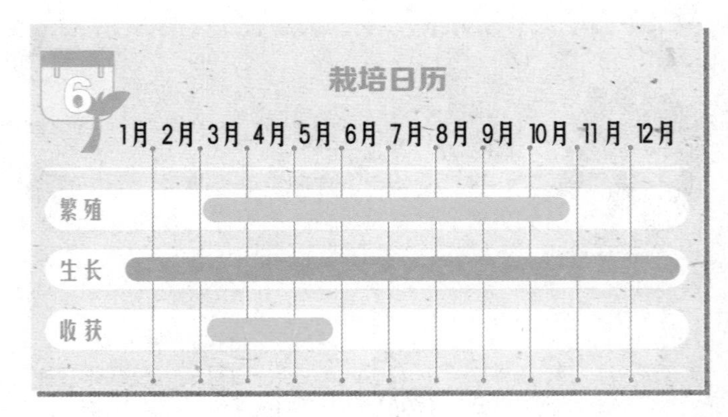

开始栽种

第1步

茴香种子的破土能力比较弱，播种前要将土翻松整碎，并且要在培养土中加入足够的肥料。

播种前要翻土

第2步

将整平的土壤浇透水后，把籽粒饱满的种子均匀撒播在土中，覆土0.5~1厘米，用喷壶喷水，并保持土壤湿润。

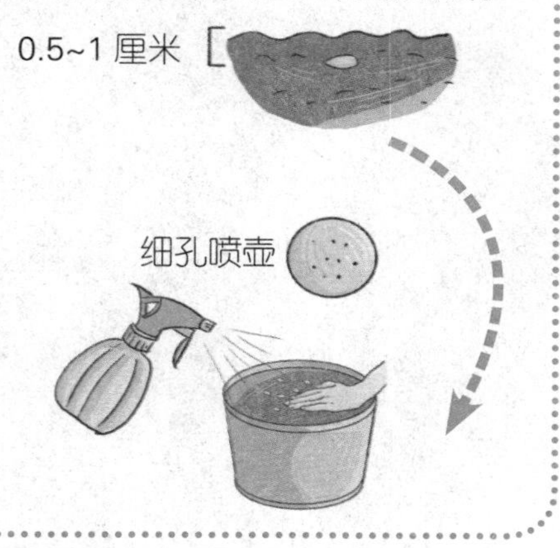

第3步

当幼苗长出后，要进行间苗，为将株间距控制在4厘米左右。当温度高于25℃的时候，要加强通风。

第4步

当植株长到10厘米左右的时候，要结合浇水进行追肥，以氮肥为主。进入花期后，需增加磷钾肥的比例。

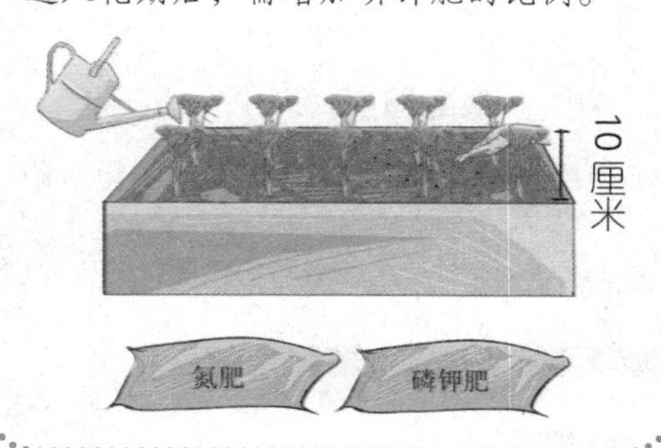

第5步

茴香在长日照和高温的环境中才会开花结果。当种子由绿色变为黄绿色的时候就可以收获了。

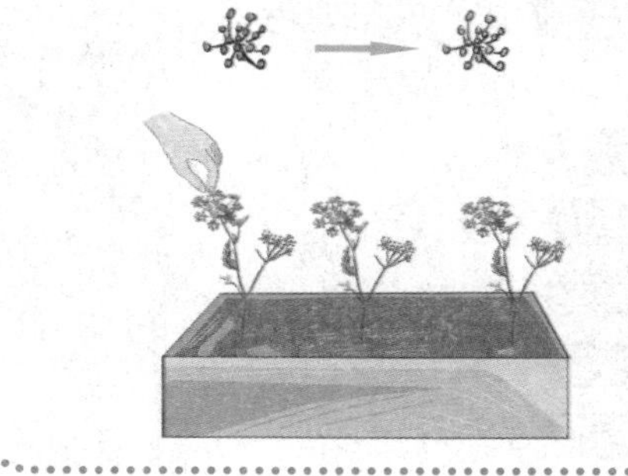

注意事项

◎开花不要太早

生长环境温度过高会导致茴香过早开花，茴香开花过早并不利于植株的生长，因此要适当进行遮阳降温，这样才能让植株生长得更健康。

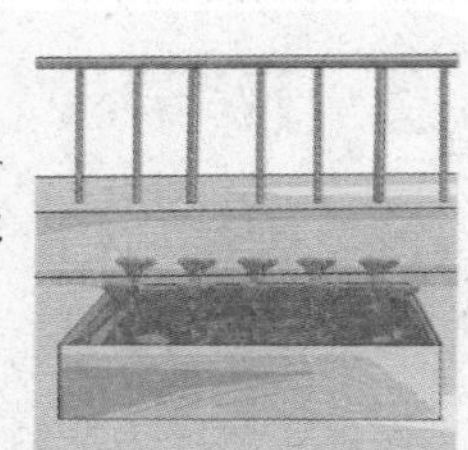

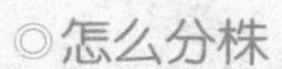

◎怎么分株

茴香是多年生植物，分株繁殖的时间比较晚，一般3~4年才会分株，并在当年果实收获后进行。分株的方式是在采收果实后，将植株挖出，分成数丛再重新种下。

鼠尾草

气味清新，健康自然

鼠尾草是一种常绿小型亚灌木，有木质茎，叶子灰绿色，花蓝色至紫蓝色，原产于欧洲南部与地中海沿岸地区。鼠尾草的花语是“家庭观念”。鼠尾草中含有丰富的雌性荷尔蒙，对女性的生理健康能够起到有效的保护作用。气味清新自然，对舒缓情绪也能够起到很好的作用。用鼠尾草入药还可以改善头痛、偏头痛。

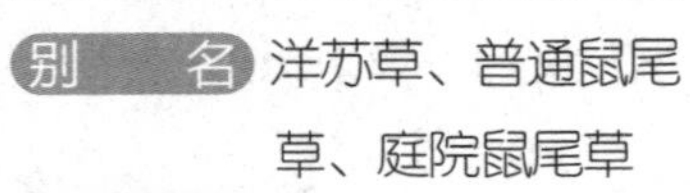

别　　名 洋苏草、普通鼠尾草、庭院鼠尾草

科　　别 唇形科

温度要求 温暖

湿度要求 耐旱

适合土壤 弱碱性排水性好的沙壤土

繁殖方式 播种

栽培季节 春季、夏季

容器类型 中型

光照要求 喜光

栽培周期 8个月

难易程度 ★★★

开始栽种

鼠尾草既可以播种，也可以进行扦插繁殖。播种前需要用40℃左右的温水浸种24小时。

第2步

种子发芽的过程中要保持土壤湿润，保持充足的光照，加强通风。

第3步

当植株长出2~3片叶子时，就可以进行移栽了。移栽前要准备好疏松、透气性好、肥力足的土壤，植株定植后要进行浇水。

第4步

当植株长出4对叶子的时候，进行摘心，保留2对叶子，这样可以有效地促进侧芽的萌发。

鼠尾草显苞时不修剪

植株在出现花苞的情况之下不要进行修剪，以免伤及花苞。当第一轮花开结束后最适合修剪花枝，此时可将植物的枯枝、弱枝剪除并补充肥料。

第5步

鼠尾草的嫩叶可以随时进行采摘，根据植株的长势不同可以收获多次。

注意事项

◎开花很慢的鼠尾草

鼠尾草会在栽种的第二年开花，但是不结果，栽种期限3年以上的鼠尾草才会结果。

甜菊

气味香甜，药食兼用

甜菊是一种宿根性草本植物，株高1~3米，叶对生或茎上部互生，边缘有锯齿。花为头状花序，基部浅紫红色或白色，上部白色。甜菊是一种带有甜甜气味的香草，这是因为甜菊的叶子中含有一种叫做甜菊糖的甜味物质。虽然甜菊味甜，但是热量很低，是糖尿病、心肌病、高血压患者理想的代糖食品。

- **别　　名** 甜草、糖草、糖菊、瑞宝泽兰
- **科　　别** 菊科
- **温度要求** 温暖
- **湿度要求** 湿润
- **适合土壤** 中性保水性好的肥沃沙壤土
- **繁殖方式** 播种
- **栽培季节** 春季、夏季
- **容器类型** 中型
- **光照要求** 喜光
- **栽培周期** 8个月
- **难易程度** ★★★

开始栽种

甜菊的种子外部有一层短毛，播种前要将短毛摩擦掉，再用温水浸泡3个小时，捞出后就可以播种了。

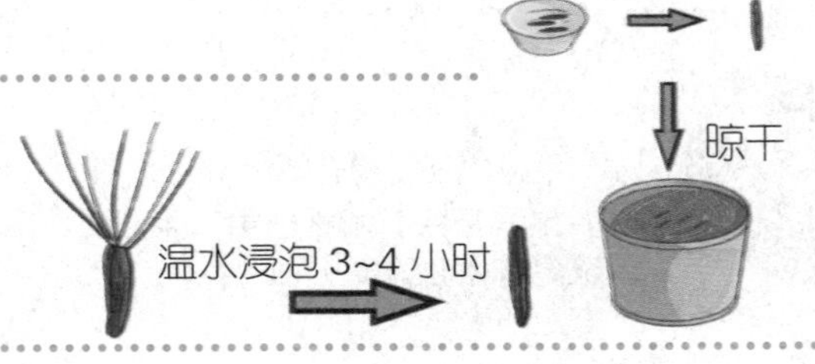

第2步

播种前要进行松土，将种子混合少量细土并均匀地播撒在土壤中，不需要再次覆土，用喷壶喷水即可。

第3步

甜菊的幼苗不耐干旱，浇水最好使用喷雾器喷水。当幼苗长出2~3对叶子的时候，可以进行第一次追肥，移植前7~15天要停止追肥。

氮肥肥料

第4步

当植株长出5~7对叶子的时候就可以进行移栽了。移栽前施足底肥，选择在早晚或阴天的时候进行，并浇足水。

第5步

移栽后追肥可以和浇水同时进行，以促进植株生长。

注意事项

◎甜菊最甜的时候

甜菊在现蕾前叶片上面的甜味最浓，选择在这个时候进行采摘是最合适的选择。

茉莉

清香甜美，有利健康

茉莉花素洁、芳香浓郁，花语表示忠贞、清纯、玲珑、迷人或你是我的。

茉莉花清香甜美，是人们非常喜欢的一种植物，它含有挥发油性的物质，可以清肝明目、消炎解毒，还可以起到稳定情绪、舒解郁闷心理的作用。茉莉花还具有抗菌消炎作用，可以作为外敷草药使用。

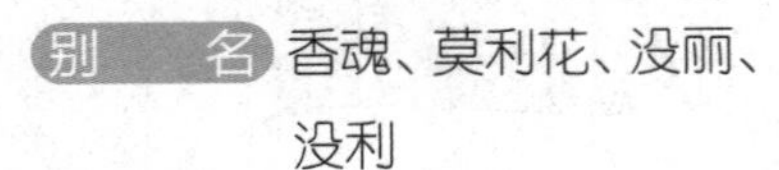

- 别　　名 香魂、莫利花、没丽、没利
- 科　　别 木犀科
- 温度要求 温暖
- 湿度要求 湿润
- 适合土壤 弱酸性的肥沃沙壤土
- 繁殖方式 播种
- 栽培季节 春季、夏季
- 容器类型 中型
- 光照要求 喜光
- 栽培周期 8个月
- 难易程度 ★★

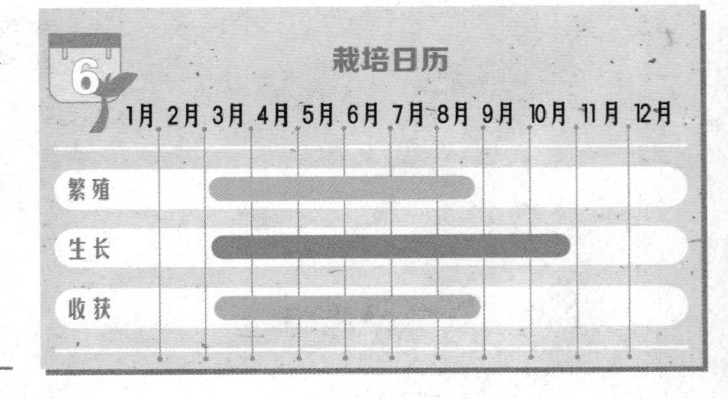

开始栽种

第1步

茉莉往往采用扦插的方式进行繁殖。剪取当年生或前一年生的枝条，剪成约10厘米长一段，每段有3~4片叶子，将下部叶子剪除，埋入土中，保留1~2片叶子在土壤上面。

第2步

扦插后要保持土壤的湿润，以促进枝条成活，夏季高温时每天早晚需要各浇水1次。植株如果出现叶片打卷下垂的现象，可以在叶片上喷水以补充水分。

第3步

夏季是茉莉的生长旺季，需要每隔3~5天追施1次稀薄液肥。入秋后要适当减少浇水，并逐渐停止施肥。

注意施肥

腐熟的豆渣、菜叶是茉莉花最好的肥料，将这些东西制成肥料既是废物利用，又为植物提供了充足的肥力，为花朵的盛开提供了保证。

第4步

将生长过于茂密的枝条、茎叶剪除，以增加植株的通风性和透光性，从而减少病虫害的发生。

第5步

茉莉花喜欢在阳光充足的环境中生长，充足的光照可以使植株生长得更加健壮。花期多浇水可以使茉莉花的花香更加浓郁，浇水的时候注意不要将水洒到花朵上，否则会导致花朵凋落或者香味消逝。

注意事项

◎茉莉的哪一部分是可以食用的呢？

茉莉的花朵可以食用，将新摘下的花朵在阴凉、通风、干净的地方储存，可以用来制作料理，也可以泡茶。

天竺葵

美容护肤，利尿排毒

天竺葵是一种多年生草本花卉，原产南非。花色有红、白、粉、紫等多种。其花语是“偶然的相遇，幸福就在你身边”。

天竺葵是一种比较有效的美容香草，具有深层净化、收敛毛孔的作用，还可以平衡皮肤的油脂分泌，起到亮泽肌肤的作用。

别　　名 洋绣球、入腊红、洋葵、石腊红、日烂红

科　　别 牻牛儿苗科

温度要求 阴凉

湿度要求 湿润

适合土壤 中性排水性好的肥沃沙壤土

繁殖方式 扦插

栽培季节 春季、秋季

容器类型 中型

光照要求 喜光

栽培周期 全年

难易程度 ★★

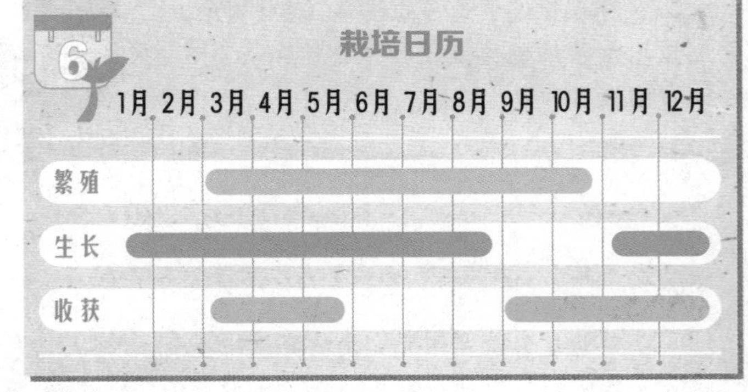

开始栽种

第1步

若采用种子直播法，宜先在育苗盆中育苗，种子发芽后使幼苗立即接受光照，以防徒长。

第2步

天竺葵在春秋两季扦插很容易成活。剪取7~8厘米的健壮枝条，将下部的叶片摘除，插入细沙土中，将盆置于阴凉的地方，保持土壤的湿润。

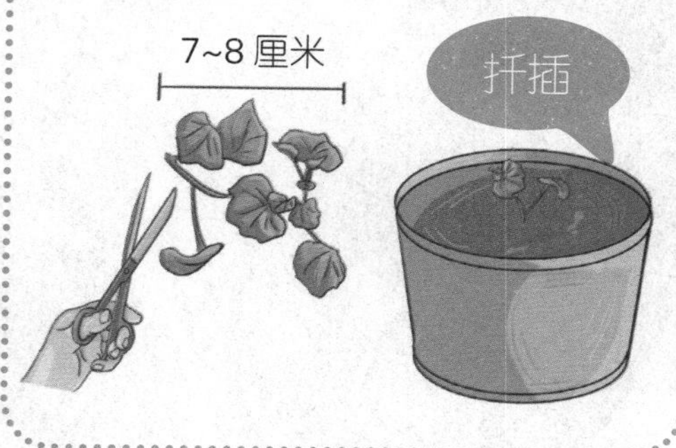

在温度水分都很合适的前提下，扦插后约20天的时间就可以生根了。当根长到3~4厘米的时候就可以移栽上盆了。

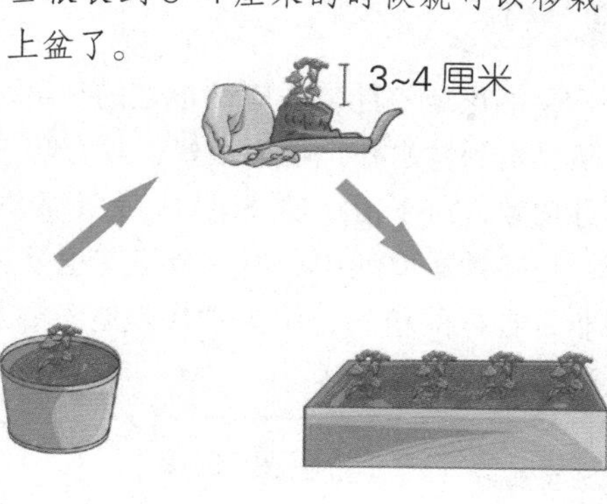

当植株长到10~15厘米高的时候，要进行摘心，以促使新枝长出。

第5步

生长期需要每半月追施1次稀薄的液肥，氮肥量不要施得过多，否则会造成枝叶徒长。植株出芽后，追施1次稀薄的磷肥。

◎怎样延长花期?

天竺葵是全日照型的植物，只有充足光照才能使植株得到更好的生长。但炎热的夏季也要适当进行遮阴，避免阳光直射，这样可以延长花期。

◎及时修剪，确保新枝生长

为了使株形变得更加美观，天竺葵在生长旺盛的时期要进行及时修剪。开花后要及时摘去花枝，以免消耗过多的养分，以利于新枝生长。

金银花

美丽吉祥，药效显著

金银花是一种是适应性很强的香草，喜阳也耐阴，耐寒性很也很好，具有清热解毒功效，对于治疗伤风感冒疗效非常显著，是一种重要的中药材。金银花也是一种非常吉祥的植物，中国古代就有忍冬纹这种常用的装饰纹样。

- **别　　名** 忍冬、金银藤、银藤、二色花藤、二宝藤
- **科　　别** 忍冬科
- **温度要求** 耐寒
- **湿度要求** 耐旱
- **适合土壤** 中性排水性好的肥沃沙壤土
- **繁殖方式** 扦插
- **栽培季节** 春季
- **容器类型** 中型
- **光照要求** 喜光
- **栽培周期** 8 个月
- **难易程度** ★★

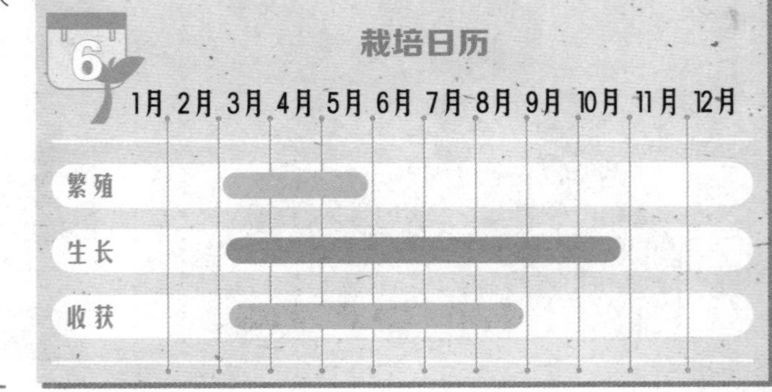

开始栽种

第1步

金银花以扦插的方式进行繁殖，选择粗壮健康的枝条，剪取长 20 厘米左右的枝段，摘掉下部叶片，将枝条插入泥土中，浇水。

第2步

扦插的枝条在生根前要放置在通风阴凉的地方，并保持土壤湿润，插条生根长叶后每半月要施加1次稀薄的有机肥。

第3步

植株在生长期间，需要对枝条进行修剪，将弱枝、枯枝剪去，以利于主干可以生长得更加粗壮。当植株长至30厘米的时候，要剪去顶梢，以促进侧芽的生长。

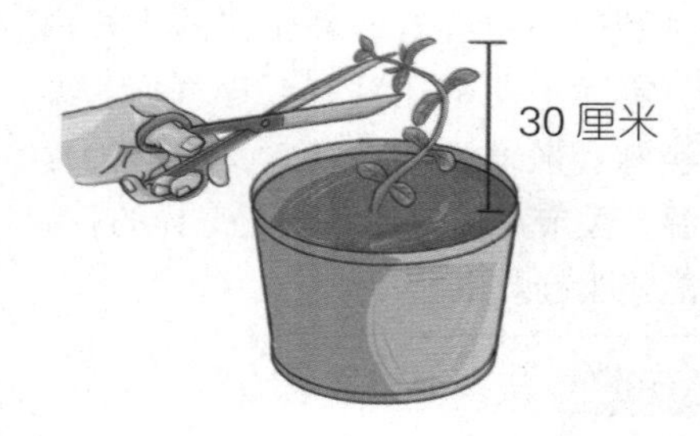

第4步

春季在植物发芽前，以及入冬之前，都需要给植物施加有机肥，并要培土保根。

第5步

金银花要及时进行采收，收晚了会导致品质下降。当花蕾由绿色变为白色，上部开始膨大时采收最好。选择在清晨或者上午采摘最为合适。

注意事项

◎金银花的保存

花朵采摘下来后不要堆叠在一起，应该先将它们置于通风处晾干，花朵在干燥前不能用手触摸或翻动，否则会很容易导致花朵颜色变黑。

◎金银花易生病

白粉病是金银花比较容易感染的病害，一旦发现有受病害的迹象要及时进行修剪，并改善植株的通风和透光条件。

艾草

香气浓郁，治病驱虫

艾草是端午节时最常见到的植物，在百姓的心中有着辟邪驱灾的吉祥内涵。实际上艾草还具有调理气血、温暖经脉、散寒除湿的功效，能够治疗风湿、关节疼痛等症状。它奇异的香味还能够驱赶蚊虫。

别　　名	冰台、遏草、香艾、蕲艾、艾蒿
科　　别	菊科
温度要求	耐寒
湿度要求	湿润
适合土壤	中性潮湿的肥沃沙壤土
繁殖方式	播种
栽培季节	春季
容器类型	中型
光照要求	喜光
栽培周期	8 个月
难易程度	★★

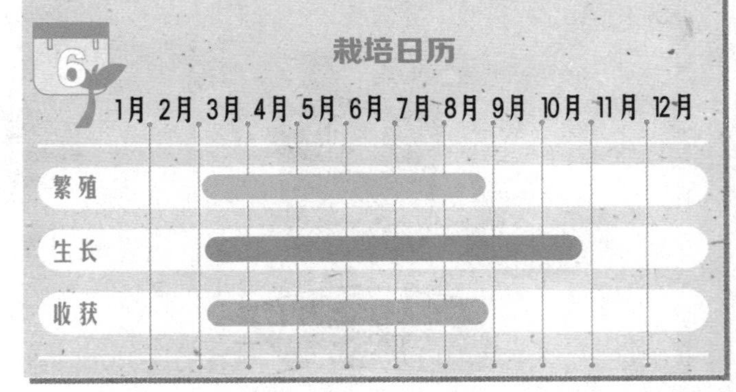

开始栽种

艾草用播种或者分株的繁殖方式均可。选择播种的方式进行培植，注意覆土不可以过厚，0.5 厘米即可，否则导致出苗困难。

第2步

播种后要保持土壤湿润，出苗后注意及时松土、间苗。

第3步

当苗长到10~15厘米的时候，按照株间距20厘米左右进行定苗。

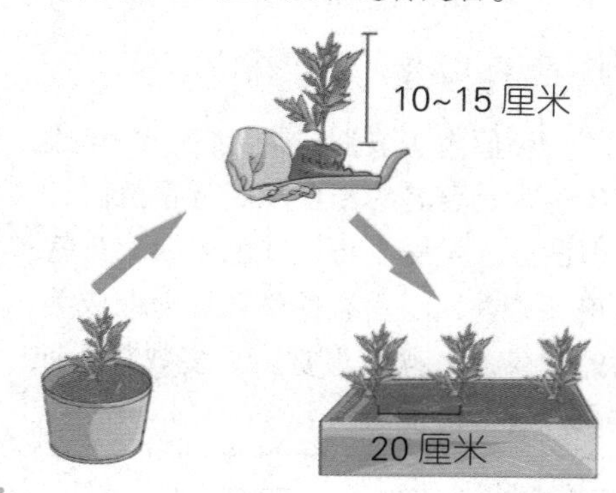

第4步

植株生长期间，我们可以随时摘取植株的嫩叶食用，每采摘1次，就要施加1次有机肥，以氮肥为主，适当配以磷钾肥。

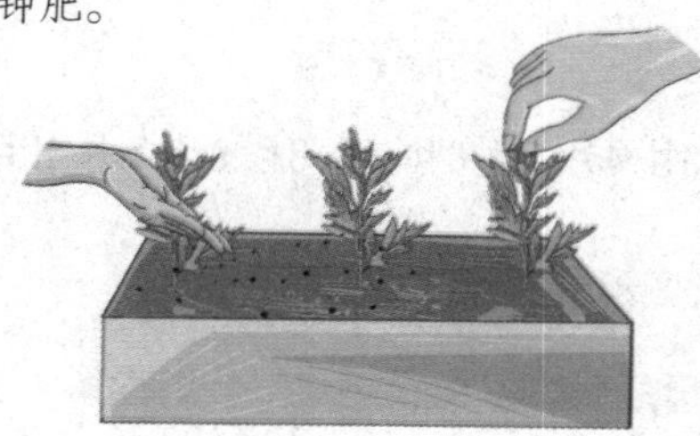

第5步

艾草种植3~4年的时间就可以进行分株了。分株要在早春芽苞还没有萌发的时候进行，将植株连着根部挖出，选择健壮的根状茎，在保持20厘米株距情况下另行种植，压土浇水即可。

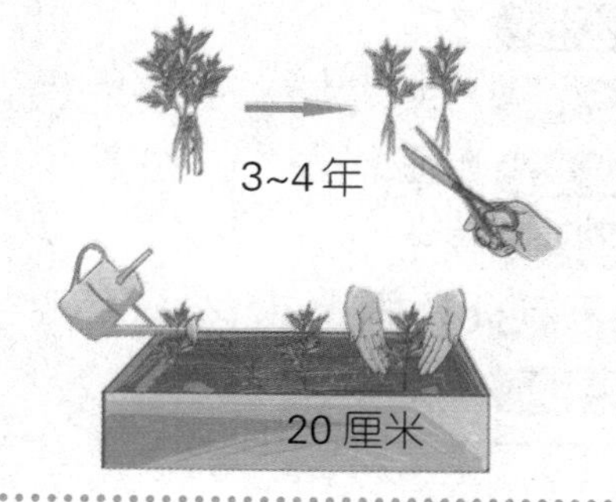

20厘米

注意事项

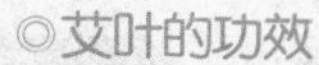

◎栽种前的准备工作

艾草在种植前要做好准备工作，施加足够的基肥，并保持土壤的湿润，给种子发芽创造一个好环境。

◎艾叶的功效

艾叶是传统中药材中的一种，具有舒经活血、养神安眠的作用，对毛囊炎、湿疹也具有不错的疗效。

罗勒

营养减肥，活血解毒

罗勒原生于亚洲热带地区，一年或多年生，是著名的药食两用芳香植物。味似茴香，全株小巧，叶色翠绿，花色鲜艳，芳香四溢。有些稍加修剪即成美丽的盆景，可盆栽观赏。大多数普通种类全株被稀疏柔毛。

别　名	九层塔、金不换、圣约瑟夫草、甜罗勒
科　别	唇形科
温度要求	温暖
湿度要求	湿润
适合土壤	中性排水性好的肥沃沙壤土
繁殖方式	播种
栽培季节	春季、夏季
容器类型	中型
光照要求	喜光
栽培周期	8个月
难易程度	★★

栽培日历

6

1月 2月 3月 4月 5月 6月 7月 8月 9月 10月 11月 12月

繁殖

生长

收获

开始栽种

第1步

罗勒通常采用播种的方式进行繁殖，选择饱满、无病虫害的种子。培养土要在阳光下晒一晒，以杀死土壤中的病菌。

园土

2 : 1

腐熟有机肥

第2步

将种子均匀撒播在土中，覆土 0.5 厘米，最后进行喷水。温度控制在 20℃左右，4~5 天小苗就可以长出来。

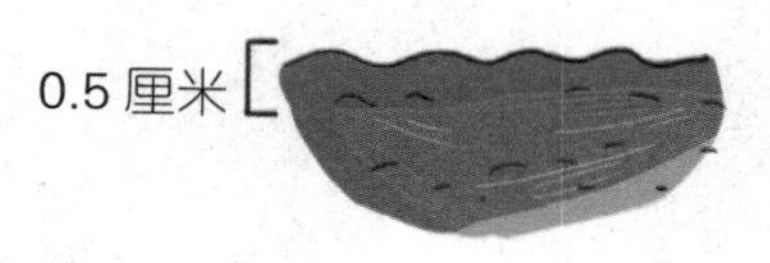

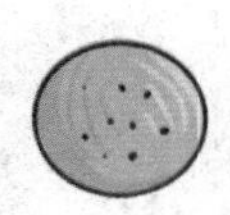

细孔喷壶

第3步

当植株长出 1~2 片叶子的时候适当进行间苗，使苗间距控制在 3~4 厘米。罗勒的小苗非常不耐旱，要及时浇水。

第4步

当植株长出 4~5 对叶子的时候就可以移栽了，株距保持在 25 厘米左右，定植后浇透水。

第5步

如果不需要采收种子，当花穗抽出后及时摘心，以免消耗过多的养分。

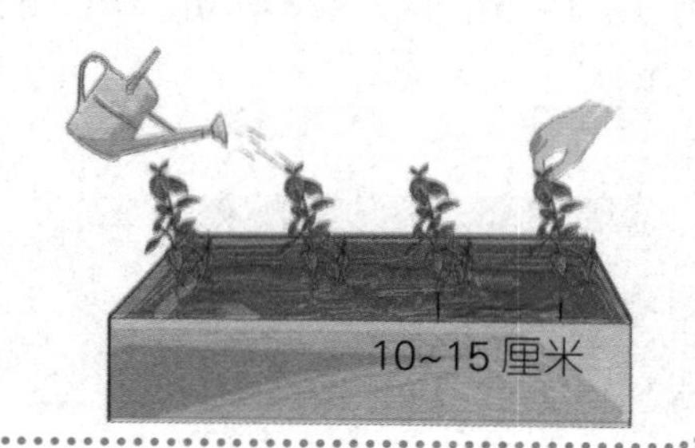

注意事项

◎怎么施肥?

罗勒如果缺肥，植株会变得十分矮小，适当施肥可以让植株生长得更好。施肥按照少量而多次的原则进行。

15 天施肥 1 次

◎哪一部分可以食用?

罗勒要趁花蕾未开放前进行采摘，这时候的茎叶口感鲜嫩，是采摘食用的最好时刻。罗勒一旦开花叶子就会老化，口感变差。

第二章

功能多香草

牛至

营养丰富，诱人食欲

牛至为多年生草本或半灌木，在自然状态下分布于海拔500~3600米的山坡、林下、草地或路旁。牛至具有很强的抗氧化功效，能够抗衰老，是很好的美容食品。牛至还具有增进食欲、促进消化的作用，每餐配上一点牛至作为食材辅料，既可以增加美食的香味，又可以补充营养，实在是一举多得。

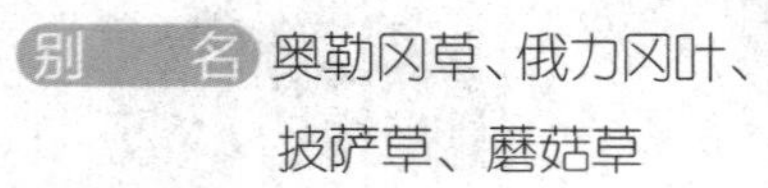

别　　名　奥勒冈草、俄力冈叶、披萨草、蘑菇草

科　　别　唇形科

温度要求　耐寒

湿度要求　耐旱

适合土壤　微酸性排水性好的肥沃土壤

繁殖方式　播种、扦插

栽培季节　春季、夏季

容器类型　中型

光照要求　喜光

难易程度　★★

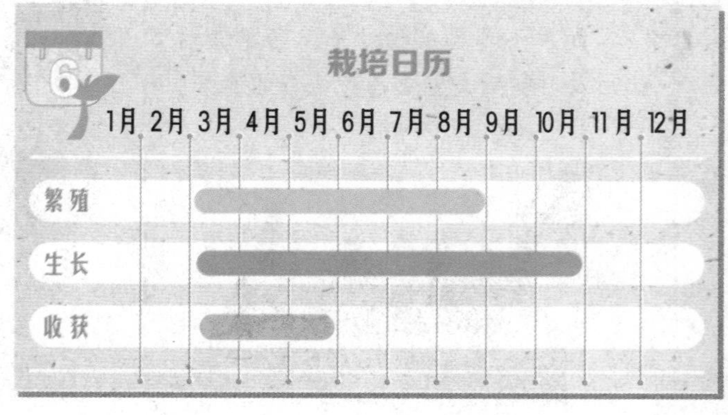

开始栽种

第1步

牛至在播种前要进行松土，将种子均匀撒播在土中，覆上约0.2厘米厚的细土，用喷壶保持土壤湿润即可。所用喷壶喷头孔隙要小，以防浇水时水珠打击土层使土壤板结而影响出苗。

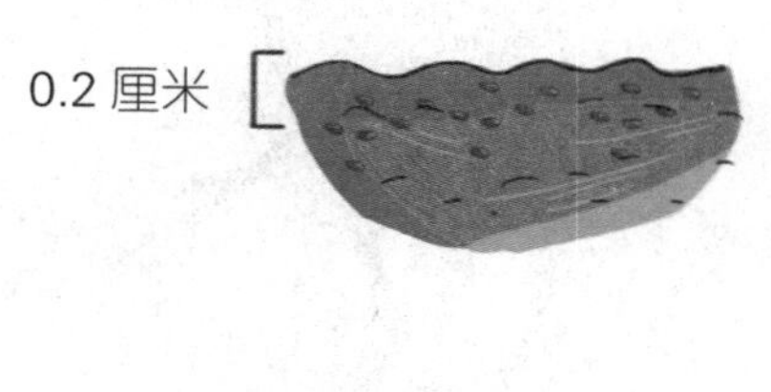

细孔喷壶

第2步

牛至种子非常细小，出苗前不要进行浇水，喷壶是保持土壤水分的最好选择，所以要勤补水，补水时以打湿土层表面为宜。当出苗后生长高度达到2厘米左右时才可以采用小水灌溉，频率大约为每3天1次。另外，注意保持良好的通风。

第3步

当植株长到4~6厘米高时，就能够进行移栽了。移栽后要适时松土，以保持土壤的透气性。

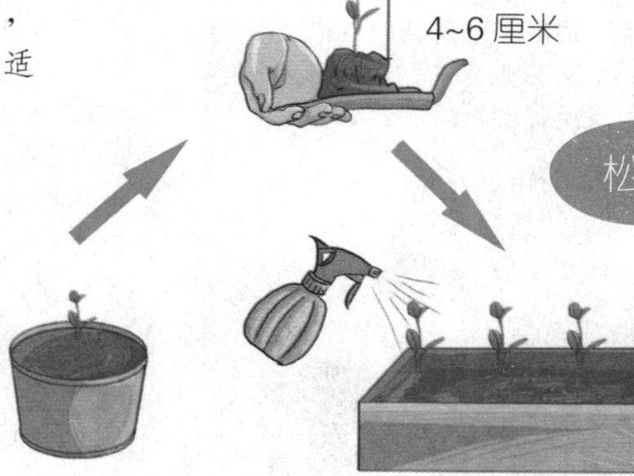

第4步

摘心的时候要配合追施稀薄的氮磷肥，以促进侧芽的生长。

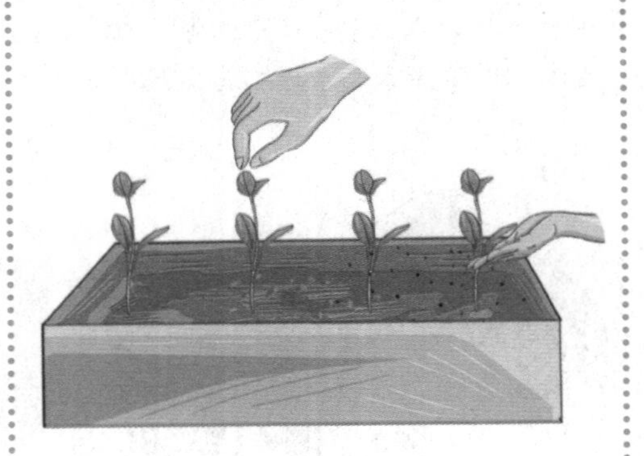

稀薄的氮磷肥

第5步

牛至也可以用扦插和分株的方式进行繁育，早春或晚秋的时候可以挖出老根，选择较粗壮并带有2~3个芽的根剪开，另行种植。6~8厘米长粗壮新鲜的枝条是扦插的最好选择。

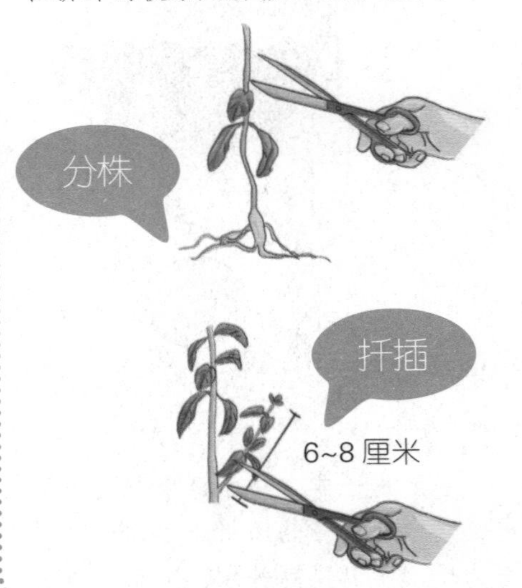

注意事项

◎采摘的时节

牛至开始现蕾就可以食用了，最好在晴天进行采摘。

◎可以食用的部分是哪里？

牛至的鲜叶、嫩芽都是可以食用的部分，既可做调料，也可以泡茶饮用，味道口感都非常好，还具有养生保健的功效。

◎怎样增加土壤的排水性？

土壤的排水性良好对牛至的生长十分重要，在培养土中加入泥炭土或珍珠岩这类排水性较好的材质，可以有效地改善土壤的排水性，有利于牛至的生长。

泥炭土　　珍珠岩

美食妙用

用牛至泡茶，饭后饮用可以促进肠道蠕动，帮助消化，对感冒、头痛、神经系统疾病也有很好的疗效。用牛至洗澡可以起到舒解疲劳的作用。

牛至蔬菜沙拉

材料：番茄2个，鸡蛋1个，洋葱半个，生菜3片，牛至鲜叶10片，黄瓜半根，奶酪100克，沙拉酱适量。

做法：

❶ 将番茄、黄瓜洗净切片，洋葱去皮洗净切圈，生菜、牛至叶洗净切碎。❷ 将鸡蛋煮熟，取出放凉后去壳切片。❸ 将番茄、黄瓜、洋葱、生菜、牛至、鸡蛋放入盘中，撒上奶酪、沙拉酱拌匀即可。

洋甘菊

营养丰富，诱人食欲

洋甘菊是一种有舒缓作用的植物，具有抗菌消炎、抗过敏的作用，对于经常起痘痘的皮肤，可以用洋甘菊制成面膜，以起到改善舒缓的作用。洋甘菊淡淡的香气还可以抚平焦虑紧张的情绪，对于缓解压力有很好的效果。

别　　名	母菊、罗马洋甘菊、摩洛哥洋甘菊
科　　别	菊科
温度要求	耐寒
湿度要求	湿润
适合土壤	中性排水性好的肥沃土壤
繁殖方式	播种
栽培季节	春季、夏季、秋季
容器类型	中型
光照要求	喜光
栽培周期	全年
难易程度	★★

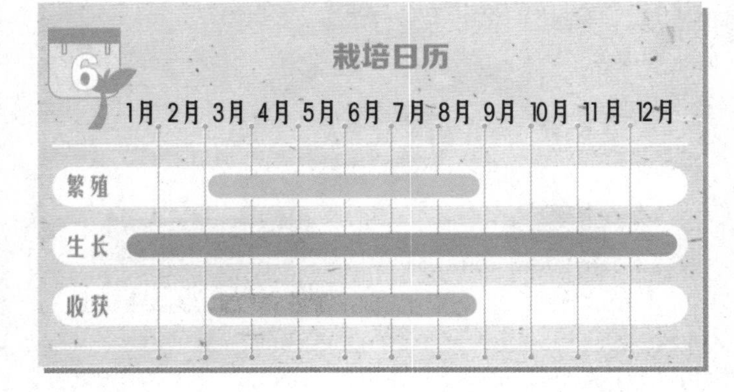

神奇功用

洋甘菊茶具有镇静作用，能减轻焦虑的情绪，对失眠很有帮助。洋甘菊性质温和，具有舒缓肌肤、收敛毛孔的作用。

洋甘菊安眠茶

材料：洋甘菊鲜花8朵，蜂蜜适量。

做法：

❶ 将洋甘菊花洗净，放入茶壶中。❷ 用热水冲泡，静置10分钟。❸ 调入适量蜂蜜，搅匀即可。

开始栽种

第1步

洋甘菊可以用种子直接进行繁育。由于种子非常细小，播种时需要将种子与细沙混合。

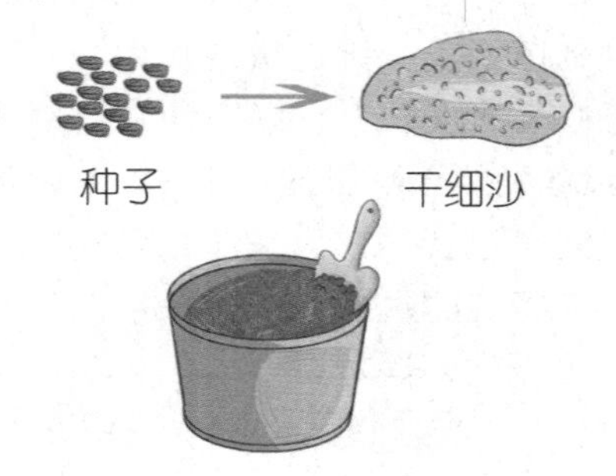

第2步

播种后在容器上覆上一层保鲜膜以保持土壤湿润，出苗后去掉保鲜膜。种植的温度不要过高，这样会导致植株徒长。

第3步

当植株生长到约10厘米高的时候，可以进行移栽定植，株间距控制在15~25厘米。松软而湿润的土壤、充足的阳光是洋甘菊最适合的生长条件。生长期每月施肥1次，控制用量，否则花期会推迟。

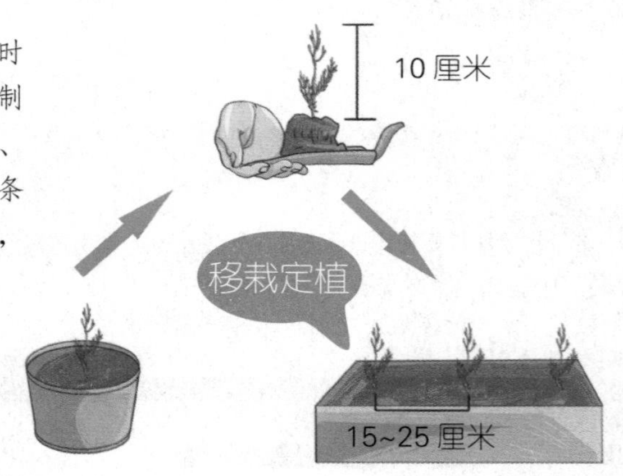

第4步

枝叶长得过于繁密时，及时修剪拥挤的枝叶，以增加植株的透气性，并及时摘心，以促进其他枝芽的生长。

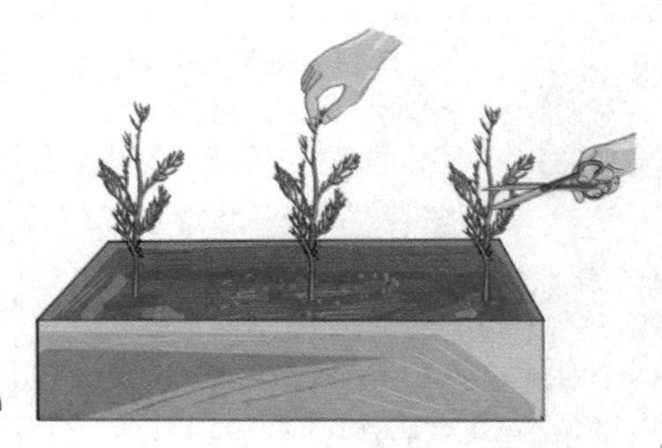

及时修剪枝叶、摘心

第5步

洋甘菊也可以用扦插和分株的方式进行繁育。分株应该在秋季进行，扦插可以选取顶部5~7厘米的嫩枝作为插条。

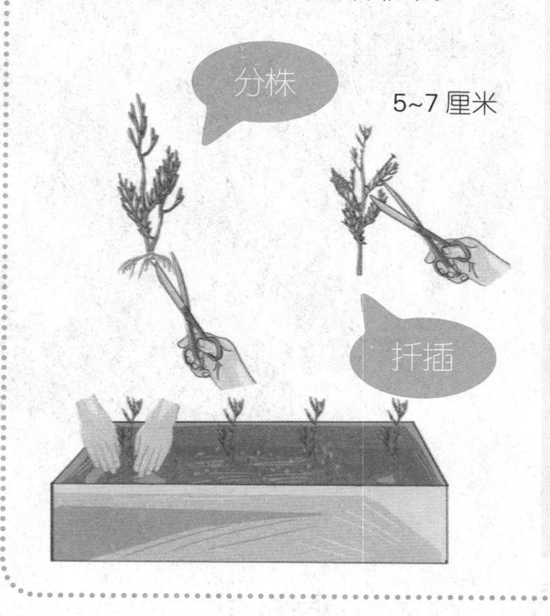

“苹果仙子”洋甘菊

洋甘菊为一年生或多年生草本植物，株高30~50厘米，全株无毛，有香气。头状花序顶生或腋生，外层花冠舌状，白色，内层花冠筒状，黄色。瘦果极小，长圆形或倒卵形。种子细小。

洋甘菊在拉丁语中被称为“高贵的花朵”，在古希腊被称为“苹果仙子”，埃及人将洋甘菊献给太阳，并推崇为神草，将其用于治疗神经疼痛。罗马时期以洋甘菊治疗蛇咬是民众的基本常识。洋甘菊因产地不同、功效不同而分为两种：罗马甘菊和德国甘菊。德国甘菊是美丽的天蓝色，比罗马甘菊更胜一筹，叶片有苹果甜味，泛着温暖的草木香；花朵带有苹果香气，呈鲜绿色；花呈金黄色圆锥形；花心芳香结实。挑选干花时，以色泽别太深、叶片完整、干燥无潮湿者为好。

注意事项

◎洋甘菊的采摘时节

洋甘菊的开花时间很晚，在播种后的第二年夏季才会开花。开花前是营养含量最高的一段时间，所以采摘最好选择在这个时间进行。

◎可以收获不止一次

洋甘菊在1个生长周期里可以收获不止1次，要选择在晴天的正午进行。由于洋甘菊的花期比较长，开花后植株容易老化，需要进行强剪以促进新枝叶的萌发，这样1个周期一般可以收获3~5次。

◎不耐热的香草

洋甘菊不适合在炎热和干燥的环境中生长，夏季应早晚各浇1次水，以保证植株的生长环境湿润。

香菜

香味独特，营养丰富

香菜是我们经常吃的一种蔬菜，它也是一种香草。香菜中含有丰富的维生素C、维生素A、胡萝卜素，以及钙、钾、磷、镁等矿物质，能够提高人体的抗病能力。其独特的香味还能促进人体肠胃的蠕动，刺激汗腺分泌，加速新陈代谢。

别　　名 香荽、胡菜、原荽、园荽、芫荽

科　　别 伞形科

温度要求 阴凉

湿度要求 湿润

适合土壤 微酸性排水性好的沙壤土

繁殖方式 播种

栽培季节 秋季

容器类型 中型

光照要求 喜光

栽培周期 全年

难易程度 ★★

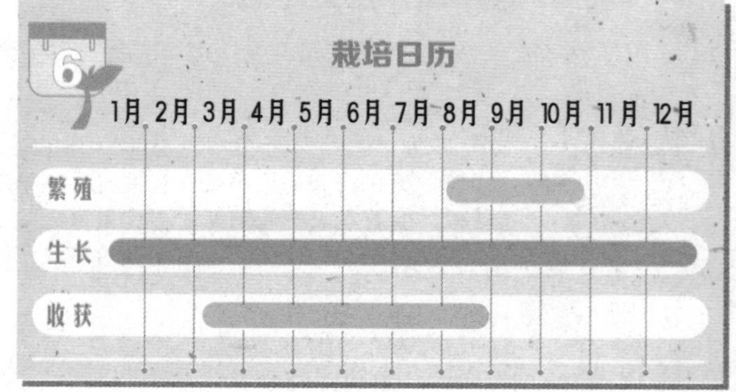

开始栽种

第1步

种植香菜前，要将土壤翻松弄碎，然后施足有机基肥，让肥料与泥土充分混合后，浇透水。

第2步

香菜的果实内有两粒种子，为了提高发芽率，播种前我们需要将果实搓开。将种子均匀地撒播在培养土上，覆土约1厘米厚，浇透水即可。

第3步

当植株长出3~4片叶子的时候进行间苗，将病弱的小苗拔去，保留茁壮的苗。

第4步

香菜是长日照植物，在结果的时候土壤千万不能干，否则会直接影响结果的质量。要时刻保持土壤湿润，让种子生长得更加饱满。

第5步

当植株长到15~20厘米高时，就可以采摘了，可以分批次进行。每采摘1次，追肥一次，以促进剩下植株的生长。

注意事项

◎控制浇水量

香菜养护时保持土壤湿润即可，不要浇太多的水。

◎浇水与施肥相结合

当植株进入生长旺盛期的时候，应勤浇水，施肥也要结合浇水进行，生长期追施氮肥1~2次。

琉璃苣

芬芳可爱，美容养颜

琉璃苣中含有的挥发油成分能够有效地调节女性生理周期所带来的不适，缓解更年期内分泌失调等症状，延缓衰老，是美容养颜的理想食品。琉璃苣花朵状如星星，灿烂可爱，具有很强的观赏性。

别　名	星星花
科　别	紫草科
温度要求	阴凉
湿度要求	耐旱
适合土壤	微酸性排水性好的肥沃土壤
繁殖方式	播种
栽培季节	春季
容器类型	中型
光照要求	喜光
栽培周期	8 个月
难易程度	★★

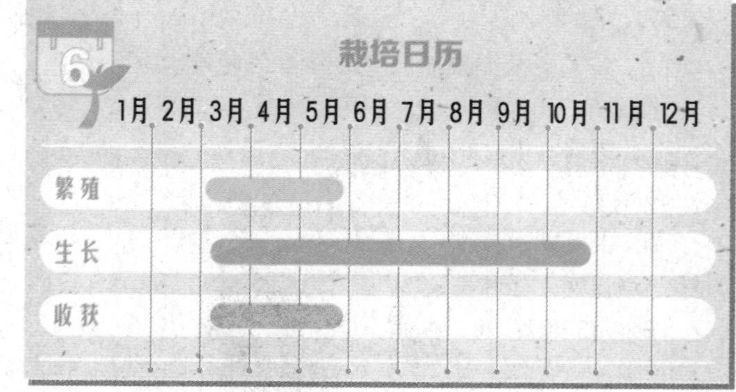

开始栽种

琉璃苣种子的皮较硬，播种前需要在 40℃的水中浸泡 1~2 天。

第2步

在土壤中挖出小坑，每个坑放 3~4 粒种子，覆上约 0.5 厘米厚的土，用浸盆法让土壤充分吸收水分。

0.5 厘米

第3步

将容器置于干燥阴凉的环境中，以保证土壤的湿润。当幼苗长出 2~3 对叶子的时候，间去长势较弱的小苗，每坑留下 1~2 株即可。

第4步

生长出 3~5 对叶子的时候就可以进行移栽定植了，移栽时注意不要伤及植株的根系。土壤以沙壤土为佳，在晴朗的天气进行。

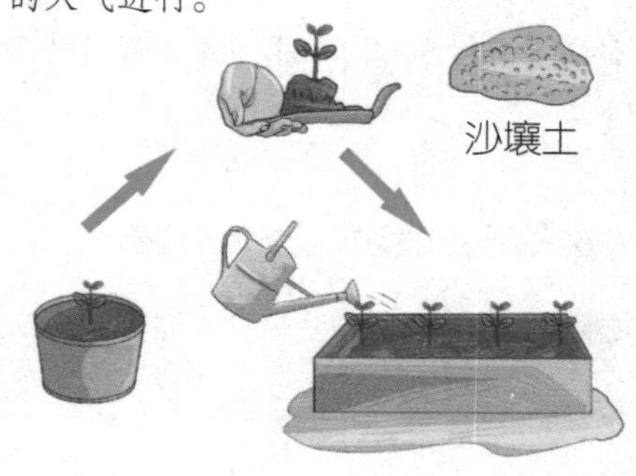

第5步

为了增加植株的开花数量，以促进分枝生长，当植株长到约 20 厘米高时要进行一次摘心。

注意事项

◎琉璃苣可随时采摘食用

琉璃苣成熟后可以随时采摘嫩叶食用，鲜叶脆嫩多汁，具有黄瓜的宜人芳香，可以作为沙拉的调味料，是一种不可多得的营养食材。

◎不等人的种子

琉璃苣在定植后 40 天左右就会开花，种子成熟时要及时进行采收，否则会自行脱落。

莳萝

清甜可人，有益健康

莳萝和香芹的味道非常相似，具有一种清凉可人的甜味。这种香气能够有效促进消化，缓解胃疼等，而不会产生不良反应。

别　　名	洋茴香、土茴香
科　　别	伞形科
温度要求	温暖
湿度要求	湿润
适合土壤	微酸性排水性好的沙壤土
繁殖方式	播种
栽培季节	春季、夏季、秋季
容器类型	中型
光照要求	喜光
栽培周期	8个月
难易程度	★★

6

栽培日历

1月 2月 3月 4月 5月 6月 7月 8月 9月 10月 11月 12月

繁殖

生长

收获

开始栽种

第1步

播种前用40~50℃的温水浸泡种子1~2天，每天换1次水，这样可以有效提高发芽率。

40~50℃的温水

第2步

将种子均匀地播撒在土中，覆土约0.5厘米厚，用细孔喷壶轻轻洒水。莳萝幼苗冲破土壤的能力非常弱，种子发芽的时候，可以轻轻拨开土壤，以帮助植物出苗。

第3步

植株在生长过程中需要保持土壤湿润。莳萝不适合移栽，如果植株过于拥挤，可以适当进行间苗，将植株的间距控制在20厘米。

第4步

当幼苗长到5~10厘米时，可以追施1次有机肥。开花的时候，再追施1次有机肥。

对土壤的要求

莳萝对土壤的酸碱性较为敏感，最好采用微酸性的土壤进行栽培。另外，在栽种前要对土壤进行消毒，以预防病虫害的发生。

第5步

莳萝开黄色的小花，但是花期比较短。若采收种子，当花穗枯萎、种子变成褐色的时候可以进行采收。采收后放置在阴凉通风的地方保存。

注意事项

◎食用嫩叶需要什么时候进行采摘？

莳萝要在花穗形成之前或者刚刚形成的时候进行采摘，这样可以保证莳萝叶的鲜嫩，开花后的叶子会变老，口感很差。

◎莳萝繁殖期需要注意什么？

莳萝也可以用扦插的方式进行繁殖，夏、秋两季剪取嫩枝进行插穗，嫩枝上面要保留3~5片的叶，将其插入到沙土中遮阴保湿即可。

柠檬香蜂草

气味芬芳，有益健康

柠檬香蜂草为多年生草本植物，原产于南欧。植株高 30~50 厘米，分枝性强，易形成丛生，茎叶有绒毛，花白色或淡黄色，夏季开花。柠檬香蜂草会散发出一种柠檬般香甜的气味，具有促进食欲、帮助消化的功能，是代替柠檬的理想植物。

别　　名 薄荷香脂、蜂香脂、蜜蜂花
科　　别 唇形科
温度要求 耐寒
湿度要求 湿润
适合土壤 中性排水性好的沙壤土
繁殖方式 播种
栽培季节 春季、夏季
容器类型 中型
光照要求 喜光
栽培周期 8 个月
难易程度 ★★

开始栽种

播种前用 40~50℃的温水浸泡种子 1~2 天，每天换 1 次水，这样可以有效提高发芽率。出苗后需要进行间苗。当长出 4~6 片叶子的时候，就可以进行移栽定植了。

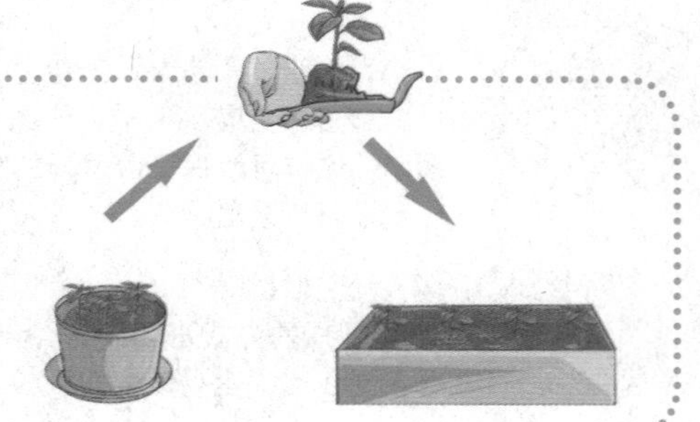

第2步

为了避免枝叶太过密集，要及时进行修剪。夏季要遮阴养护，避免强烈阳光曝晒，并补充足够的水分。

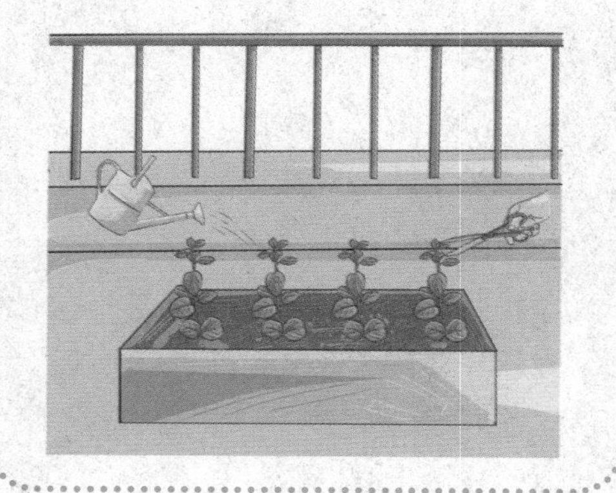

第3步

采摘应该选在开花前进行，这样可以最大程度地将香味保留在香蜂草的叶子里。

第4步

柠檬香蜂草也可以用扦插的方式进行繁殖。剪取10厘米左右的粗壮枝条，摘掉下面2~4片叶子插入水中，大约10天就可以生根了。

注意事项

◎及时减穗，延长寿命

柠檬香蜂草开花后会出现植株停止生长的现象，因此当夏季花穗出现的时候要及时将其摘除，这样可以延长植株的寿命。

◎注意排水，防止烂根

柠檬香蜂草浇水时要浇透，但是浇透水的同时也要注意排水，以避免因积水而导致根部腐烂。

◎控制生长过旺

柠檬香蜂草的生长力非常旺盛，可以一边摘心一边栽培，一个生长周期大约需要摘心2~3次，这样可使营养吸收更加集中，使植株生长得更好。

欧芹

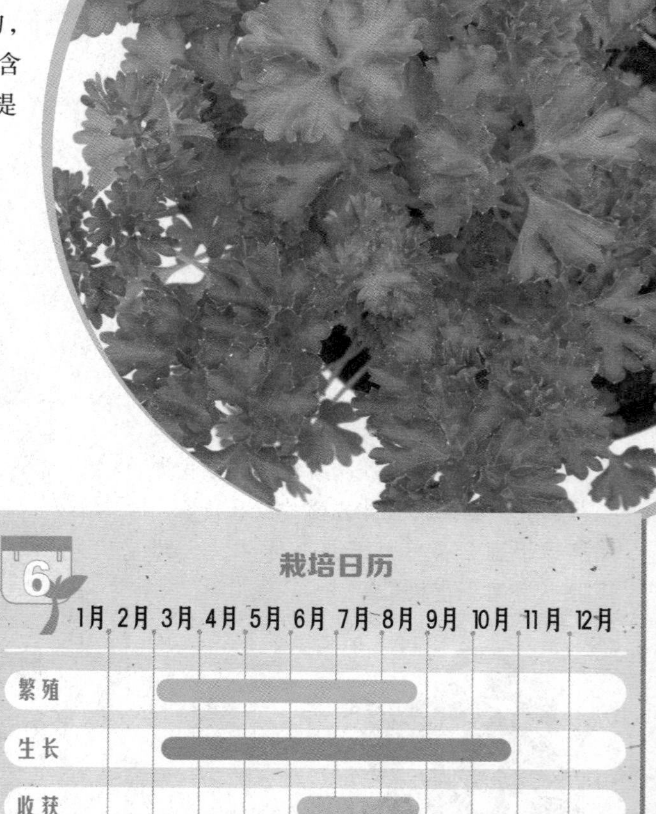

营养丰富，有益健康

欧芹是一种营养丰富的植物，除了含维生素C、维生素A，还含有钙、铁、钠等微量元素，可以提高人体的免疫力，防止动脉硬化，保护肝脏。

别　　名	巴西利、洋香菜、洋芫荽
科　　别	十字花科
温度要求	阴凉
湿度要求	湿润
适合土壤	中性排水性好的肥沃土壤
繁殖方式	播种
栽培季节	春季、夏季
容器类型	中型
光照要求	喜光
栽培周期	8个月
难易程度	★★

栽培日历

1月 2月 3月 4月 5月 6月 7月 8月 9月 10月 11月 12月

繁殖

生长

收获

开始栽种

第1步

欧芹可以用种子直接进行培植。播种前需要浸种12~14小时，再置于20℃左右的环境中催芽，当种子露白的时候就可以进行播种了。

第2步

土壤浇透水后，将种子均匀撒播在土中，覆土 0.5~1 厘米厚，再适量喷水即可。覆上一层保鲜膜更有利于种子的发育。

第3步

当幼苗长出 5~6 片叶子的时候就可以移栽定植了，要浇透水，保持土壤湿润。

第4步

生长期植株每隔 15~20 天要浇水、追肥 1 次，以有机复合肥为主。

第5步

欧芹可分期进行采收，采收的时候动作要轻，不要伤及嫩叶和新芽，采收 1~2 次追肥 1 次。

注意事项

◎孕育花芽时温度不宜过高

欧芹在低温的环境中才会分化出花芽，而开花却需要高温和长日照，之间的温度变化比较大，因此要注意对植株生长环境温度的掌握。开花结果后就可以收获种子了，放在通风干燥的环境中保存最好。

◎保持土壤湿润并通风

欧芹对水分的要求比较高，过干过湿都不适合植株的生长，要随时保持土壤湿润，并及时进行通风排湿。

神香草

气味清香，用途广泛

神香草为多年生半灌木，株高50~60厘米，叶的形状像柳一样，花序穗状，有紫色、白色、玫红等品种。神香草气味清香，具有提神醒脑、清热解毒的功效，可以防治感冒、支气管炎。

别　　名	牛膝草、柳薄荷、海索草
科　　别	唇形科
温度要求	耐寒
湿度要求	湿润
适合土壤	弱酸性排水性好的沙壤土
繁殖方式	播种
栽培季节	春季、秋季
容器类型	中型
光照要求	喜光
栽培周期	8个月
难易程度	★★

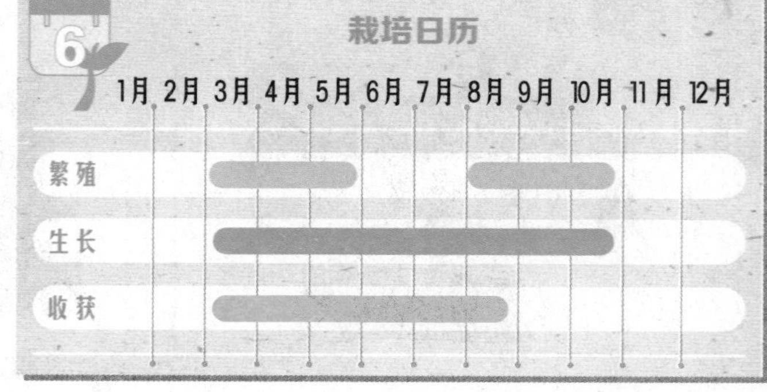

开始栽种

神香草通常以播种的方式进行繁殖。我们可以在花店或者种苗商店买到神香草的种子。将种子与细沙混合，均匀撒播在育苗盆中，浇透水，出苗前保持土壤湿润即可。

第2步

当植株长到6~8厘米高的时候，就可以移栽定植了。一定要控制温度和湿度，温度过高会导致植株徒长。

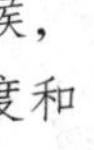

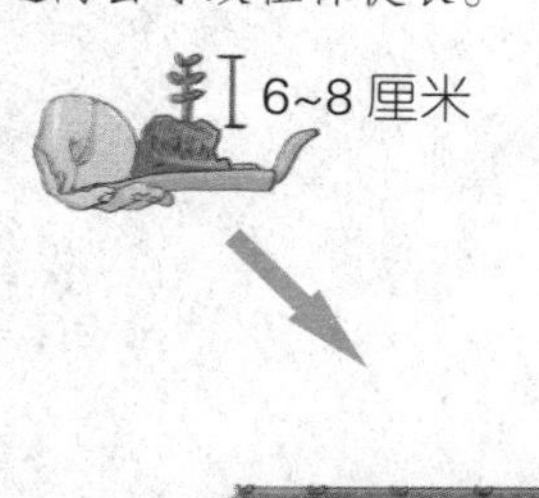

第3步

定植后浇足水，7~10天后再次浇水，以促进新根的生长。

第4步

神香草需要大量的氮肥，对磷钾肥的需求量较少。适当施肥会使枝叶迅速生长。

注意事项

◎什么时候最适宜采花？

神香草一般是在6月份开花，有少量花苞绽放的时候就可以进行采收了。种子一般在7、8月份成熟，要注意采摘和收种的时间。

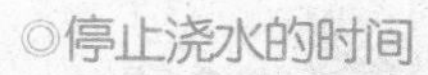

◎扦插和分株的不同时间

神香草还可以采用扦插和分株方式繁殖，扦插最好在第二年春季进行，分株则最好选择在第二年秋季进行。

◎停止浇水的时间

为了提高采收的质量，在采收前5~10天要停止浇水。

西洋菜

营养丰富，诱人食欲

西洋菜是一种保健效果非常显著的香草，它含有丰富的维生素C、维生素A、胡萝卜素、氮基酸以及钙、磷、铁等矿物质，具有润肺止咳、通经利尿的功效。西洋菜的口感爽脆，非常适合做成沙拉食用，是夏季解暑的上佳美食。

别　　名	豆瓣菜、水蔊菜、水芥、水田芥菜、水茼蒿
科　　别	十字花科
温度要求	凉爽
湿度要求	湿润
适合土壤	中性保水性好的黏壤土
繁殖方式	播种
栽培季节	春季、夏季
容器类型	中型
光照要求	喜光
栽培周期	3个月
难易程度	★★

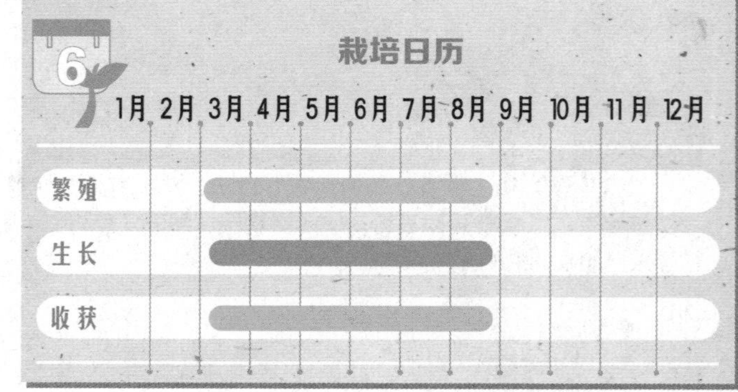

开始栽种

第1步

将西洋菜的种子浸泡在25℃的水中，直到种子露白，然后再播撒在培养土中。

第2步

种子发芽前，每天浇水1~2次，当幼苗长到10~15厘米时开始移栽定植。

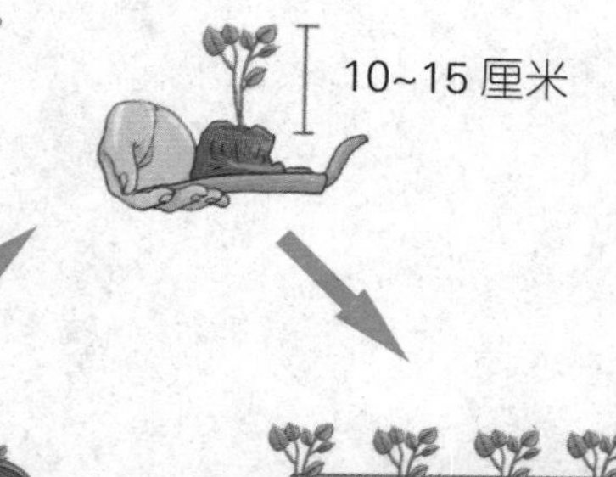

第3步

西洋菜喜欢湿润的生长环境，要经常浇水以保持土壤湿润，春秋季节每天浇1次水，夏季高温时早晚浇1次水。

第4步

西洋菜生长得非常迅速，当植株长到20~25厘米高的时候就可以收获了。

第5步

西洋菜也可以采用扦插的方式进行繁殖，剪取一段长12~15厘米的粗壮枝条扦插，将其插到培养土中，正常养护即可。

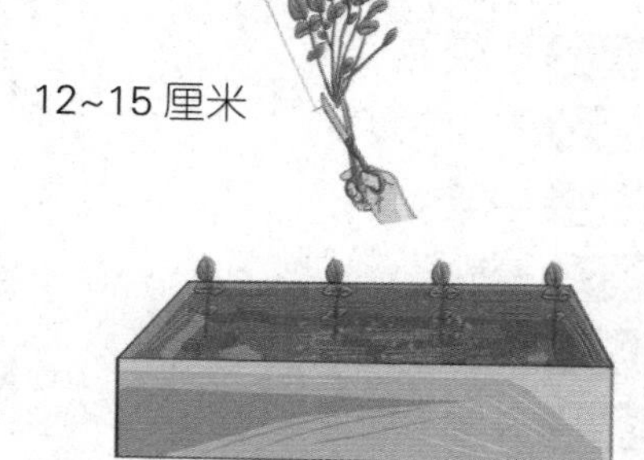

注意事项

◎采种、采茎二选一

如果想要收获西洋菜的种子，要让植株生长成熟，在春末夏初的时候植株会开花，等到花朵凋谢，种子就会变黄，这个时候就可以收获种子了。要收获种子不可以在植物鲜嫩的时候采摘鲜叶。

◎缺肥的迹象

植株在生长期一般不要进行追肥，如果生长缓慢，并且叶子的中下部出现暗红色，这便是植株缺肥的信号，这时追加一些氮肥即可。

柠檬马鞭草

香气浓郁，有益健康

柠檬马鞭草原产于热带美洲。柠檬马鞭草虽然属于马鞭草科，却是多年生灌木。它狭长的鲜绿叶片飘溢着强烈如柠檬的香气，所以才获得这一名称。柠檬马鞭草具有镇静舒缓的作用，能够消除疲乏、恢复体力。用柠檬马鞭草的叶片泡茶，可以消除肠胃胀气，促进消化，还可以缓解咽喉肿痛。

别　　名　防臭木、香水木
科　　别　马鞭草科
温度要求　温暖
湿度要求　耐旱
适合土壤　中型排水性好的肥沃土壤
繁殖方式　播种
栽培季节　春季、夏季
容器类型　中型
光照要求　喜光
栽培周期　8个月
难易程度　★★

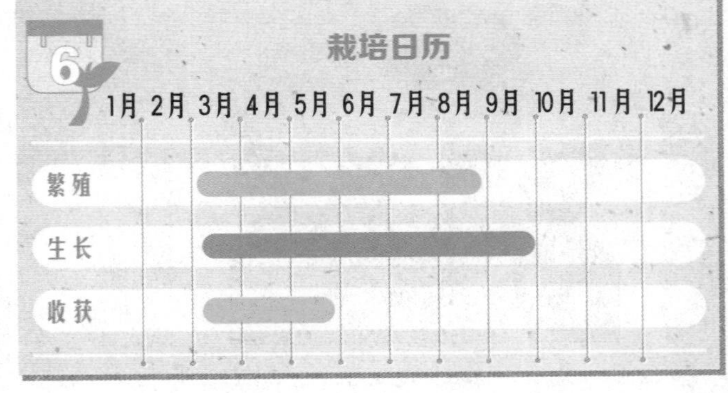

开始栽种

第1步

柠檬马鞭草对土质的要求比较高，在市场上购买由泥炭土、珍珠岩、河沙以及有机质混合的营养土是最为适合的。将种子均匀播撒在育苗盆中，浇透水，出苗前保持土壤湿润。

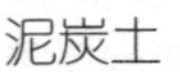

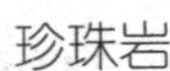

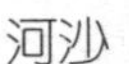

第2步

植株出苗后保持良好的通风，并将温度控制在20℃左右，当幼苗长到3~5厘米高的时候，可以进行移栽。

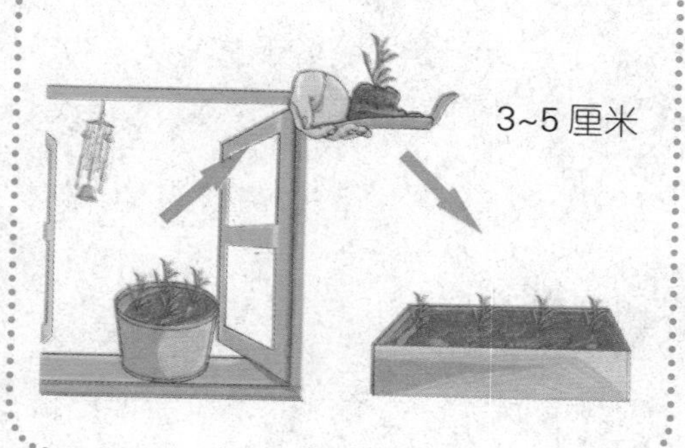

第3步

柠檬马鞭草不喜涝的环境，当土壤完全变干的时候进行浇水是最合适的。浇水时不要将水直接浇于叶和花上，这样容易造成植株腐烂。

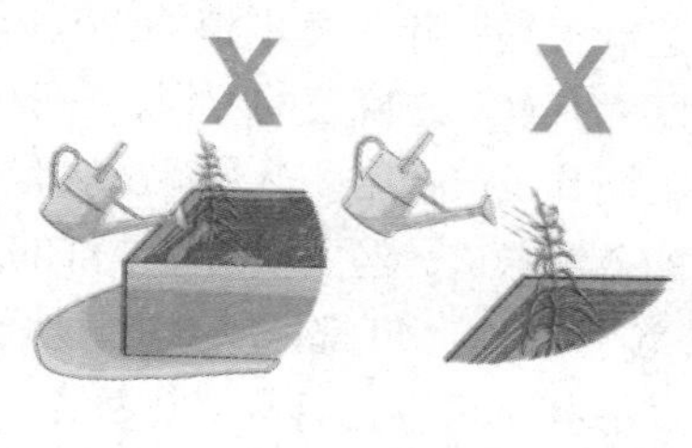

第4步

柠檬马鞭草生长得非常迅速，需要经常修剪，以促发新枝。这样还可以保持良好的通风，减少虫害的侵袭。

第5步

春、夏两季是植株生长旺盛的季节，我们可以将采收同修剪结合进行。采收下来的鲜叶非常适合泡茶，保存时需要将鲜叶通风干燥。

注意事项

◎如何扦插

柠檬马鞭草扦插也是可以繁殖的，在春、秋时选取健壮枝条，插入排水良好的土壤中，遮阴养护，等到枝条生根就可以进行移栽了。

芝麻菜

营养丰富，清热解毒

芝麻菜是一年生草本植物，我国部分地区素有食用芝麻菜的习惯，一般于春季采摘其嫩苗食用。芝麻菜虽然有着淡淡的苦涩味道，但更多的是浓郁的芝麻香气。无论茎、叶都可以食用，炒菜、做汤、凉拌都可以，具有清热解毒、消肿散瘀的功效。种植也非常容易。

- 别　　名　芸芥、火箭生菜
- 科　　别　十字花科
- 温度要求　阴凉
- 湿度要求　湿润
- 适合土壤　中性排水性好的肥沃土壤
- 繁殖方式　播种
- 栽培季节　春季、秋季
- 容器类型　中型
- 光照要求　喜光
- 栽培周期　8个月
- 难易程度　★★

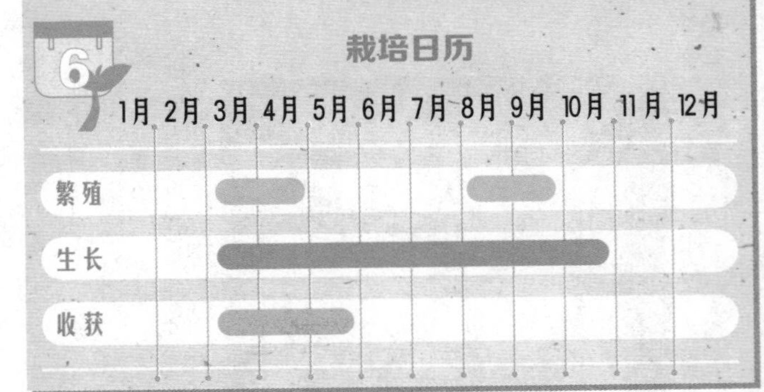

开始栽种

第1步

在种植芝麻菜之前要将土壤翻松，施入足够的有机肥做基肥。芝麻菜的生长非常迅速，选择直播的方式是最合适的，播种前不需要浸种。将种子均匀播撒在土中，覆盖一层薄土，采用浸盆法使土壤吸足水。

第2步

播种后4~5天的时间，小苗就会长出来了，当幼苗长出2~3片叶子的时候除去弱苗、病苗。

第3步

追肥要根据植株的长势而定，采收前5~7天不要进行追肥，以免影响收获。

第4步

当植株长到20厘米左右的时候，及时进行采收。收获晚了会影响口感。

注意事项

◎保持阴凉的好处

芝麻菜在阴凉潮湿的环境中生长的速度比较快，生长期间要保持土壤湿润，以小水勤浇的原则最好。

◎肥料营养要均衡

芝麻菜的生长需要氮、磷、钾肥三种肥料的配合施用，必要时还要补充一些微量元素，千万不能只施加一种肥料，否则会导致植株营养元素的不均衡。

◎做好降温工作

夏季时需要给芝麻菜进行降温，加盖遮阳的纱网，或者采用喷水降温等都是很好的方式。

柠檬香茅

繁殖迅速，驱虫高手

柠檬香茅原产于热带亚洲，是一种非常常见的植物，外表看起来就是一般的茅草，但却可以散发出浓郁的柠檬香气。在市场上我们很难买到柠檬香茅的种子，所以移栽幼苗是最佳的选择。柠檬香茅喜高温多湿的环境，因此一定要控制好温度和湿度。

别　　名	柠檬草、香茅草
科　　别	禾本科
温度要求	耐高温
湿度要求	湿润
适合土壤	微酸性排水性好的沙壤土
繁殖方式	播种、分株
栽培季节	春季、秋季
容器类型	大型
光照要求	喜光
栽培周期	10 个月
难易程度	★★

开始栽种

第1步

市面上很少有出售柠檬香茅种子的，因此需要从植株的幼苗期开始培育。

第2步

柠檬香茅喜欢阳光充足、气候炎热的生长环境，采用砂质土壤进行培育是不错的选择。

第3步

柠檬香茅在潮湿的环境中生长得比较好，对氮肥和钾肥的需求量相当。

第4步

春季开始播种，到9月份时植株就会成熟，成熟后每隔3~4个月可以采收1次，要留下茎部距地面5厘米的长度。

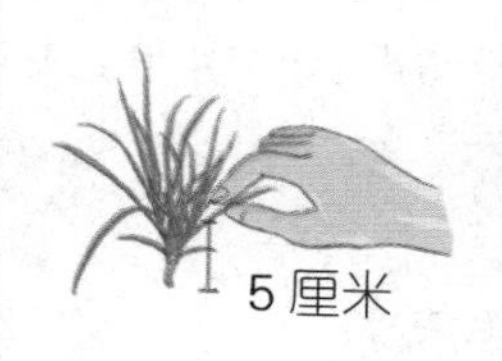

第5步

柠檬香茅春、秋季节可以采用分株的方式进行繁殖。

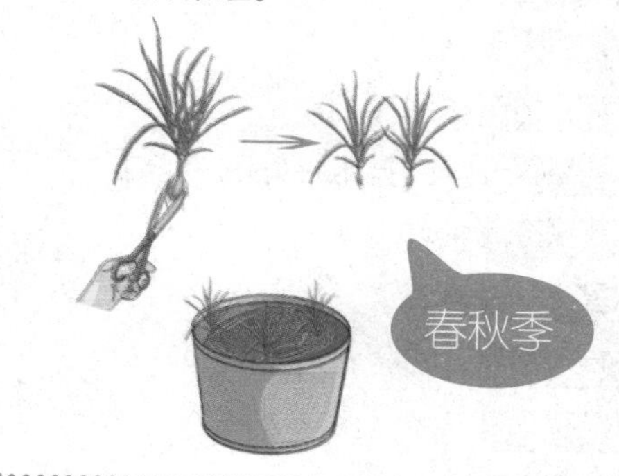

注意事项

◎柠檬香茅很怕冷

柠檬香茅的耐寒力非常弱，在温度低于5℃的时候就会死亡，所以栽种的时候一定要留心霜冻和低温，将它移至室内养护是比较安全的方法。

◎及时分株

柠檬香茅的繁殖能力比较强，当植株形成丛生状态的时候要及时进行分株，否则会分散植株的营养供给，对植株以后的生长产生不良的影响。以二三株为一盆最为适宜。

◎柠檬香茅好处多

柠檬香茅具有驱虫的作用，我们可以在栽种其他植物的时候同时栽种一些柠檬香茅，这样可以有效地减少害虫的侵扰。平时我们也可以将柠檬香茅当做驱虫剂来使用。

猫薄荷

观赏佳品，猫咪最爱

猫薄荷为一年生草本植物，花为白色或淡紫色，由于能刺激猫的费洛蒙受器，使猫产生一些特殊的行为，故得名。

猫薄荷有着绒绒的触感，叶片是小小的圆形，看起来非常可爱，闻起来还有淡淡的芳香，紫色的花朵可以持续绽放，花期非常长，有着如薰衣草般浪漫的视觉效果，也是宠物猫咪的最爱。

别　　名 荆芥
科　　别 唇形科
温度要求 温暖
湿度要求 耐旱
适合土壤 中性排水性好的沙壤土
繁殖方式 播种
栽培季节 春季
容器类型 中型
光照要求 喜光
栽培周期 8个月
难易程度 ★★

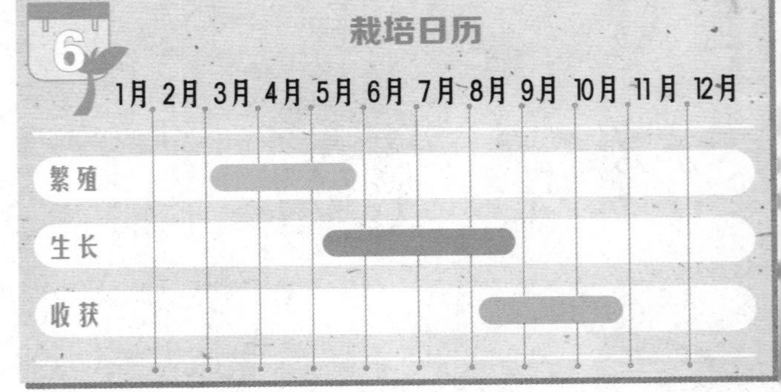

开始栽种

第1步

猫薄荷可以直接种植，只需要稍加覆盖即可，一般10~14天就可以出芽。发芽前避免阳光直射，放置在遮阴处养护最好。

第2步

种子出芽4~6周后就可以将植株移栽定植了。株长9~10厘米的苗至少要选择深度为11~15厘米的容器才可以。

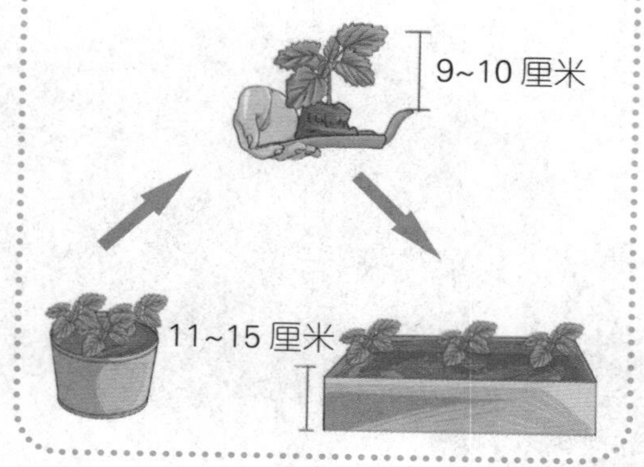

第3步

猫薄荷适合种植于排水性好的土壤之中，每周施1~2次的稀薄液肥即可。

第4步

移栽后为了防止根系被病菌感染，最好喷洒1次杀菌剂。浇水要在土壤完全干透的情况下进行。

第5步

猫薄荷的生长很快，如果放任不管会造成植株的衰弱，要时刻关注植株的生长情况以便及时进行修剪。

注意事项

◎叶片枯黄怎么办?

猫薄荷如果叶片生长过密、通风不良的话会导致叶片枯黄，甚至会出现枝条下垂的状况，这时就要及时进行修剪。修剪时要将下垂的枝条一并剪去，以利于营养的有效利用。

◎猫咪喜欢，人不适合

在给猫咪喂食的时候加入少量的猫薄荷，可以有效地促进猫咪的肠胃消化，但是人类尝起来口感却不是很好，所以不要食用。

蒲公英

芬芳美丽，用途广泛

蒲公英在荒野之中随处可见，可是你也许不知道，蒲公英中含有多种微量元素和维生素，具有清热解毒、消肿散结的作用，甚至可以治疗急性结膜炎、乳腺炎等疾病。

蒲公英的花朵小巧，种子的散播方式更是惹人喜爱。

别　　名	蒲公草、尿床草
科　　别	菊科
温度要求	耐寒
湿度要求	湿润
适合土壤	中性排水性好的肥沃沙壤土
繁殖方式	播种
栽培季节	春季、夏季、秋季
容器类型	大型
光照要求	喜光
栽培周期	8个月
难易程度	★★

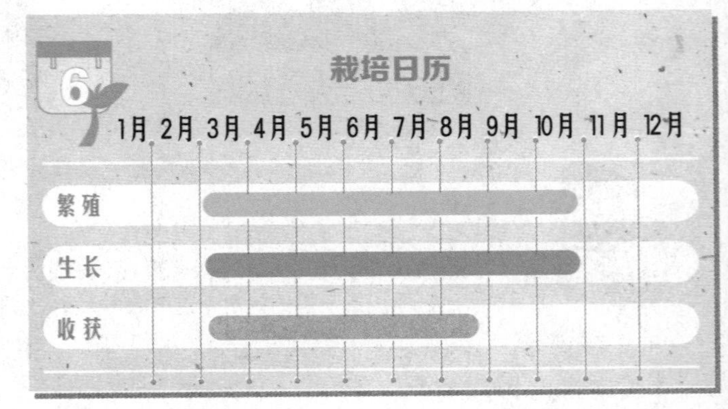

开始栽种

第1步

蒲公英可以直播也可以移栽幼苗。将苗床整平、整细，浇透水后将种子与细沙混合，均匀地撒播在育苗盆中，不可以覆土过厚，用浸盆法使土壤吸足水分。

第2步

周围环境的温度如果较低，可以用覆塑料膜的方法保温保湿，当苗出齐后揭去薄膜，及时追肥浇水。当幼苗长出2~3片真叶时，就需要间苗了。间苗分两次进行，然后上盆移栽。

第3步

当幼苗长出6~7片真叶的时候就可以进行移栽定植了。定植前要在盆中施入腐熟的有机肥，与土壤充分混合。

第4步

当年种植的蒲公英不宜采收种子，第二年可陆续采收。若采收嫩叶，可割取心叶以外的叶片食用，保留根部以上1~1.5厘米，以保证新芽可以顺利长出。

第5步

开花前和结实后要各浇水追肥1次，收获后可用风干、晒干的方式保存种子。

风干或晒干

神奇用途

新鲜的蒲公英用来泡茶，可以治疗流感、咽炎等，夏季饮用还可以清热去火。将蒲公英捣碎敷于肿胀的皮肤上，能够很快消肿。

蒲公英金银花茶

材料：干蒲公英5朵，干金银花2朵，红枣5粒，黄芪15克。

做法：

❶ 将红枣洗净。❷ 在锅中加入适量水，将蒲公英、金银花、红枣、黄芪放入，大火煮开后转小火煎煮1小时。❸ 用过滤网滤去残渣即可。

注意事项

◎作为中药的蒲公英

蒲公英作为一种非常常见的中草药，可以在晚秋时节采挖带根的全草，晒干保存，具有消炎和清热解毒的功效。

◎什么时候追肥？

蒲公英在生长期间以施加有机复合肥为主，入冬后要追施1次越冬肥，这样可以使根系安全地度过冬天，以免冻伤。

◎不同的时期，不同的浇水量

根据不同的生长时间来浇水，植株才会生长得更健康。植株出苗后要适当控制浇水，以防幼苗徒长和倒伏。叶片生长迅速的时候，需水量是比较大的，足够的水分可以促进叶片旺盛地生长。蒲公英收割后，根部会流出白浆，此时不应浇水过多，以防烂根。

紫苏

美观宜人，营养丰富

紫苏是一种非常好的食疗香草，嫩叶和紫苏籽中含有多种维生素和矿物质，能够增强人体的免疫力和抗病能力，还具有理气、健胃的功效，可以治疗便秘、咳喘等不适症状。

别　名	白苏、桂荏、荏子、赤苏、红苏
科　别	唇形科
温度要求	温暖
湿度要求	湿润
适合土壤	中性排水性好的肥沃沙壤土
繁殖方式	播种
栽培季节	春季
容器类型	中型
光照要求	喜阴
栽培周期	8 个月
难易程度	★★

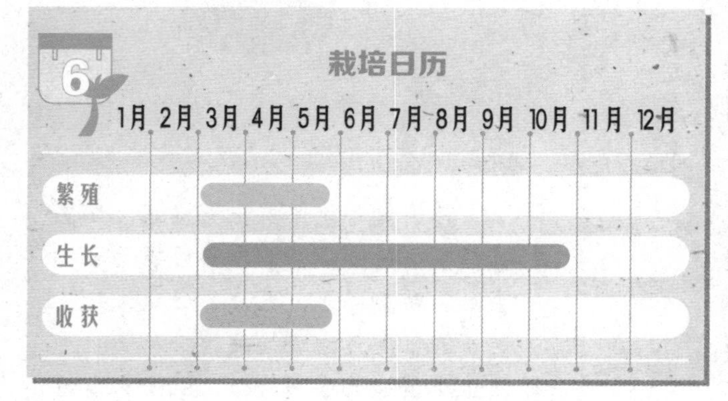

食用紫苏可以起到非常好的健脾功效，嫩叶无论凉拌、热炒、煲汤、泡茶都不会影响营养成分，淡淡的紫色用来配菜也十分美观。

紫苏粥

材料：粳米 100 克，紫苏鲜叶 8 片，红糖适量。

做法：

❶ 将紫苏叶洗净切碎，粳米洗净。❷ 将粳米入锅，加入适量水，大火煮沸后转小火熬煮，至米烂时放入紫苏叶煮 5 分钟，再加入红糖即可。

开始栽种

第1步

家庭栽培通常采用直播法或育苗移栽法进行繁殖。紫苏种有休眠期，采种后4~5个月才能发芽，因此播种前需进行低温处理，以打破种子的休眠期。具体为将刚采收的种子用100微升/升的赤霉素处理并置于3℃的低温及光照条件下5~10天，后置于15~20℃光照条件下催芽12天。

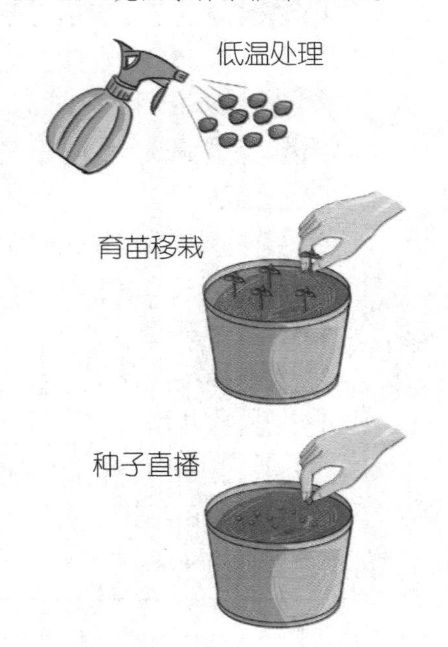

怎样采种?

种植紫苏若以收获种子为目的时，应适当进行摘心处理，即摘除部分茎尖和叶片，以减少茎叶的养分消耗并能增加通透性。在花蕾形成前需追施速效氮肥1次，过磷酸钙1次。由于紫苏种子极易自然脱落和被鸟类采食，所以种子应在四五成熟时割下，然后晾晒数日，脱粒，晒干。

第2步

播种前先将土壤浇透水，将种子与细沙混合，均匀撒播在土中，覆薄土，不见种子即可，轻轻洒水。

第3步

种子发芽前保持土壤湿润，如果选择直播的方式，苗出齐后要及早间去过密幼苗，间苗可分2~3次进行，间苗的密度过大会导致植株徒长。为防止小苗疯长成高脚苗，应注意多通风、透气。

第4步

当长出4对真叶时可进行移栽定植，移栽时要尽量多带土，不要伤及根系。定植时为了使根系舒展，要覆细土压实，浇足定植水，以利成活。

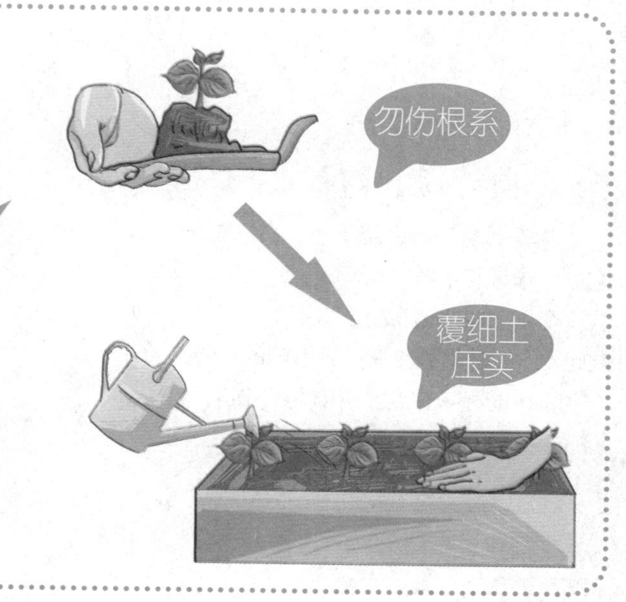

第5步

采摘新鲜的紫苏叶食用，可以选择在晴天进行，晴天时叶片的香气更加浓郁。若苗壮健，从第四对至第五对叶开始即能达到采摘标准，生长高峰期平均3~4天可以采摘一对叶片，其他时间一般6~7天采收一对叶片。

叶片成对采摘

◎及时剪枝，避免消耗过多养分

紫苏的分枝能力比较强，要及时摘除分枝，以免消耗掉过多养分，剪下的枝叶是可以食用的。在植株出现花序前要及时摘心，以阻止开花，维持茎叶旺盛生长，不同时间的剪修工作所起到的效果是截然不同的。

◎怎样促进紫苏开花?

如果想促进紫苏开花，就要缩短日照的时间，以促进花芽分化。等待到种子成熟后，将全草割下，晒干后将种子存放起来即可。

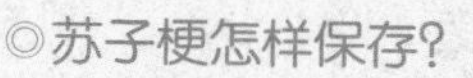

◎苏子梗怎样保存?

采收苏子梗，要在花序刚出的时候进行，连同根茎一起割下，倒挂在通风阴凉的地方晾晒即可。

迷迭香

气味浓郁，提神美容

迷迭香是一种常绿灌木，高达 2 米。它的叶子带有茶香，味辛辣、微苦。迷迭香有个别名叫“海洋之露”，其花语是“留住记忆”。迷迭香具有提神醒脑的功效，它散发出的气味有点像樟脑丸的味道，可以提高人的记忆力。还具有收缩毛孔、抗氧化等美容功效。

别　　名 油安草
科　　别 唇形科
温度要求 温暖
湿度要求 耐旱
适合土壤 中性排水性好的石灰质沙壤土
繁殖方式 扦插
栽培季节 春季、秋季
容器类型 中型
光照要求 喜光
栽培周期 8 个月
难易程度 ★★

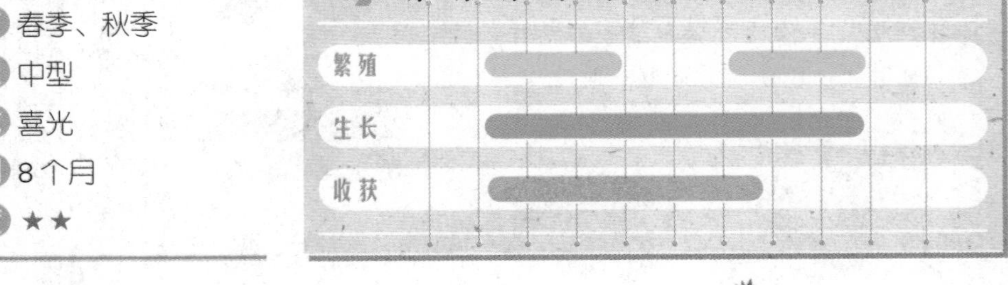

开始栽种

第 1 步

迷迭香多采用扦插繁殖的方法。从母株上剪取 7~10 厘米未木质化的粗枝条，摘去下部的叶子，插入水中浸泡一段时间。

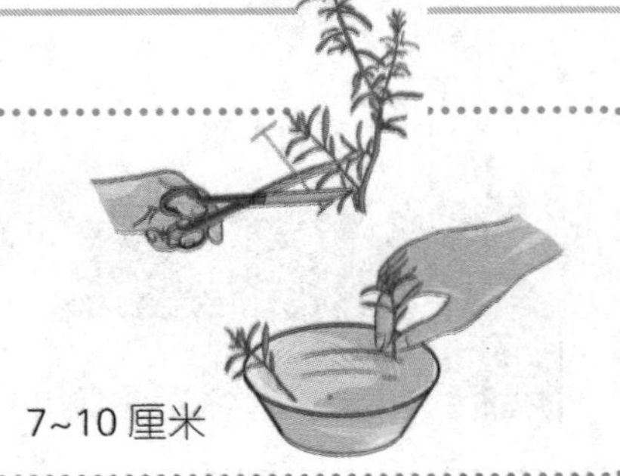

第2步

土壤可以选择混合性的培养土，将插条插入土壤中，扦插后浇透水。生根前土壤保持湿润，温度控制在15~25℃的范围之内。

第3步

3周后，插条就可以生根了，将生根后的植株移植到花盆中，移植时注意不要伤及根部。

第4步

在植株生长的过程中，初夏和初秋季节每月追施1次有机复合肥。

有机复合肥

第5步

当植株长到20~30厘米的时候，可以采收长度为10厘米的嫩尖。

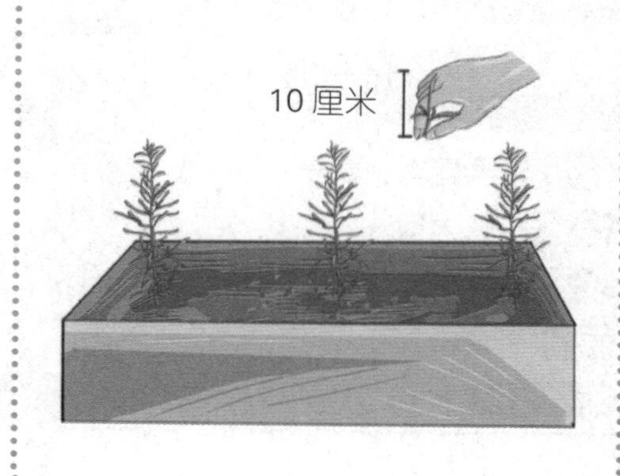

注意事项

◎避免高温

迷迭香处在开花结果期的时候要避免高温，可将植株搬移到阴凉的环境中，并要适时降温。

◎摘心是促进生长的好方法

迷迭香在生长旺期要多摘心，这样可以促进植株的分枝生长，并要随时疏去过密的枝叶和老化的枯枝，以保证植株受到良好的光照。

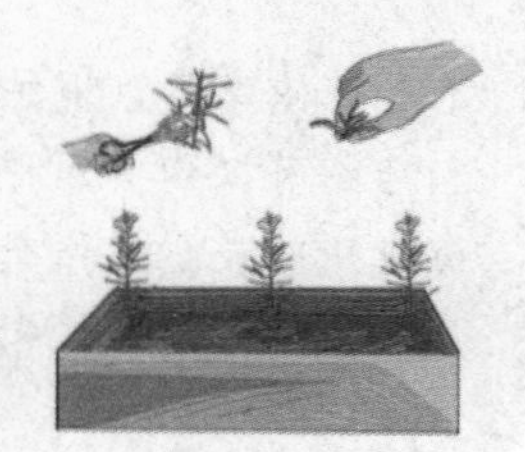

薰衣草

花色淡雅，芳香宜人

大片盛开的薰衣草有着迷人的色彩，芳香四溢，给人一种非常浪漫的感觉。熏衣草不仅是一种观赏性的花卉，还可以制作成香料，能够镇静情绪、消除疲劳，对净化空气、驱虫也有一定的作用。

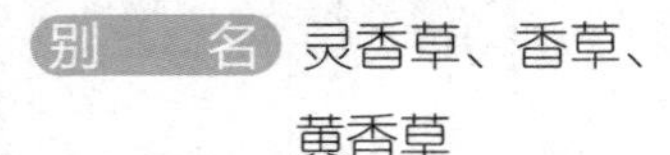

- 别　　名：灵香草、香草、黄香草
- 科　　别：唇形科
- 温度要求：阴凉
- 湿度要求：耐旱
- 适合土壤：微碱性排水性好的沙壤土
- 繁殖方式：播种
- 栽培季节：春季、夏季
- 容器类型：大型
- 光照要求：喜光
- 栽培周期：8 个月
- 难易程度：★★

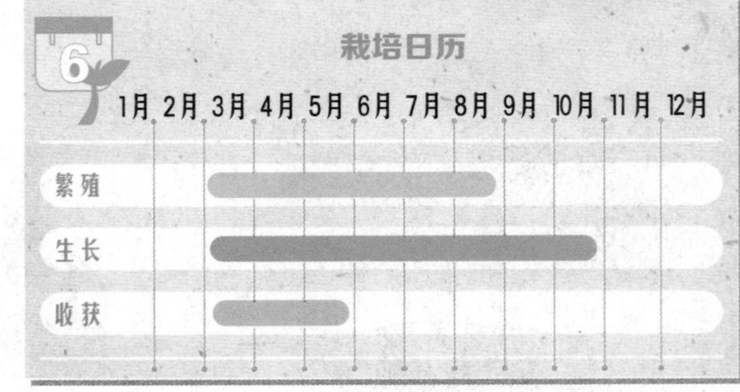

开始栽种

第 1 步

薰衣草可以用种子繁殖，去花店或种苗店都可以购买到种子。薰衣草种子的休眠期比较长，且外壳坚硬致密，播种前需用 35~40℃的温水浸种 12 个小时。

第2步

将土壤整平，浇透水，待水渗下后将种子均匀撒播在土中，覆土0.3厘米。用浸盆法使土壤吸足水分，出苗后将育苗盆移植到阳光充足的地方。

第3步

当苗高达10厘米左右的时候就可以移栽定植了。定植土壤中需施入适量复合肥作为基肥，定植后要放置在光照充足的地方。

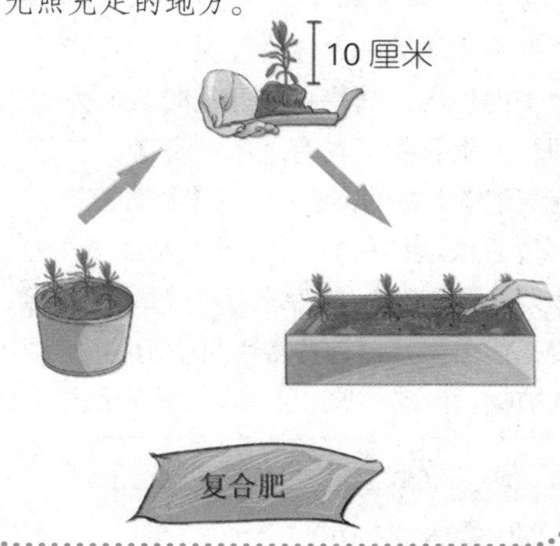

第4步

开花后需进行剪枝，将植株修剪为原来的2/3，以促使枝条发出新芽。

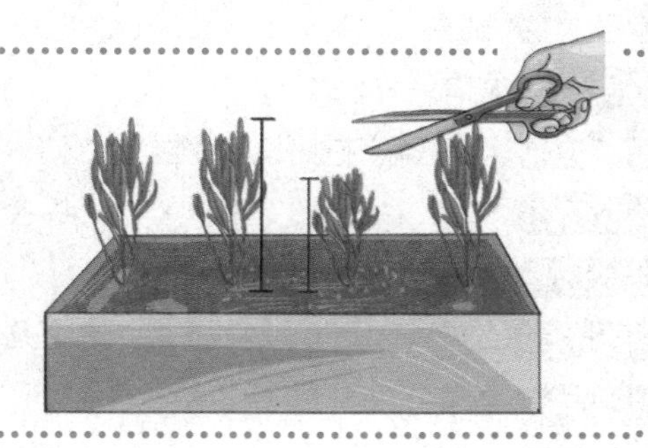

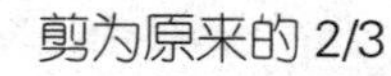

注意事项

◎薰衣草的修剪

在高温多湿的环境之中，薰衣草需要疏剪茂密的枝叶以增加植株的采光性和透气性，这样可以防止病虫害的发生。栽培初期要摘除花序，以保证新长出的花序高度一致，有利于一次性收获。

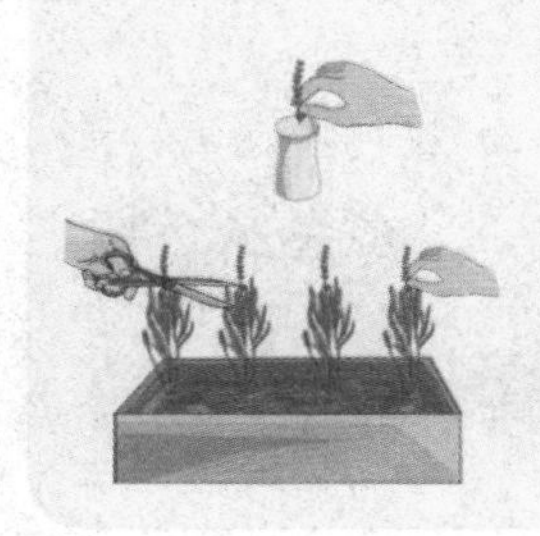

◎什么时候收获薰衣草?

薰衣草在开花前香气最为浓郁，这个时候最适宜采收，可剪取有花序的枝条直接插入花瓶中观赏，也可以晾晒成干燥花。

◎扦插繁殖的薰衣草

薰衣草也可以进行扦插繁殖，春、秋两季都可以进行。选取一年生未木质化、无花序的粗短枝条，截取8~10厘米，在水中浸泡2小时后插入土中，2~3周就可以生根了。

百里香

花色淡雅，气味清香

百里香是一种多年生植物，原产于地中海地区，其香味在开花时节最为浓郁。百里香除了具有迷人的芬芳，它还有着浪漫美好的寓意——“吉祥如意”。百里香淡淡的清香能够帮助人集中注意力，提升记忆力。叶片小巧可爱，花色淡雅，姿态优美，是一种观赏性与使用性完美结合的植物，捣碎外敷还能够帮助愈合伤口。

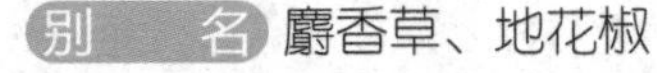

别　　名	麝香草、地花椒
科　　别	唇形科
温度要求	温暖
湿度要求	耐旱
适合土壤	中性排水性好的沙壤土
繁殖方式	播种、扦插
栽培季节	春季、秋季
容器类型	中型
光照要求	喜光
栽培周期	6 个月
难易程度	★★

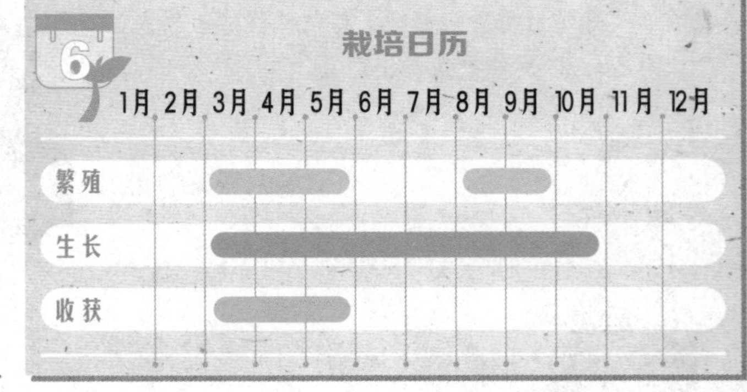

开始栽种

第1步

将百里香的种子混合细沙后均匀播撒在土中，不要覆土，用手轻轻按压，使种子与土壤充分接触，将土壤浸在小水盆中吸足水分。

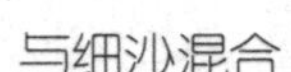

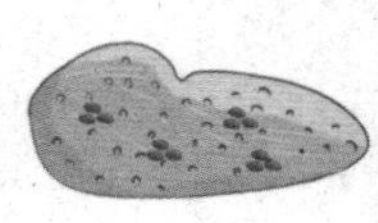

第2步

育苗期间保证充足的光照，温度较低的环境中可覆上一层薄膜保温，发芽后要揭去薄膜。

第3步

当幼苗长到5~6厘米高的时候，就可以移栽到花盆中。

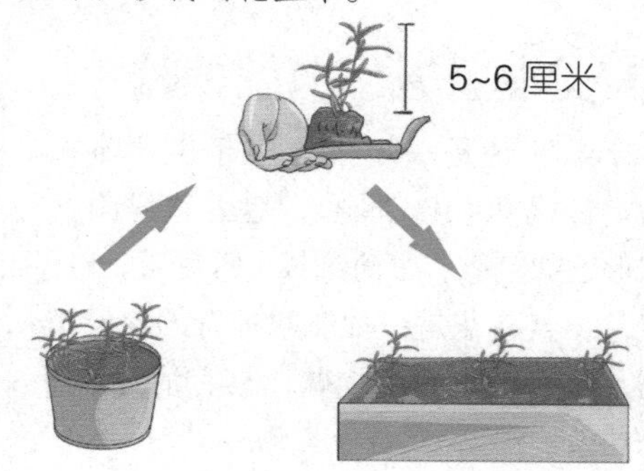

第4步

百里香的采收与植株修剪可以同时进行，采收最好选在植株开花之前进行，这样茎叶香气最浓郁。

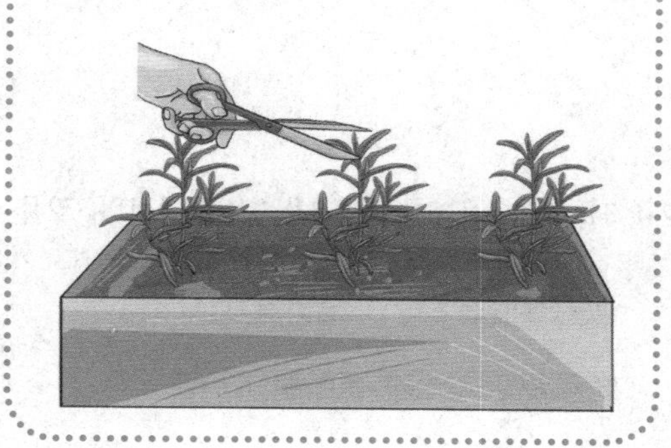

第5步

分株在晚春或早秋，此时植株进入休眠期。当植株的地面部分开始枯萎，将植株连带根部挖出，小心理清根系，用手掰成2~3丛，另行种植即可。

注意事项

◎延缓结实，延长寿命

百里香成熟后会开出白色或粉色的小花，可剪取开花的枝条插于花瓶中观赏。结果后植株容易死亡，如果不需要采收种子，要及时对植株进行修剪，以延缓结果，延长植株的寿命。

◎不可以积水

百里香喜欢在干爽的环境生长，因此不可以浇水过多，看到盆土干透后再浇水即可，盆底千万不要出现积水的现象。

◎扦插的繁殖方法

百里香用扦插法最容易繁殖，选择带有顶芽的、未木质化的嫩枝当做插条，将其扦插在土壤之中即可。

金莲花

美丽宜人，药效独特

金莲花是一年生或多年生草本植物，株高 30~100 厘米。茎柔软攀附，花形近似喇叭，萼筒细长，常见黄、橙、红色。金莲花是一种非常神奇的保健植物，含有丰富的生物碱，具有清热解毒的功效。

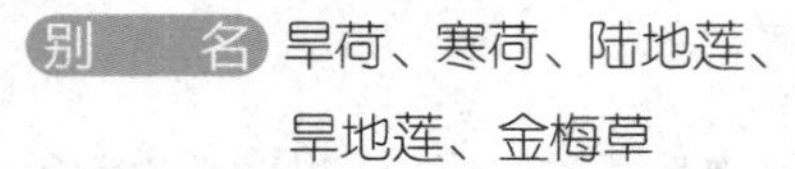

别　　名 旱荷、寒荷、陆地莲、旱地莲、金梅草
科　　别 毛莨科
温度要求 耐寒
湿度要求 耐旱
适合土壤 弱酸性排水性好的沙壤土
繁殖方式 播种
栽培季节 春季、秋季
容器类型 中型
光照要求 喜光
栽培周期 6 个月
难易程度 ★★

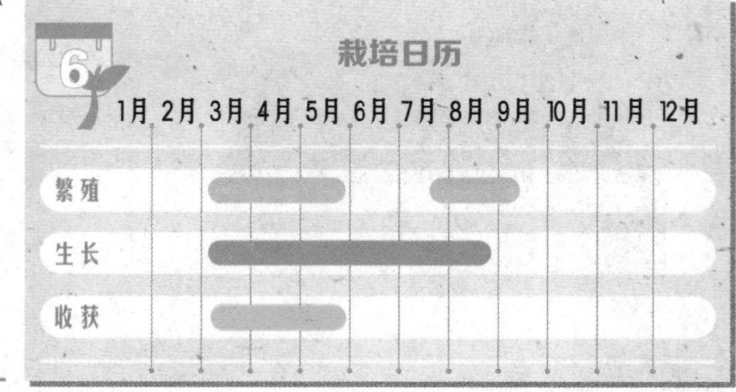

开始栽种

第 1 步

金莲花可用种子直接播种，已干的种子播种前需用 40~45℃的温水浸泡 1 天。

40~45℃的温水浸泡 1 天

第2步

将土壤弄平，将种子混合细沙后均匀撒播在育苗盆中，覆土约0.3厘米，然后用细孔喷壶浇透水。出苗期间需经常浇水，保持土壤湿润，以利于幼苗长出。

第3步

当长出3~4片真叶时，可移栽定植。移栽宜在阴天或早晚进行，移栽后及时浇水、遮阴，这样可以有效地增加植株的成活率。

第4步

金莲花的剪枝可以结合摘心进行，这样可以有效地促进植物多分枝、多开花。如果植株的枝叶过于茂盛，我们就要适当进行疏剪，以利于植株的通风换气。

第5步

花完全开放的时候可以采摘花朵，采摘后应放在通风处晾干，以便长期保存。

第6步

植株的繁殖期一般是在4~6月份，剪取健壮的带有2~3个节的嫩技，插入扦插基质中，并进行遮阴喷雾，15~20天就可以生根了。

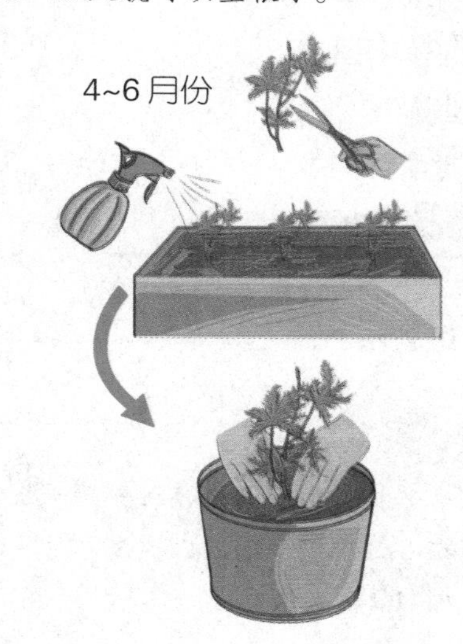

夜来香

清雅芬芳，健康宜人

夜来香也被称为“月见草”，是一种只在傍晚才会开花的植物，夜色之下散发着阵阵幽香，因此被人们称为夜来香。夜来香的种子中含有一种亚麻酸，这种元素人体自身无法合成，对调节女性的内分泌、改善更年期症状、降低人体胆固醇有很好的效果。

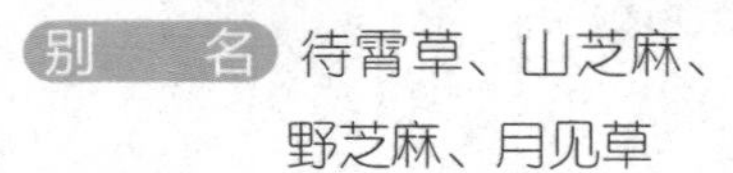

- 别　　名　待霄草、山芝麻、野芝麻、月见草
- 科　　别　柳叶菜科
- 温度要求　温暖
- 湿度要求　耐旱
- 适合土壤　中性排水性好的肥沃土壤
- 繁殖方式　播种
- 栽培季节　春季、秋季
- 容器类型　中型
- 光照要求　喜光
- 栽培周期　6个月
- 难易程度　★★

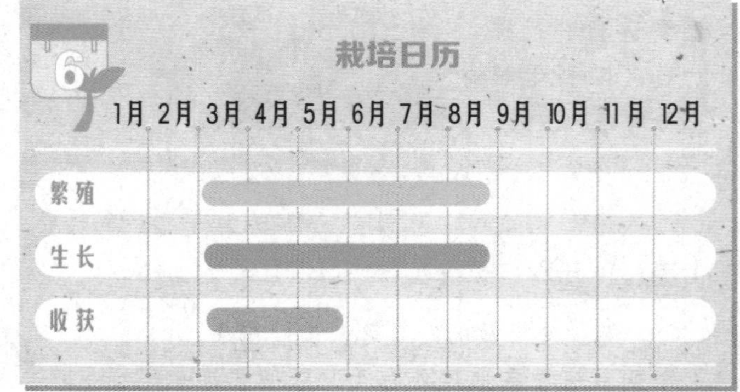

开始栽种

第1步

春季播种的时候先将种子置于20℃右右的水中浸泡，以提高发芽率，缩短发芽时间。

20℃左右的水中浸泡

第2步

夜来香种子比较细小，将种子均匀撒播在土中，撒土约0.5厘米厚，轻轻压实。

第3步

出苗前保持土壤湿润，为了防止苗期生长缓慢，要及时除草。当幼苗长出3~4片真叶的时候，除去弱苗和过密的苗。

第4步

当植株长到10厘米的时候进行移栽。栽培的土壤中要掺入适量腐熟的有机肥。植株在上盆后要浇透水，并将植株置于阴凉的环境中养护1周左右的时间，然后可追施1次有机氮肥，以促进植株的生长。现蕾时再追加1次磷钾肥就可以了。

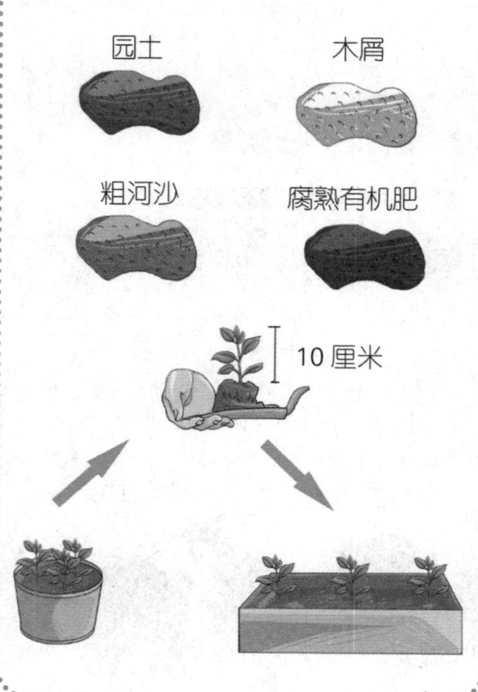

第5步

夜来香的花期一般是在6~9月，为使植株多开花，需适时摘心，以促使植株萌生分枝。

注意事项

◎扦插后的浇水方法有变化

夜来香可以通过扦插的方式进行繁殖。扦插要结合摘心进行，将摘下的健壮顶梢作为插穗，扦插后每天给插穗喷水1~3次，不可过多喷水，否则会导致插穗腐烂。

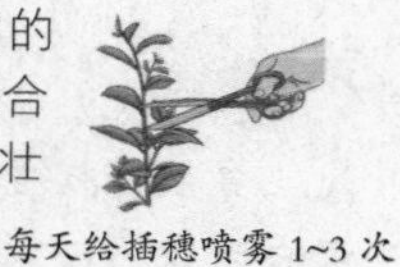

月桂

美丽芬芳，清热解毒

月桂在希腊神话中有着一段浪漫的传说，它株型优美，香气浓郁，是一种极具观赏性的植物。

月桂中含有的解毒成分，能够有效地治疗风湿、腰痛等疾病，对健脾理气也有明显的作用。

别　名	香叶子
科　别	樟科
温度要求	温暖
湿度要求	耐旱
适合土壤	弱酸性排水性好的肥沃沙壤土
繁殖方式	播种
栽培季节	春季、夏季
容器类型	中型
光照要求	喜光
栽培周期	8个月
难易程度	★★

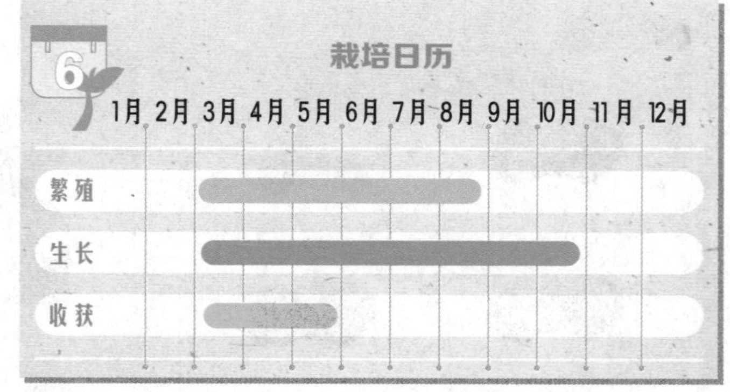

开始栽种

第1步

盆栽月桂可使用园土与河沙混合而成的培养土，但使用前要进行消毒。

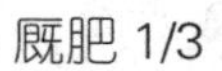
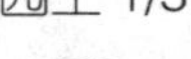

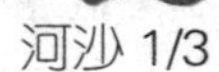

第2步

家庭种植所采用的幼株可从园艺店购买。植株长度一般是30~50厘米，栽于花盆中，将土压实，并浇足水，置于背阴处养护约10天。

第3步

月桂在生长期间需要进行修剪，可以修剪成球形或伞形，注意水肥供应。

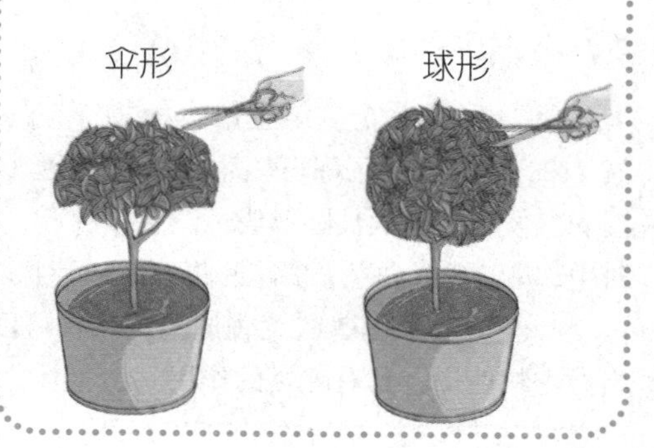

第4步

盆栽月桂由于盆土有限，需不断追肥，以少施、勤施为原则。春季新枝萌芽，可追施2次速效氮肥，夏初和秋初可适量追施磷钾肥，以利于养分的积累。

两步合一

在生长期内可以随时采摘月桂叶，采收和修剪同时进行是最佳的选择。

第5步

月桂幼树通常不会开花，成年后才能开花，果实通常在9月成熟，可在果实变成暗褐色时进行采收。

注意事项

◎浇水有讲究

月桂的浇水要实行“不干不浇、浇则浇透”的原则进行，浇水后要注意及时进行排水，长时间积水会导致根系的腐烂，叶片也会出现枯黄脱落的现象。

留兰香

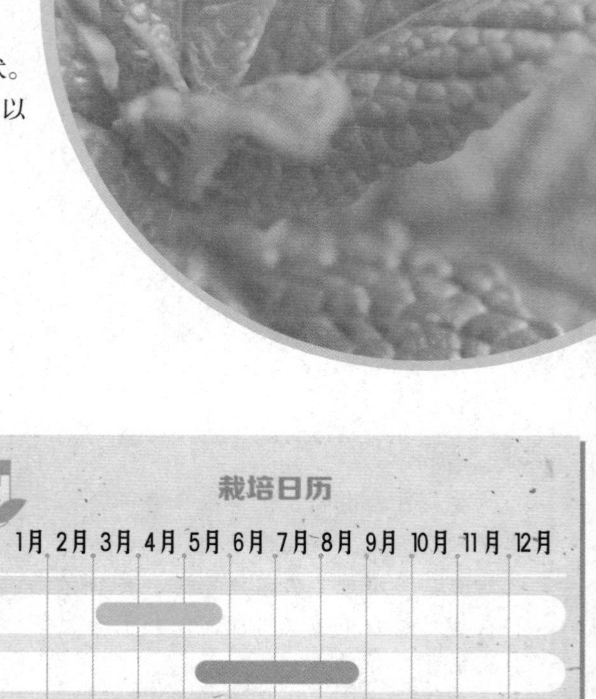

功能多样，耐寒易养

留兰香为直立多年生草本植物，在海拔2100米以下地区都可以生长，喜温暖、湿润气候。叶卵状长圆形或长圆状披针形，对生，花紫色或白色，多花密集顶生成穗状。茎、叶经蒸馏可提取留兰香油。留兰香可以当做香料使用，具有除臭的作用。

别　　名　绿薄荷、青薄荷、香花菜、鱼香菜、狗肉香

科　　别　唇形科

温度要求　耐寒

湿度要求　湿润

适合土壤　中性排水性好的肥沃土壤

繁殖方式　扦插

栽培季节　春季

容器类型　中型

光照要求　喜光

栽培周期　8个月

难易程度　★★

栽培日历

	1月	2月	3月	4月	5月	6月	7月	8月	9月	10月	11月	12月
繁殖			■	■	■							
生长					■	■	■	■				
收获									■	■		

开始栽种

第1步

留兰香的种子很容易出现变异的情况，所以一般采用根茎繁殖和分枝繁殖的方式。选择健康粗壮无病虫的新鲜根，插在已挖好坑的土壤中，然后覆土。

第2步

浇水后土壤容易板结，要及时松土。松土时注意靠近植株处要小心，以免伤及根部。行间可深些。

第3步

当植株长到10厘米左右的高度时进行追肥，根据植株的长势可施加1~2次的磷肥。

第4步

留兰香对收割时的天气要求比较高，阳光不足、温度不高、大风下雨、露水未干、地面潮湿等天气环境下都不可以进行收割。

对收割时的天气有很高的要求

第5步

留兰香容易受病虫害的侵害，出现病株一定要及时清理，以免传染其他的植株。

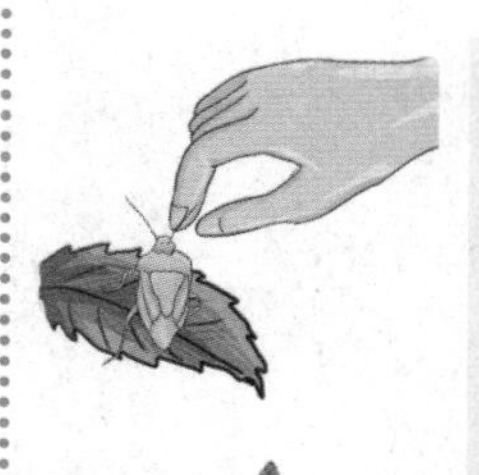

香草生病了

留兰香生病首先是从下部叶片开始的。叶片上会出现不规则水渍状暗绿色、黄褐色或深褐色病斑。这是留兰香最常出现的病变现象，如果不及时处理，就会传染给邻株，将病株直接除去是最安全的方式。

注意事项

◎合理密植，严格除杂

留兰香的分枝能力非常强，首次收割后要及时进行补植，温度要保持在10℃以上才可以保证留兰香的成活率。

马郁兰

幸福见证，缓和身心

马郁兰是有香味的多年生草本植物，宽大的叶子为椭圆状，暗绿色，花簇多稀疏，呈粉紫色、白色或粉红色。

马郁兰的口味甜美，带有淡淡的涩感。在西方，结婚的男女头上插戴马郁兰是一种非常传统的习俗。

别　名	墨角兰、马娇莲、甘牛至、牛藤草、茉乔孪那
科　别	唇形科
温度要求	温暖
湿度要求	耐旱
适合土壤	微碱性排水性好的肥沃土壤
繁殖方式	播种、扦插、分株
栽培季节	春季
容器类型	中型
光照要求	喜光
栽培周期	8 个月
难易程度	★★

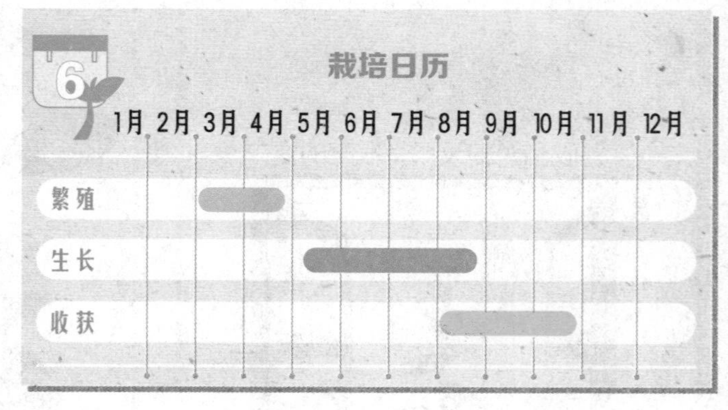

开始栽种

第1步

马郁兰种子非常细小，将种子撒播在盆内，盖薄土，厚度控制在0.2厘米以内，然后进行充分喷水，每天1次，以使土壤在植株发芽前保持湿润。不要接受阳光直射，温度在15~25℃最好。

第2步

马郁兰适合生长在偏碱性土壤之中，有机质含量要丰富。

第3步

将植株的间距控制在6~8厘米。

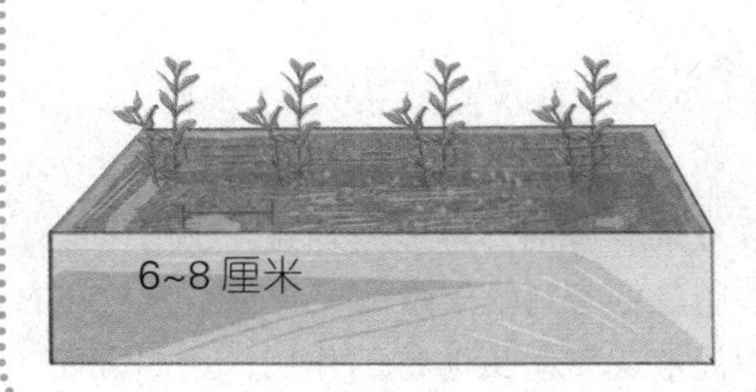

第4步

每进行一次收获都要追肥1次。

第5步

收获后的马郁兰要进行干燥保存，这样可以留住香气，还可以增加香草的使用寿命。

干燥保存

注意事项

◎茎的保存

马郁兰的茎是可以食用的，如泡茶，我们可以将其挂在一个阴暗、干燥、通风良好的地方。干燥之后，将摘掉叶子的茎储存在密闭容器内就可以了。

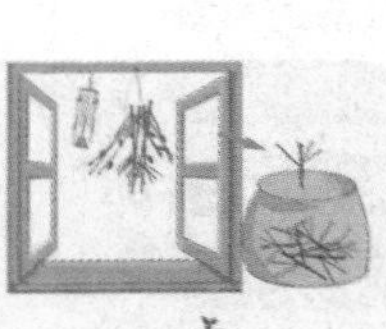

保存持续5年

◎种子的储藏期

马郁兰种子可以进行长时间的储藏，一般情况下可以保存5年而不会出现变质的现象。

◎采种要适时

不成熟的种子是无法生芽的，所以当植株处在成熟期的时候，我们要密切留意鲜花干燥的进程。适时切断种子头，将种子头放在一个纸袋子中，挂在阴凉处，到完全干枯后，将花瓣和种子剥离再进行保存即可。

灵香草

四季常收，功能多样

灵香草是多年生草本植物，全草含类似香豆素芳香油，可提炼香精，或用作烟草及香脂等的香料。干燥的灵香草植株放在衣柜中能够起到防虫防蛀的作用，药用方面，可以治疗头疼感冒、胸闷气躁等，因此灵香草是一种比较名贵的芳香植物，具有很高的经济价值。

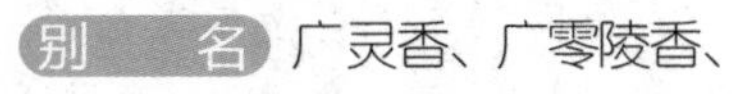

- **别　　名**　广灵香、广零陵香、黄香草、蕙草、零陵香
- **科　　别**　报春花科
- **温度要求**　阴凉
- **湿度要求**　湿润
- **适合土壤**　中性排水性好的肥沃土壤
- **繁殖方式**　播种、扦插
- **栽培季节**　春季
- **容器类型**　中型
- **光照要求**　喜阴
- **栽培周期**　8个月
- **难易程度**　★★

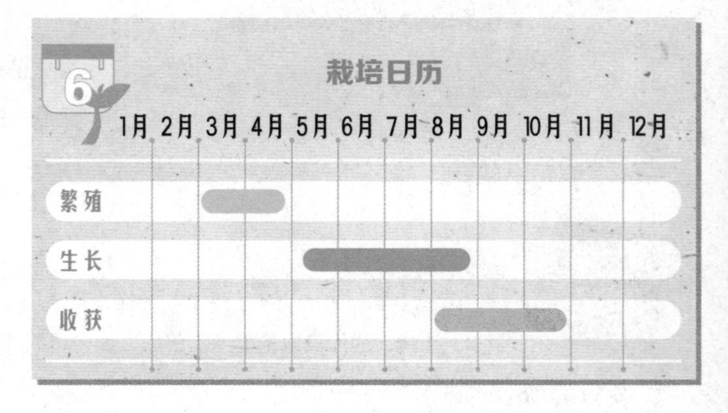

开始栽种

第1步

首先要选择一个灵香草喜欢的阴凉湿润的环境，土壤中最好含有腐殖质，排水性也要比较好，以磷肥和草木灰为基肥为最佳。

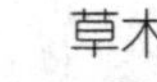

第2步

扦插繁殖的成活率比较高，选择粗壮、无病虫害的当年生植株，剪取4~5厘米的插条，顶端带有1~2片叶子，按照株间距5~6厘米进行扦插，将土压实，浇水。

第3步

等到植株成活，将枯枝烂叶及时清除掉。

第4步

施肥可以使植株生长得更好，肥料中的营养元素一定要丰富。

第5步

开花后一个月灵香草就可以结果了，当卵形的果实由青白色转为紫色的时候就可以采收了。灵香草成熟后，一年四季都可以进行采收，但是冬季采收的质量是最好的。

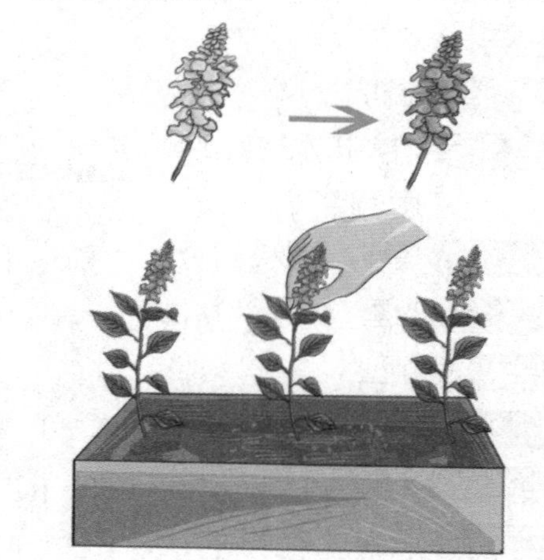

注意事项

◎降低湿度，减少病害

如果土壤的湿度高、透光性差，植株容易感染细菌性软腐病，所以控制湿度、加强光照对促进植株健康生长很重要。还要及时清除植株间的杂草，减少菌源。

◎灵香草讨厌落叶

灵香草的落叶如果落在土壤上而不进行清理的话，落叶中的细菌就会与软腐病细菌混生，从而生成排草斑枯病，这对灵香草的影响是致命的。所以一旦出现落叶，一定要及时清理，这样可以减少植株生病的发生。

番红花

名贵药材，功能多样

番红花就是我们常说的藏红花，多年生花卉，是一种常见的香料，具有很高的药用价值，主要分布在欧洲、地中海沿岸及中亚等地，在明朝时就已经由地中海传入我国。

番红花的花色鲜艳夺目，多在干燥的状态之下药用，具有镇静、消炎的作用，能够治疗胃病、麻疹、发热等症。

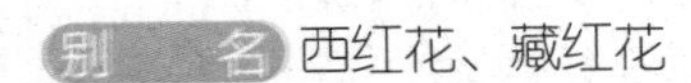

别　　名 西红花、藏红花

科　　别 番红花科

温度要求 耐寒

湿度要求 湿润

适合土壤 中性排水性好的砂质土壤

繁殖方式 播种、分株

栽培季节 秋季

容器类型 中型

光照要求 喜阴

栽培周期 8个月

难易程度 ★★

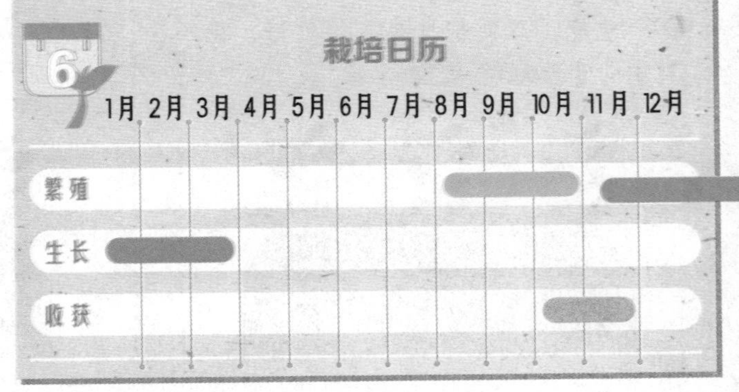

开始栽种

番红花喜欢温暖湿润的环境，怕酷热。生长温度最好保持在15℃左右。

温暖湿润
15℃左右

第2步

番红花在夏季有休眠期，到了秋季才会生根、长叶，所以要在秋季种植，花期在10~11月，整个生长周期长达210天左右。

第3步

种植前将土壤进行翻耕，施足腐熟的有机肥。生长期也要保持土壤湿润，花开后及时追加1~2次腐熟的有机肥，以促使球茎生长。

第4步

球茎的寿命为一年，与郁金香非常相似，每年新老球茎交替更新一次。除了特殊的品种，一般情况下番红花是不会结果的。番红花也是有种子的，但是种子需要在土中蕴藏3~4年的时间才可能发芽，而分株的球茎当年就可长出植株，因此在栽种时要尽量选择球茎栽种，这样当年就可享受到收获的乐趣。

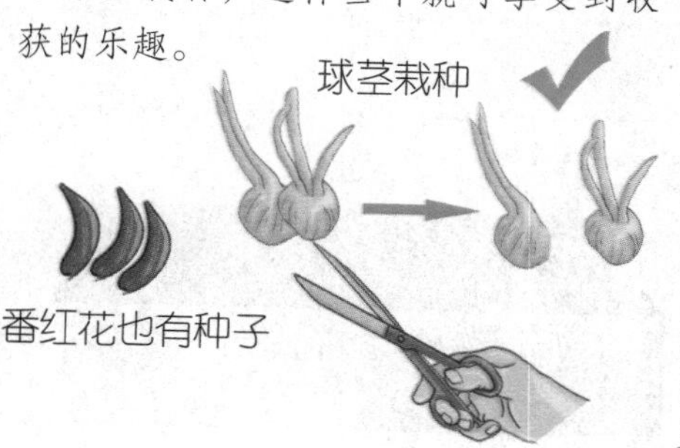

第5步

植株夏季进入休眠期，叶茎上部会出现干枯，但秋季会再次生芽，分株后的球茎可在干燥的环境中得到保存。

水培的番红花

番红花的球根中储藏了植株生长所必需的养分，所以番红花是可以水培养殖的，即使在栽培过程中不进行追肥等养护，番红花也可以生长得很好。

益母草

滋养女性，补血养生

益母草是一种唇形科植物，在野地里常常可以见到，对生长环境几乎没有什么要求，非常容易繁殖。

益母草是一种对女性身体非常有益的植物，能够治疗妇女月经不调等症状。每日泡茶服用，对身体非常有好处。

别　　名 益母蒿、益母艾、红花艾、坤草

科　　别 唇形科

温度要求 温暖

湿度要求 湿润

适合土壤 中性排水性好的肥沃土壤

繁殖方式 播种

栽培季节 春季

容器类型 中型

光照要求 喜光

栽培周期 8个月

难易程度 ★★

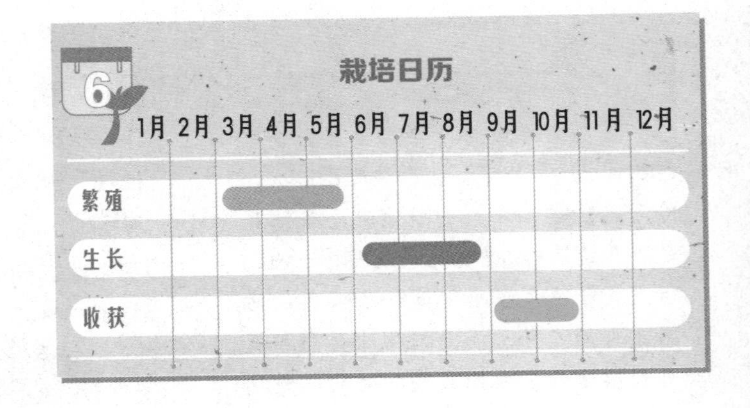

开始栽种

第1步

益母草一般采用播种的方式进行繁殖，当年的新种发芽率一般可以达到80%以上。在土中挖出浅坑，均匀撒种，然后再撒入一些细土，不需要覆土。

第2步

苗长到5厘米左右的时候开始间苗，发现缺苗时则要及时移栽补植。

益母草的根系脆弱，在间苗和松土的时候，要时刻注意植株的根系，以避免伤根。

每次间苗后要进行1次追肥，施氮肥最好。追肥的时候要注意浇水，切忌使用肥料过浓，以致伤到根系。

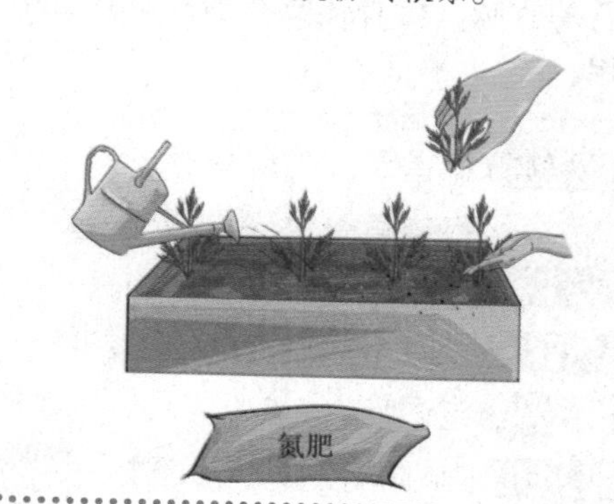

◎益母草的保存

益母草应贮藏于防潮、防压、干燥的地方，以免受潮发霉变黑，且贮存的时间也不要过长。

◎避免积水

气温高时，需要及时浇水，以免干枯，但是也要避免土壤积水，导致植株的溺死或黄化。

◎怎么不出芽呢？

益母草一般有冬种和春种两个品种。冬种的益母草在秋季进行播种，幼苗第二年春夏季才会抽芽开花。所以在栽种前要关注一下植株的品种，以免苦苦等待，丧失信心。

藿香

烹调辅料，美化环境

藿香是一种多年生草本植物，叶心状卵形至长圆状披针形，花冠淡紫蓝色，成熟小坚果卵状长圆形。藿香喜温暖湿润的生长环境，但是种植起来是非常容易的。藿香的香味浓郁，常被人们提炼成香料使用，还可以作为烹调的辅料以增加菜肴的香味。藿香还具有治疗腹痛、中暑的作用。

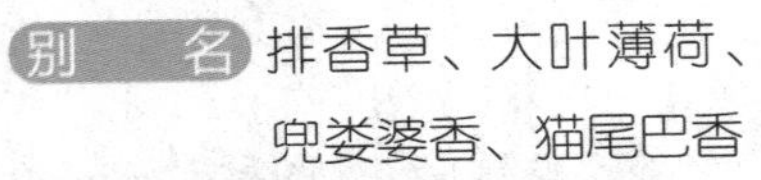

别　　名 排香草、大叶薄荷、兜娄婆香、猫尾巴香

科　　别 唇形科

温度要求 温暖

湿度要求 湿润

适合土壤 中性排水性好的沙壤土

繁殖方式 播种、扦插

栽培季节 春季

容器类型 中型

光照要求 喜阴

栽培周期 8个月

难易程度 ★★

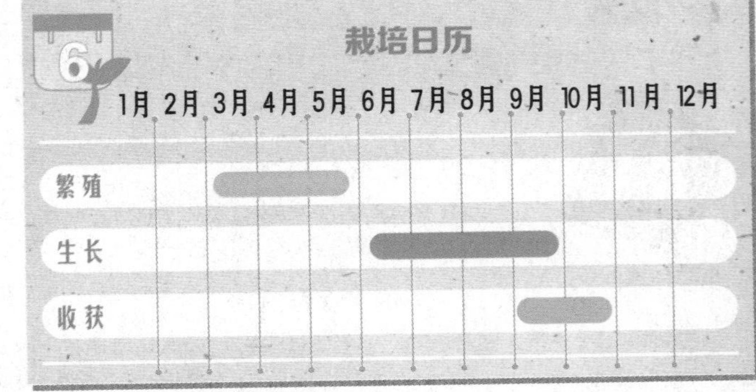

开始栽种

第1步

藿香比较耐寒，但是非常怕旱，首先为藿香选择一个温暖湿润的环境。

第2步

藿香用种子栽培也是很容易的，生长期间要注意苗与苗的间隙，要适当进行间苗。

第3步

当苗长到15厘米高的时候及时追加1次氮肥。要时刻注意土壤的含水量，保持湿润的生长环境。

第4步

藿香的病害多在5~6月发生，枯萎病是最为常见的病害，可通过减少浇水、降低温度来控制病害的泛滥。

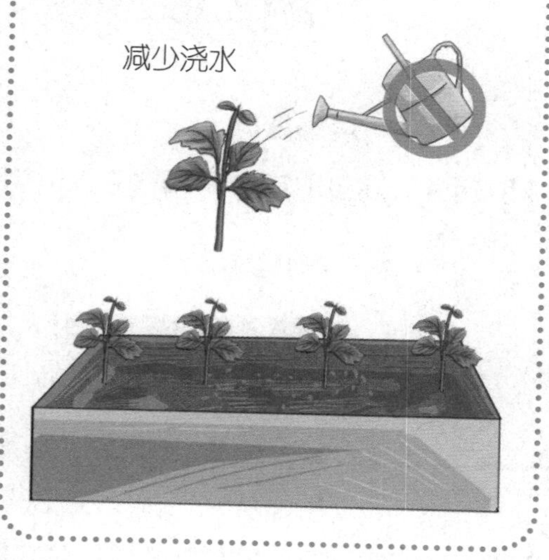

第5步

当种子大部分变成棕色时就可以收获了，将植株晒干脱粒即可。

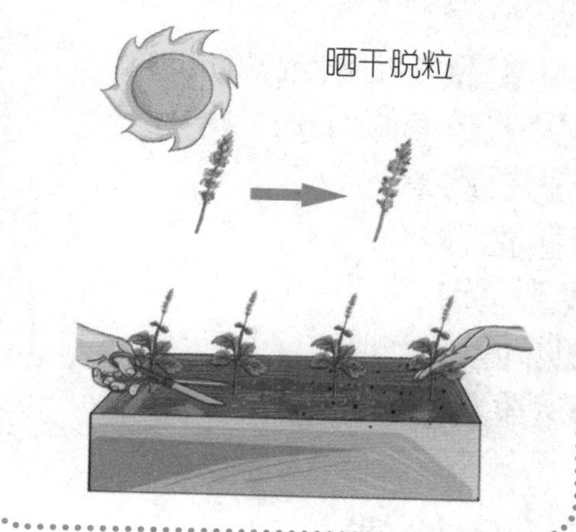

注意事项

◎植物粗壮很重要

藿香如果生长得粗壮、茂盛就能有效地抵抗病害的侵袭，植株衰弱是受到病害的先期表现，所以植株的粗壮与否是检查藿香是否健康的一大标准。

植株衰弱是病害的先期表现

◎藿香产量高

藿香是一种非常容易栽培的香草，产量也很高，只要栽培适当，收获是非常丰盛的。

千屈菜

可食可赏，生命顽强

野生的千屈菜大多生长在沼泽，因此湿润并且光线充足的环境更适合千屈菜的生长。千屈菜的花多而密，多为紫红色，成片开来有一种如薰衣草般的浪漫。

千屈菜全株都具有药性，可以治疗痢疾、肠炎等症。

别　名 水枝柳、水柳、对叶莲、马鞭草、败毒草

科　别 千屈菜科

温度要求 耐寒

湿度要求 湿润

适合土壤 中性保水性好的黏壤土

繁殖方式 播种、扦插、分株

栽培季节 春季

容器类型 不限

光照要求 喜光

栽培周期 5个月

难易程度 ★★

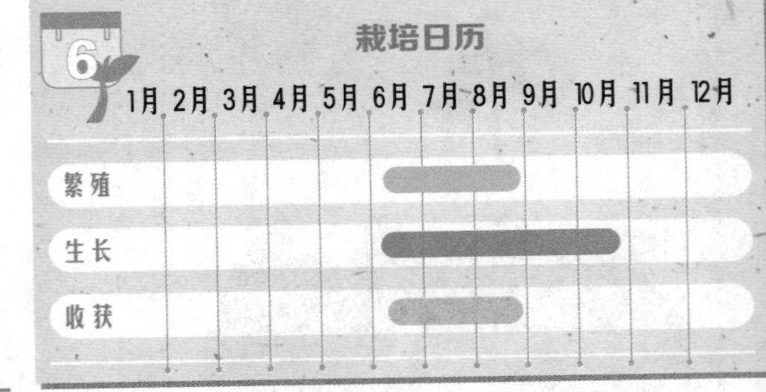

开始栽种

千屈菜的繁殖方式主要以扦插、分株为主。在6~8月的时候剪取一根7~10厘米的嫩枝，去掉基部1/3的叶子插入盆中，只需6~10天的时间就可以生根了。

第2步

到10月，土层以上的千屈菜就会逐渐枯萎，我们要将土层以上的株丛剪掉，在整个冬季都保持盆土的湿润，并将温度保持在0~5℃。

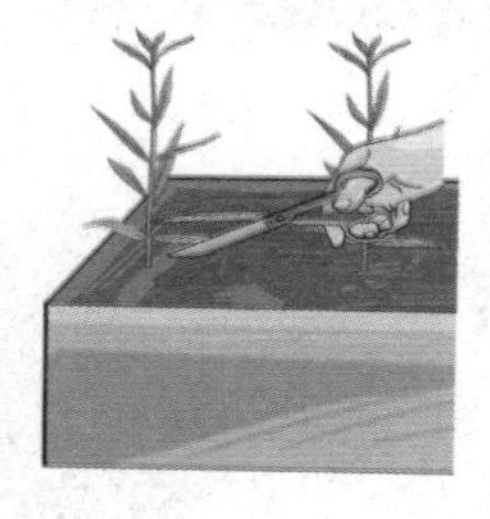

0~5℃

第3步

当夏季到来，千屈菜又会生长得郁郁葱葱，但是在夏季高温干燥的环境下，千屈菜比较容易感染斑点病，所以一定要做好防旱降温的工作。

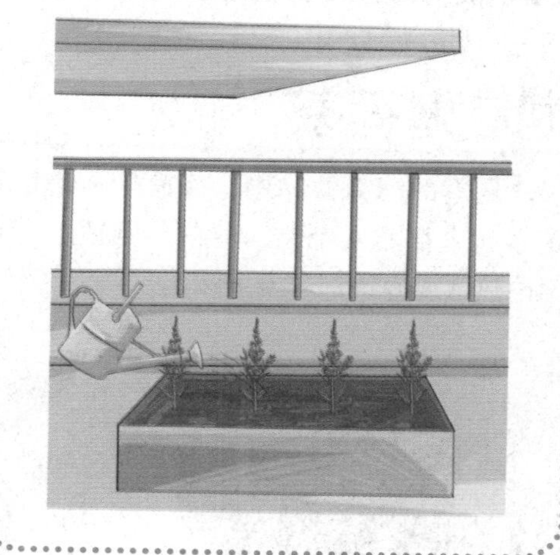

第4步

千屈菜生长过密容易受到红蜘蛛的威胁，但是如果通风良好、光照充足的话，这种烦恼可以避免。如果真的出现虫害的话用，一般的杀虫剂也可以解决这个问题。

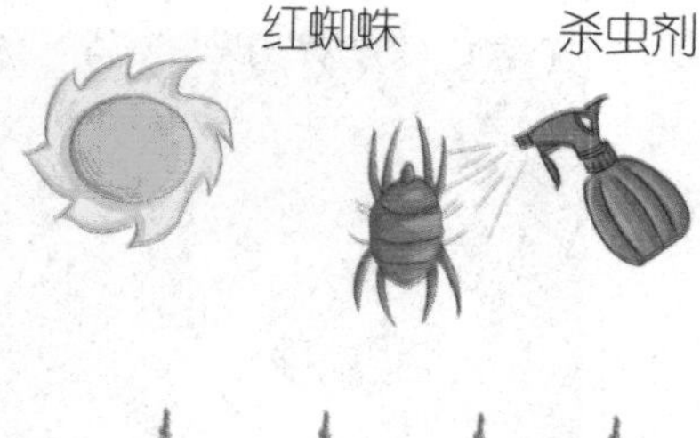

第5步

千屈菜的生长非常迅速，而生长过于茂密并不利于植株的长期生长，一般2~3年就要进行一次分植。千屈菜生命力很强，所以养护上不需要花费太多的心思，但选择光照充足、通风良好的环境比较适合植株的生长。直径50厘米左右的花盆，最多只可以栽种五株千屈菜。

第四章 香草妙用小创意

泡制薄荷茶

夏季的清凉饮品中，薄荷片不论是看上去还是尝起来都非常不错，薄荷茶则适合一年四季，不论热饮或冷饮都非常美味。

茶壶

薄荷叶

1.采一大捧薄荷叶。

2.把叶片撕成小片。

3.把撕碎的叶片放入茶壶中。

4.倒入热水，浸泡5分钟后倒出，立即饮用或者冷却后放入冰箱冰镇。也可以加糖或蜂蜜调味。

制薰衣草香料

需要一些香料使你的房间清香宜人吗？有一样好东西——很好用的老式英国薰衣草花。将干燥的薰衣草放进碗里或制成香囊放在衣物中。

1.在花朵现出颜色但还没有完全开放时，剪下整段薰衣草枝。

2.用酒椰叶纤维把它们扎成松散的小捆。

3.把它们倒挂在温暖干燥的地方一段日子。

4.待花完全干燥后，从枝条上搓下，用纸张接住。薰衣草能使衣服和房间变得香气四溢，沁人心脾。

制作干花香料

干花香料能保持房间和储存的亚麻布芳香宜人，这种方法已经有几个世纪的历史了。

1.找一些花朵和香草。图中这株植物是薰衣草。

2.剪下香草，把它们扎成捆。图中这株植物是迷迭香。

3.把成捆的香草倒挂在温暖的地方晾干。

4.把新鲜的玫瑰花瓣、小花苞、花芽、香草叶、香草花放到一个锡箔盘或盘子里，置于温暖的地方如通风的碗橱或者散热器附近晾干。

5.当香草和花朵完全干燥后，剥下香草束上的叶子。把它们放在盛有干花瓣和干花骨朵的瓶子里。

6.加入香料（如果你想使用的话）并混匀。如果你乐意，可以加些香水油并混匀。放入密封的罐子或者袋子里。使用的时候倒入一个浅底碟或者小篮子中，那样花朵、香草、香料的香气就可以飘散到空气里去了。

干燥的花、叶、植物、木香都是很好的储存香气的物品，它们的香气一般能够保持两周以上。

泡制香草醋

一节短枝，两片香草将会让一瓶老醋发生多么大的变化呢？它看起来会更诱人，香草蕴含的暗香使得它独具风味。它也是馈赠亲友的绝佳礼品。

带软木塞的玻璃瓶

1.在花园里摘一些香草，挑选没有伤痕和虫咬的完整叶片。如迷迭香、鼠尾草、百里香、马郁兰。

2.摘好、洗净、晾干香草，选择一些放入清洁过的瓶中。

3.在瓶中倒入苹果酒或者白醋，塞好塞子。

4.给瓶子贴个标签。可以直接开瓶使用。

你知道吗？
在两周之内食用你的香草醋，否则它们会变得有毒。

附录 1 室内环境污染

有关调查表明，当今室内环境里的污染物已达几百种之多，主要可分成三大类别：一是物理污染，包含噪音、振动、红外线、微波、电磁场、放射线等；二是化学污染，包含甲醛、苯、一氧化碳、二氧化碳、二氧化硫、TVOC（总挥发性有机化合物）等；三是生物污染，包含霉菌、细菌、病毒、花粉、尘螨等。

上述三大类别的污染物可谓防不胜防，随时都有可能以各种方式潜藏于我们的家中。在这些污染物中，人造板材中的甲醛有 3 ~ 15 年之久的挥发期，油漆、黏合剂和各种内墙涂料里皆含有苯系物，各种板材、胶合物里都含有 TVOC，北方建筑施工时采用的混凝土防冻剂是居室内氨的主要来源，而陶瓷、大理石里则含有放射性物质。人们若长时间处于这些污染物的包围之中，便会进入“亚健康”的状态，可表现为情绪不佳、心烦意乱、局促紧张、忧愁苦闷、焦急忧虑、疲乏无力、注意力不集中、胸口憋闷、呼吸短促、失眠多梦、腰膝酸软、周身不适等。长期这样下去，人们极易患上呼吸道疾病、心脑血管疾病等病症，甚至罹患癌症，不但身心健康会遭受严重的威胁，甚至会危及生命。

世界卫生组织于 2005 年发布了题为《室内空气污染与健康》的报告，其中指出，全世界每年有 160 万人死于因肺炎、慢性气管炎、肺癌及有害气体中毒等引发的病症，平均每隔 20 秒便有一人死亡，而其中很大一部分病症就是室内环境污染所导致的。在通风不畅的居所，室内环境污染比室外环境污染的情况要高出 100 倍。现在，室内环境污染已成了危及人类健康的第八个危险因素，其所导致的总疾病数已经超过室外环境污染所造成疾病数的 5 倍。

在室内环境污染的受害者中，受到危害最严重的是儿童。全世界每年由室内环境污染所导致的死亡者中，大概有 56% 是 5 岁以下的儿童。而中国儿童卫生保健疾病防治指导中心的统计数据则更令人吃惊：我国每年由于装修污染引致呼吸道感染的儿童竟多达 210 万！每年新增加的 4 万 ~ 5 万的白血病患

小贴士

我国《民用建筑工程室内环境污染控制规范》规定，住宅、医院、教室、幼儿园等Ⅰ类民用建筑工程的甲醛浓度应≤0.08毫克/立方米，办公楼、商店等Ⅱ类民用建筑工程的甲醛浓度应≤0.12毫克/立方米。

者中，大约一半为儿童。据一家儿童医院血液科统计，接诊的白血病患儿中，90% 的家庭在半年之内曾经装修过。

国内和国外大批的调查材料及统计数据，皆表明了一个使人惶恐不安的现实：即居室内的污染程度，常常比室外的污染程度更加严重。在“煤烟型”“光化学烟雾型”污染之后，现代人正在步入以“室内环境污染”为标志的第三个污染阶段。室内环境污染导致了很多疾病的产生，也导致了很多生命的死亡，健康的警报正在我们每人的家里响起！

附录 2 正确选用花草可有效去除污染

我们知道，室内环境污染对人体健康危害巨大，我们应努力发现污染，减少、减轻、消除污染。然而，该怎样检测家居环境呢？怎样减轻或除去室内环境污染以及其对人体的损伤呢？请专业室内环境检测机构来测试，或者请专业机构减轻或消除室内污染物当然是一种办法，可是实际操作起来比较繁杂琐碎，而且花费不菲。

既然如此，那么可否有更加经济合算、简单方便的办法呢？答案是：有。

近些年来，伴随着环境科学的进步，人们接连发现某些植物能对环境污染起到“监测报警”及“净化空气”的有效作用。这个发现，对保护环境和维护人们健康都具有非常重大的意义，健康花草已经成为优化家居环境的“卫士”。

通过花草监测家居环境

因为植物会对污染物质产生很多反应，而有些植物对某种污染物质的反应又较为灵敏，可出现特殊的改变，因此人们便通过植物的这一灵敏性来对环境中某些污染物质的存在及浓度进行监视检测。你只需在你的房间内栽植或摆放这类花草，它们便可协助你对居室环境空气中的众多成分进行监测。倘若房间内有“毒”，它们便可马上“报警”，让你尽快发现。

二氧化碳

二氧化碳是一种主要来自于化石燃料燃烧的温室气体，是对大气危害最大的污染物质之一。下列花草对二氧化碳的反应都比较灵敏：牵牛花、美人蕉、紫菀、秋海棠、矢车菊、彩叶草、非洲菊、万寿菊、三色堇及百日草等。在二氧化碳超出标准的环境中，如其浓度为1ppm（浓度单位，1ppm是百万分之一）经过一个小时后，或者浓度为300ppb（浓度单位，1ppb是十亿分之一）经过8个小时后，上述花草便会出现急性症状，表现为叶片呈现出暗绿色水渍状斑点，干后变为灰白色，叶脉间出现形状不一的斑点，绿色褪去，变为黄色。

含氮化合物

除了二氧化碳之外，含氮化合物也是空气中的一种主要污染物。它包含两类，一类是氮的氧化物，比如二氧化氮、一氧化氮等；另一类则是过氧化酰基硝酸酯。

矮牵牛、荷兰鸢尾、杜鹃、扶桑等花草对二氧化氮的反应都比较灵敏。在二氧化氮超出标准的环境中，如其浓度为 2.5 ~ 6ppm 经过 2 个小时后，或者浓度为 2.5ppm 经过 4 个小时后，上述花草就会出现相应症状，表现为中部叶片的叶脉间呈现出白色或褐色的形状不一的斑点，且叶片会提前凋落。

凤仙草、矮牵牛、香石竹、蔷薇、报春花、小苍兰、大丽花、一品红及金鱼草等对过氧化酰基硝酸酯的反应都比较灵敏。在过氧化酰基硝酸酯超出标准的环境中，如其浓度为 100ppb 经过 2 个小时后，或者浓度为 10ppb 经过 6 个小时后，上述花草便会出现相应症状，表现为幼叶背面呈现古铜色，就像上了釉似的，叶生长得不正常，朝下方弯曲，上部叶片的尖端干枯而死，枯死的地方为白色或黄褐色，用显微镜仔细察看时，能看见接近气室的叶肉细胞中的原生质已经皱缩了。

臭氧

大气里的另外一种主要污染物臭氧，是碳氢化合物急速燃烧的时候产生的。下列花草对臭氧的反应都比较灵敏：矮牵牛、秋海棠、香石竹、小苍兰、藿香蓟、菊花、万寿菊、三色堇及紫菀等。在臭氧超出标准的环境中，如果其浓度为 1ppm 经过 2 个小时，或者浓度为 30ppb 经过 4 个小时后，上述花草就会出现以下症状：叶片表面呈蜡状，有坏死的斑点，干后变成白色或褐色，叶片出现红、紫、黑、褐等颜色变化，并提前凋落。

氟化氢

氟化氢对植物有着较大的毒性，美人蕉、仙客来、萱草、唐菖蒲、郁金香、风信子、鸢尾、杜鹃及枫叶等花草对其反应最为灵敏。当氟化氢的浓度为 3 ~ 4ppb 经过 1 个小时，或者浓度为 0.1ppb 经过 5 周后，上述花草的叶的尖端就会变焦，然后叶的边缘部分会枯死，叶片凋落、褪绿，部分变为褐色或黄褐色。

氯气

能监测氯气的花草有秋海棠、百日草、郁金香、蔷薇及枫叶等。在氯气超出标准的环境中，若其浓度为 100 ~ 800ppb 经过 4 个小时，或者浓度为 100ppb 经过 2 个小时后，这些花草就会产生同二氧化氮和过氧化酰基硝酸酯中毒相似的症状，即叶脉间呈现白色或黄褐色斑点，叶片迅速凋落。

用健康花草净化空气

在日常生活中，许多绿色植物皆有净化室内空气的功能，可以将我们周围的空气质量变得更好，能够减轻或除去室内环境污染对人们身体造成的损伤，是我们净化室内空气的好助手。既然如此，那么在净化空气方面，常见的绿色植物到底有何功效呢？

第一，绿色植物有着比较强的化毒、吸收、积聚、分解及转化的功能。可以说，植物体就是一个复杂的“化工厂”，其体内有许多进行着各式各样的生理性催化、转化作用的酶系统。如果植物吸纳了自身不需要的污染物质，那么就能经由酶系统来催化、分解，有些被分解后的产物仍能作为植物自身的营养物质，而如果植物吸纳了无法经由酶系统作用的污染物的时候，便会形成一些大分子络合物，能够减轻污染物的毒性。

第二，绿色植物能够吸收二氧化碳，释放出氧气。绿色植物通过在阳光下吸收空气里的二氧化碳及水来进行光合作用，同时释放出近乎它吸收的空气总量 70% 的氧气，从而使空气变得更加洁净。到了晚上，绿色植物无法进行光合作用，但会进行呼吸作用，能把氧气吸收进去，释放出二氧化碳。尽管绿色植物在晚上释放出来的二氧化碳的量较少，对人们的健康不会构成威胁，但是在卧室里晚上最好也不要摆放太多的盆栽植物。

第三，绿色植物能够吸滞粉尘。大部分植物皆有一定的吸滞粉尘的功能，但不同种类的植物其吸滞粉尘的能力强弱也不尽相同。通常来说，植物吸滞粉尘能力的强弱同植物叶片的大小、叶片表面的粗糙程度、叶面着生角度及冠形有关系。针叶树因其针状叶密集着生，而且可以分泌出油脂，所以其吸滞粉尘的能力比较强。

此外，绿色植物还有杀灭细菌、抑制细菌的作用。有关研究显示，许多植物能够分泌出杀菌素，可以在比较短的时间里将细菌、真菌和原生动物等杀死，有的还能抑制细菌的生长和繁殖，因而能够起到很好的净化空气的作用。

以金边虎尾兰为例。金边虎尾兰是一种可以使房间里的环境得到净化的观叶植物，被称作负离子制造机。经美国科学家们研究发现，金边虎尾兰能够吸收二氧化碳，且能够同时释放出氧气，增加房间内空气里的负离子浓度。如果房间内打开了电视机或电脑，那么有益于人体健康的负离子就会急速减少，而金边虎尾兰肉质茎上的气孔在白天紧闭、夜间打开，可以释放出很多负离子。在一个面积为 15 平方米的房间里，放置 2 ~ 3 盆金边虎尾兰，就可以吸收房间内超过 80% 的有害气体。

鸭跖草又名紫露草，为多年生的草本丛生植物。它的叶片呈青绿色，叶形纤长，花茎好似竹节，每一节会生出一片叶子，花为紫色，开在叶子的中间或者高的部位。鸭跖草可以使房间里的空气得到净化，而且其叶子和花的颜色皆十分美丽，是净化空气、装饰家居时优先选择的花草。

我们对吊兰这一绿色植物比较熟悉，它有非常强的净化空气的能力，被誉为“绿色净化器”。它可以在新陈代谢过程中把甲醛转化为糖或者氨基酸等物质，也能分解由复印机、打印机排放出来的苯，还能吸收尼古丁。有关测试显示，在24个小时之内，一盆吊兰在一个面积为8～10平方米的房间里便能将80%的有害物质杀灭，还能吸收86%的甲醛，真可以称得上是净化空气的能手！

绿宝石在植物学上的专门名称为绿宝石喜林芋，为多年生的常绿藤本植物。有关研究表明，通过它那微微张开的叶片气孔，绿宝石每小时就能吸收4～6微克对人体有害的气体，尤其对苯有着很强的吸收能力。另外，绿宝石还能吸收三氯乙烯及甲醛，这些气体被其吸收之后，会被转化为对人体没有危害的气体排出体外，因而使空气得到净化。

下列这些我们常见的绿色植物，也都有较强的净化空气的功能。在24小时照明的环境中，芦荟能吸收1立方米空气里所含有的90%的甲醛；在一个8～10平方米的室内，一盆常春藤可吸收90%的苯；在一个约10平方米的室内，一盆龙舌兰就能吸收70%的苯、50%的甲醛及24%的三氯乙烯；月季可吸收较多的氯化氢、硫化氢、苯酚及乙醚等有害气体；白鹤芋则对氨气、丙酮、苯及甲醛皆有一定的吸收能力，可以说是过滤室内废气的强手。

植物能净化空气，令我们的生活不受污染的侵扰，是我们“绿色”家居环境的保护神。另外，若植物的摆放和家居环境能相互映衬、自然完美地结合在一起，还可令人心情愉快，利于身心健康，使我们的生活越来越美好。

附录 3
“有毒花草”会养也健康

什么是“有毒花草”

有毒花草是指花草本身有一定毒性，会对人体造成危害，或某种花草会给某一类特殊人群造成危害。植株本身含有毒素，如夹竹桃、五色梅等；部分人接触会过敏，如夜来香、百合；对成人没有影响，但对婴幼儿、孕妇有害，如含羞草、虎刺梅等。

有毒花草怎么养才无毒

有毒花草只要不食用、碰触，大多不会对人体产生毒害，相反，有毒花草往往会有意想不到的妙用，只要运用适当，还能达到净化空气、防病治病的功效。

常见有毒花草避毒方法

花种类	有毒部位	中毒反应	避毒方法及用法
万年青	叶、茎、根、种子	恶心、呕吐、腹泻腹胀等	不可食用，但煎水外洗可消炎
一品红	叶及茎干的汁液	呕吐	不可食用，外敷可治跌打损伤
夹竹桃	全株	头晕、头痛、恶心、呕吐等	不可食用，但可用来杀灭蚊虫
水仙	根茎	呕吐、腹痛等	不可食用，外敷可散毒消肿
滴水观音	根茎	使口舌肿胀，严重时甚至使人窒息	不可食用，但外敷可消疮疡
仙人掌	刺	皮肤红肿痒痛	避免接触
变叶木	叶和枝	促癌	不可食用
凌霄	花	皮肤肿痛、头晕	避免直接接触，不要久闻
夜来香	花香	呼吸不畅	过敏者夜晚不要将花放在卧室，也不要长时间闻
虎刺梅	花、叶、茎	促癌	不可食用
铁树	花	中毒	不可食用，尽量不要接触
曼陀罗	全株，以花的毒性最强	惊厥、呼吸衰竭等	不可食用，外用可止痛止痒
黄杜鹃	花、果实	休克、四肢麻木、呼吸困难等，严重时可致人死亡	不可食用，但外敷可止痛
五色梅	花和叶	呕吐、腹泻	不可食用

附录 4 常用花草的花意花语

百合——百年好合、心心相印
黄百合——衷心祝福
红百合——热烈的爱
红玫瑰——热恋，希望与你泛起激情的爱
白玫瑰——我足以与你相配，你是唯一与我相配的人
黄玫瑰——褪色的爱
橙玫瑰——富有青春气息、初恋的心情
郁金香——爱的告白，真挚的情感，热情的爱
粉色郁金香——幸福
紫色郁金香——永不磨灭的爱情
黑色郁金香——神秘、高贵
勿忘我——永恒的友谊，深情厚意
菊花——高洁、长寿
红掌——大展宏图
康乃馨——伟大、神圣、慈祥的母爱
红色康乃馨——祝母亲健康长寿
粉色康乃馨——祝母亲永远年轻、美丽
黄色康乃馨——长久的友谊
白色康乃馨——纯洁的友谊
满天星——关心、清纯、梦境、真心喜欢
蝴蝶兰——我爱你
马蹄莲——永结同心、吉祥如意
水仙——高雅、清逸、芬芳脱俗，自我陶醉
金鱼草——繁荣昌盛、活泼
红色金鱼草——鸿运当头
粉色金鱼草——花好月圆
黄色金鱼草——金玉满堂
石斛兰——慈爱、祝福、喜悦

天堂鸟——热恋中的情侣
风信子——胜利
白色风信子——不敢表露的爱
粉色风信子——倾慕、浪漫
红色风信子——让我感动的爱
黄色风信子——幸福美满
时钟花——爱在你身边
狗尾草——暗恋
油桐花——情窦初开
樱花——生命，等你回来
山樱花——纯洁、高尚、淡薄
蔷薇——爱的思念
蒲公英——无法停留的爱
昙花——刹那的美丽，瞬间的永恒
鸢尾——绝望的爱
迷迭香——回忆不想忘记的过去
木棉花——珍惜眼前的幸福
茉莉——你是我的
紫藤——对你执着，最幸福的时刻
牵牛花——爱情永固
栀子花——永恒的爱，一生的守候，我们的爱
桔梗——真诚不变的爱
雏菊——隐藏爱情
麦秆菊——永恒的记忆
波斯菊——天天快乐
矢车菊——单身的幸福
翠菊——请相信我，可靠的爱情
丁香——回忆
天竺葵——偶然的相遇
粉色天竺葵——很高兴能陪在你身边
红色天竺葵——你在我的脑海挥之不去
虞美人——安慰
玉簪花——恬静、宽和
茶花——你值得敬慕
杜鹃花——为了我保重你自己，温暖的、强烈的感情
紫罗兰——永恒的美

三色堇——美丽
铃兰——幸福即将到来
向日葵——沉默的爱
仙人掌——你是我的天使
风铃草——温柔的爱
三叶草——祈求、希望和爱情
幸运草——梦想成真
薰衣草——等待爱情
薄荷——美德
石竹——真情、天真
睡莲——清纯的心、纯真
牡丹——富贵
芍药花——惜别
兰花——真诚、朴素、幽雅

附录 5

养花无忧的 N 个窍门

花草摆放有窍门

有的花草买来没多久就萎蔫掉叶，造成这种状况的原因有很多，其中主要原因是摆放场所不合适。大部分盆栽植物不宜放在阳光下直接照射，宜将花草摆放在窗边，使之接受明亮的散射光。冬季不宜摆放在暖气或空调旁边，有暖气的房间空气干燥，要经常向叶面喷水，还要尽量让花草接受暖暖的日光浴。如果在窗台上养花，在盆下放上一个反射光强的金属薄片或镜子，可反射阳光给盆花，有利于植物生长。

北面房间其实也能养好花草

北面房间没有充足的阳光，但其实同样可以养好很多花草，前提是选择合适的植物种类，如怕光喜阴的蕨类植物，或对环境要求不高的植物。

受冻盆花怎样复苏

春寒时节，盆花在室外会冻僵。遇到这种情况，可立即将盆花用吸水性较强的废报纸连盆包裹三层，包扎时注意不要损伤盆花枝叶，并避免阳光直接照射。这样静放 1 天，可使盆花温度逐渐回升。经此处理后，受冻盆花可以渐渐复苏。

花卉营养土配制 DIY

配制花卉营养土的材料主要有：山区黑壤土、腐叶土、泥炭土、河沙（或素沙土）、木屑（或锯末）、腐叶（粉碎）、松针（粉碎）等。配制花卉营养土时所选材料数量按体积比进行选料。

中性花卉营养土的配制

以黑壤土 3 份、腐叶土 3 份、泥炭土 2 份、腐叶 1 份、松针 1 份混合，适用于栽培大多数花卉。

酸性花卉营养土的配制

取落叶松林下的表土 5 份、落叶 2 份、泥炭土 2 份、河沙 1 份混合，适用于南方酸性土花卉，如山茶、杜鹃、米兰、金橘、茉莉、栀子花等。野外有蕨类植物

生长的地方，土壤就是酸性的。

“仙人掌土”配制

取园土 3 份、腐叶土 3 份、河沙 4 份混合，适用于仙人掌科植物和肉质植物的栽培。

果皮可中和碱性盆土

南方的一些花卉，在北方盆栽不易成活或开花，这是因为盆土碱性过大的缘故。中和碱性土的办法有多种，家庭盆栽有个简易方法，即将削下的苹果皮及苹果核用冷水浸泡，经常用这种水浇花，可逐渐减轻盆土的碱性，利于植株的生长。

买回来的花草要多久修剪一次

修剪花草除了保持株型美观外，也有助于花草储存多余的养分，避免浪费。观叶植物一般枝叶生长迅速，可随时进行修剪。观花植物则要注意修剪时间，如花草幼苗摘心有利于侧枝的生长，增加花蕾数量。如果花蕾多，要适当进行疏蕾，摘掉一些弱枝，使花大而肥硕。凋零的花，要及早剪除，避免浪费养分，还可延长花期。木本落叶盆栽，一般于落叶后或萌芽前进行修剪，不要过度修剪整枝，如果剪口比较大，则用切口胶涂抹，以免引起花木萎缩。

如何判断花草是否应该换盆了

花草停止生长，或感觉很拥挤，生长状况不佳时，就要考虑换盆了，因为此时植物根部受阻，无法伸展，浇水不易渗入，土壤空气流通也不佳。

如何成功换盆或移栽

换盆时，先在新盆底部铺好瓦片和纱网，再放入粗粒土及少许培养土，然后将植物根部最外围的旧土剥落，但要留三分之一，将植物放入新盆中，边加土边摇盆，最后轻压表土，避免有细缝产生，将盆栽置阴凉处，浇水至从盆底流出，待到新芽长出后则表明换盆成功了。

附录 6
种植小词典

A

矮性

与基本种类的植株相比，植株生长发育矮小。

B

斑点

指出现在花瓣、茎、干等上面，使植物部分变色的现象。

半日期

指一天中只需要3~4小时光照的植物。

C

侧芽

一般指叶根上长出的芽，也叫腋芽。

芽插

芽插是扦插技术中的一种，是切下多年生木本植物或一年生草本植物的芽的部分，插入土壤中进行繁殖的方法。

常绿

指植物全年叶子茂盛。

D

大粒土

为了保证土壤良好的排水性和通风性，加在花盆底部的大粒土壤。

单瓣花

指只开一层花瓣的植物。

单粒结构

土壤颗粒是单粒存在的，这样的土壤相对来说排水性要好很多，更适合植物的生长。

氮肥

是植物三大肥料之一，能够使植物的叶子生长得更好，因此也被称为叶肥。

低矮盆

是一种口径很宽，但是深度很浅的花盆，适合种植根系不很发达的植物。

底肥

底肥是在播种或者定植的时候事先给土壤施加的肥料。

吊篮

吊篮是悬挂在半空或固定在墙上用于装盛植物的容器，可以增强植物的观赏性。

定植

指当植物的小苗已经长得比较茁壮的时候，把苗正式移植到庭院或花盆等足够大的容器中。

短日照处理

有些植物不需要过多的日照，那么就需要在特定的时候进行覆盖处理，以减短阳光照射的时间。

断水

是指植物处于土壤完全缺乏水分的状态。

多年生草本植物

指的是那种生命可以延续多年、多次开花结果的草本植物。

E

二年生草本植物

指的是从播种到开花需要两年的时间，但是开花后就会枯萎的植物类型。

F

肥害

肥害指的是由于施肥过多而引起的植株疾病，严重时会出现烧苗的现象。

分株

就是将根株分割进行繁殖的方法。

腐叶土

是一种非常适合植物生长的土壤，因为土壤中含有一定数量发酵分解的落叶，保水性和透气性都比较好。

父本植物

指的是合栽时种植在母体植株附近能够促使母本植物生长的植株。

覆盖

就是在根株附近铺上稻草、塑料薄膜等，再盖上土壤以起到御寒、防晒的作用。

覆土

就是在播种后盖上的那层薄土。

G

根部拥挤

有些植物的根部生长过于快速，而导致根系在花盆中过于繁茂拥挤，对植株的生长非常不利。

根插

就是将植物的根部切下进行扦插。

灌水

就是指浇水，是相对于喷水而言的。

硅酸白土

在没有孔的容器中培养植物时使用硅酸白土可以防止根部腐烂。

H

花蒂

指的是开花结束后残留下的枯花，如果不及时摘掉的话有可能引发疾病。

花芽

是植物长成花的芽。由于植物发花芽的时间可以估测出来，所以这段时间最好不要进行修剪，否则容易碰落正在生长中的花芽。

化学复合肥料

指的是无机肥和有机肥混合起来的肥料。一般都是在肥料原料上进行化学操作，使得肥料中含有肥料三元素中的两种或两种以上。

缓和性肥料

施加在泥土中会一点点渗入土中，经过长时间才会逐渐奏效的肥料。

混植

混植与合栽相似，就是在一个在花盆或花坛中混杂种植不同种类的植物。

J

钾

作为肥料的三元素之一，可以有效地促进根株发育，因此也被叫作根肥。

剪枝

指修剪植物的枝、茎，是为了植株整体造型的美观，也为了植株营养的集中供给。根据植株的不同，修剪的方法也各不相同。

间苗

指的是将发芽后生长过于拥挤的、畸形的、发育迟缓的苗株拔掉。

结果

是植物授粉后结的种子。

节间

叶子附生于茎的部分叫节，相邻两个节之间的部分叫节间。

L

烂根

由于浇水过多等原因造成的根部腐烂。

冷布

用棉和纤维织成的网状的布。主要是用来覆盖在植株上，既可以遮挡阳光直射，也可以用于防寒、防虫、防风。

磷

是肥料的三大元素之一，有助于植株开花结果。

落叶树

是指秋天到来叶子就会掉落，而第二年春天又会长出新叶的树。

M

镁石灰

是用来改良土壤的一种材料，可以用来中和酸性土壤。

萌芽

指植物发芽的状态。

P

PH 值

是表现土壤酸碱度的单位。中性的 PH 值为 7，酸性 PH 值小于 7，碱性大于 7。

培养土

是栽培植物比较好的土壤，也是具有肥料养分的土壤。

喷水

指往叶子上喷水，这样能够有效地洗净灰尘、提高空气湿度、防止叶螨等。对于那些不需要太多水分的植物，喷水是最佳的选择。

Q

扦插

就是将切下来的树枝、茎、根等插入土壤之中，使其发芽生根、长成新植株的过程。

R

容水空间

当给植株浇水时，花盆中为短时性的积水部分预留出来的空间。

S

撒播

是播种方式中的一种，就是将植物种

子均匀地播撒于土壤中，并覆以薄土的播种法。

上水

将剪下的花枝的切口放入水中，使切口充分吸水，以便于水养。

烧叶

植物因为强光、干旱等外在因素，造成植物叶子的损伤，颜色变成茶色。

生根

指的是植物在土壤中根部的生长，根部的充分发育叫作生根旺盛。

实根

就是指由种子发芽并长成的植物。

授粉

将雄蕊的花粉传到雌蕊的柱头上，这个过程被称为授粉。

水培养

有些植物可以用水来代替土壤养护，称为水培养。

速效性肥料

是施肥即可见效，立即就会被植株吸收的肥料。

T

条播

是植株播种的方法之一，呈条状形的播种方式。

徒长

指由于光照和养分不足而使得茎叶生长过旺。

X

休眠

有些植物在寒冷及炎热的季节，会有一段时间停止生长。但是过了这段时间又会继续生长，这段时间叫作休眠期。

新梢

指植物长出来的新枝。

Y

液肥

指液体状的肥料，液肥是一施肥就立马见效的速效肥，因此往往在追肥的时候使用。

一年生植物

指的是播种后，一年以内完成开花、结果、枯萎全过程的花卉。

一日花

花期约为一天的植物，像牵牛花、木槿花都是这种植物。

移植

从一个容器中移种到另一个容器中的方法，一般是以增加生长空间或者改善生长环境为目的。

育苗

先用小容器将种子培育成小苗的过程。

原种

没有经过人工改良的原生植物品种。

Z

摘蕾

为了能让植物长出大朵的花，而摘掉生长不好或者不需要生长的花蕾。

摘心

摘除生长中的植物的顶芽，以起到抑

制株高、促进植物侧芽生长的方法。

遮光

指用冷布等遮挡阳光。

蒸腾

指植物中的水分变成水蒸气，扩散于空中的现象。植物主要是从叶子背面的气孔进行蒸发。

直接播种

就是预先了解植物长大后的大小，选好足够大的容器，直接在这个容器中栽种的养护方法，主要用于那些不能移植或者大型的植物。

置肥

指的是施加于花盆边缘或植物根部的固体肥料。浇水时，肥料中的养分就会慢慢渗入土中，逐渐被植物所吸收。

中耕

轻轻地翻耕板结的土壤，以增强土壤的透气性。

株距

指的是同一行中相邻两个植株之间的距离。株距的大小要根据具体植株而定，要充分考虑到通风和对阳光的需求。

追肥

在植物生长发育期间施加的肥料。施肥的种类、量、次数和时间根据植物发育情况的不同而进行，一般选择的都是液肥。